U0352803

浙江省哲学社会科学重点研究基地
2011年度省社科规划立项课题

丽水通济堰与浙江古代水利研究

宋　烜　著

ZHEJIANG UNIVERSITY PRESS
浙江大学出版社

图书在版编目(CIP)数据

丽水通济堰与浙江古代水利研究 / 宋烜著. —杭州：
浙江大学出版社,2018.6
ISBN 978-7-308-16867-0

Ⅰ.①丽… Ⅱ.①宋… Ⅲ.①堰－水利史－丽水－古
代②水利史－研究－浙江－古代 Ⅳ.①TV632.553
②TV-092

中国版本图书馆 CIP 数据核字(2017)第 092773 号

丽水通济堰与浙江古代水利研究

宋　烜　著

责任编辑	杨利军	
文字编辑	王荣鑫	
责任校对	姚逸超　孟令远	
封面设计	项梦怡	
出版发行	浙江大学出版社	
	（杭州市天目山路 148 号　邮政编码 310007）	
	（网址:http://www.zjupress.com）	
排　　版	浙江时代出版服务有限公司	
印　　刷	虎彩印艺股份有限公司	
开　　本	880mm×1230mm　1/32	
印　　张	12.25	
字　　数	286 千	
版 印 次	2018 年 6 月第 1 版　2018 年 6 月第 1 次印刷	
书　　号	ISBN 978-7-308-16867-0	
定　　价	68.00 元	

目　　录

引　言

　　浙江历来是一个水利大省,历史上水利设施遍布各地,具有数量众多、历史悠久、技术先进的特点。由于人多地少,农业耕地相对缺乏,素有"七山二水一分田"之说。尤其是钱塘江以南的"浙东"区域,"山县多高仰之乡"①,可用的耕地多位于山沟、丘陵之间,极易遭受旱涝灾害。境内水系源短流急,容易暴涨暴跌,洪水时期与枯水时期的变化幅度相差很大,对农业生产相当不利。因此,浙江土地上的先民们很早就开发了农田水利,如7000年前的河姆渡文化时期的水井、湖州邱城遗址距今6000年的小水渠、绍兴杨汛桥寺前山遗址的环濠等水利设施。良渚文化时期水利设施的运用已经非常普遍,这时期已经发现的水井即有一百多处,有的水井采用结构精致的木构框架,最近还发现了多处堤塘等大型水利遗存。进入历史时期,两浙一带的农田水利得到了进一步的发展,史书记载中有关大禹治水的故事即说明当时对水利作用的认识。春秋时期越国在会稽一带修建的吴塘、富中大塘对越国的农业经济影响深远。东汉时马臻兴修鉴湖,利用山会平原南面依山、北面滨海的台阶式地形,以会

---

① 　雍正《浙江通志》卷54《水利二》。

稽城为中心,拦截三十六源之水,汇成鉴湖,"溉田万顷"①,使得山会平原一改以往水患频繁的局面。东汉熹平二年,余杭县令陈浑开辟南湖,"修堤防开湖,灌溉县境公私田一千余顷"②。这时期,辅国将军卢文台在金衢盆地修建的白沙溪三十六堰,也是当时影响范围较大的水利工程,"灌溉金华、汤溪、兰溪三县土地,为利甚溥,农多赖之"③。三国时东吴景帝永安年间开筑太湖堤塘,"为长堤数十里,西抵长兴,以绝水势之奔溃,以卫沿堤之良田,以通往来之行旅"。南朝萧梁时期兴建的丽水通济堰,则首创拱形堰坝形制,这可能也是迄今所知最早的拱形堰坝。至唐宋以降,水利设施几乎遍布两浙大地,宁波鄞县它山堰,阻咸引淡,分流江河以泄瀑流。唐代安吉石鼓堰,"唐圣历元年县令钳耳知命所造","长一十四里,阔五十步……其源出天目山,可溉田百顷"④。五代吴越时期重修的余杭千秋堰,以斗门、石函节制水流,防止洪水泛滥,"安乐一乡地势下,而田亩广,常患天目湍水暴至,故昔人开湖以杀水势,筑塘堤以防其溢"⑤。北宋的武义长安堰,"唐光化元年乡氏任留创筑","其下分而为三:山堰、中堰、曹堰……溉田万余亩"⑥。北宋时罗适兴建台州堰闸、南宋朱熹建黄岩诸闸,阻咸蓄淡,对温黄平原的农业生产影响很大,至今遗迹尚存⑦。南宋衢县石室堰,分流衢江之水,既用以溉田,也供应城市用水,"去城南二十里,灌田三万七千

---

① 雍正《浙江通志》卷 57《水利六·绍兴府》。
② 《咸淳临安志》卷 34《山川十三·南下湖》。
③ 雍正《浙江通志》卷 59《水利八·金华府》。
④ (明)董斯张《吴兴备志》卷 15《岩泽征第十一》。
⑤ 《咸淳临安志》卷 39《志二十四·山川十八·堰》"千秋堰"。
⑥ 雍正《浙江通志》卷 59《水利八·金华府》。
⑦ 万历《黄岩县志》卷 1《水利》。

亩……然此水不独为田畴灌溉之利，七十二沟之水汇于城南，而为城东南之大濠，复引濠入城，而为内河，盖一邑根本之关系"①。元代兴修的江山马迹堰，"堰水荫田禾八万有奇，居民累石成之，以通水道。阅三百年，上下田咸赖之"②。这些历代修建的农田水利设施使得浙江有限的耕地养育了众多的人口，发展出了相当繁荣的经济。明清以来，水利设施非常普及，"平时预修水利，则蓄泄有备，而无旱涝之患"③，使两浙一带成为天下财赋之区，浙江也被称为"天下首省"④，而遍布全省各地的农田水利是保障经济发达的重要支柱。雍正《浙江通志》载，"夫水性润下，资灌溉，长禾稼，通舟楫，固万世之利也。时或霪霖暴涨，决田畴，漂庐舍，亦未免为民害。故善治水者，不惟享其利，兼宜防其害；贵顺其性而使之流，亦贵遏其势而使之止。要而论之：濒江海者利在堤塘陡门，濒湖者利在疏浚规滗，山涧溪壑之水利在堰埭陂闸。"⑤这些古代水利治理的宝贵经验，需要我们去加以整理、研究。

---

① 雍正《浙江通志》卷59《水利八·衢州府》。

② （明）徐士庆《重修马迹堰碑记》，同治《江山县志》卷7《水利》。

③ 《钦定康济录》卷2《先事之政计有六》。

④ 《明世宗实录》卷324，嘉靖二十六年六月癸卯："上曰：浙江天下首省，又当倭夷入贡之路"。当时文人也有"浙居天下首藩，内为国家财赋之奥区，外为倭夷出入之重地"之说，见（明）温纯《自陈不职乞赐罢黜以公考察疏》，《温恭毅集》卷四。

⑤ 雍正《浙江通志》卷52《水利》。

一、历代水利兴建

1. 史前的水利活动

从现有的资料来看,大约在距今一万年的新石器早期,浙江境内已经出现了初期的水利活动。在浙江的许多新石器时代遗址中,已经有许多比较成熟的水利设施遗存发现。如河姆渡遗址出现的水井,跨湖桥遗址出现的独木舟、驻舟码头,以及聚落周围的环濠、高质量的护岸设施等。尤其是良渚时期,已经出现了许多大型水坝遗址,据考古发现,在核心聚落区外围发现了许多大型土坝,按照相关专家推测,当时可能在核心居住区外围有一个"极其庞大、复杂的防洪水利系统",用以围护其中心聚落。这些年代很早、理念前卫的水利设施在新石器时期的出现,恐怕会由此改写中国水利的历史。[①]

(1)水井

水井是最早被原始人所灵活利用的一种水利形式,早在河姆渡文化时期就已经出现。河姆渡遗址是距今六七千年的文化

---

① 《浙江良渚遗址发现中国最早大型水利工程》,2012 年 7 月 29 日央视网。

4

遗存,位于浙东宁绍平原东翼的余姚市,遗址总面积达 4 万平方米,叠压着 4 个文化层,出土了人工栽培稻遗物、骨器、陶器、玉器、木器等各类生产、生活用具,以及干栏式木构建筑遗迹。河姆渡遗址出土的稻谷、谷壳、稻叶、茎秆和苇编交互混杂的堆积层,最厚处达 80 厘米,说明当时的农业发展已经相当成熟。出土的稻谷经鉴定属栽培水稻的原始粳、籼混合种,以籼稻为主。伴随稻谷一起出土的还有大量农具,如骨耜等;其中 2 件骨耜柄部还留着残木柄和捆绑的藤条。骨耜的功能类似后世的铲,是翻土农具,显示当时耕作技术的水平。遗址中的稻田面积约 6 公顷,显示稻作的种植具有相当的规模。①

在河姆渡遗址第 2 层发现一眼木构水井遗迹。"1973 年 11 月 9 日至 1974 年 1 月 10 日在 1973 年试掘的基础上,对遗址的南部进行了首次发掘,发现了 4 个相互叠压的地层,揭露了干阑式建筑和水井等遗迹"②,这是中国当时所知最早的水井实例,也是迄今发现的采用支护结构的最古老木构水井遗存,"距今已有 5600 余年"。水井位于居住区边缘的一处浅圆坑内,井口略呈方形,"它是由 200 多根底部削尖的木桩打入地下,组成一个直径约 6 米的圆形栅栏桩,中间是 4 排密集的桩木,形成边长为 2 米的方形木构井,其内侧各有一根粗圆木,榫卯连接构成一个'井'字形框架,以支撑四边井壁的压力,防止排桩向井内倾倒"③。另在井内发现有平面略呈辐射状的小长圆木和苇席残片等,推测可能原来井上还建有井亭类构筑物。杨鸿勋在《河姆渡遗址木构水井鉴定》中记载了河姆渡水井出土时的构造情况:"在一个直径约 600 厘米的不规则圆形坑边,发现环绕布置的桩

① 刘军、姚仲源、梅福根《河姆渡》,文物出版社 2003 年。
② 刘军、姚仲源、梅福根《河姆渡》"前言",文物出版社 2003 年。
③ 刘军、姚仲源、梅福根《河姆渡》,文物出版社 2003 年。

木残段,桩木残存 28 根,间距不等。朽木直径一般约 5 厘米,垂直入地约 100 厘米,最深者 142 厘米。坑呈锅底状,深处不足 100 厘米,坑内为黑色淤泥。坑底中央稍偏西北有一方坑,边长约 200 厘米,方坑底距当时地表 135 厘米。方坑壁四周密排圆桩或半圆桩(直径约 6 厘米),并加水平方框支护。水平方框由 4 根直径约 17 厘米的木料构成……(木料)两端各有榫头,出土时四榫卯交接仍为原状",并由此判断为"发掘所见的大圆坑底部设有支护结构的方坑,是目前所知长江流域最早的人工水源结构形式,它是高水位地区的一种木构支护水井的雏形"。① 河姆渡遗址第 2 文化层距今约 5500 年,说明至少在距今 6000 年前后,当时已经有比较成熟的水井建造技术了。这种在水井上面建造亭类建筑的做法在其他同期的新石器时代遗址中也有见到。

浙北地区的水井最早大约在距今 6000 年的马家浜文化时期就已经出现,与河姆渡文化时期发现水井的时间大致相当。到了距今 4000—5000 年的良渚文化时期,水井的构筑技术已经比较完善,属于良渚文化时期的水井已经发现了不下百座。如湖州毗山遗址的两处水井遗址②、湖州钱山漾遗址的木质壁水井③、海盐仙坛庙遗址的水井遗迹④、余杭三亩里的土坑水井⑤、

① 《河姆渡遗址早期木构工艺考察》"河姆渡遗址木构水井鉴定",《科技史文集》第五辑,上海科学技术出版社 1981 年。

② 浙江省文物考古研究所、湖州博物馆《毗山》,文物出版社 2006 年。

③ 丁品《钱山漾遗址第三次发掘与"钱山漾类型文化遗存"》,《浙江省文物考古研究所所刊》第 8 辑,科学出版社 2006 年。

④ 王宁远《浙江海盐仙坛庙遗址》,见《2003 年中国重要考古发现》,文物出版社 2004 年。

⑤ 《浙江考古新纪元》"余杭星桥三亩里和后山头遗址",科学出版社 2009 年。

嘉兴姚家村遗址①等等,几乎所有的居住遗址,都伴有水井遗迹出现,有的水井遗迹还不止一处。其中如嘉善新港发现的水井,是把整段大树干对剖为两半,然后剖空而成圆弧形井圈,再采用榫卯结构使之固定,这种加固方法较好地增强了井壁的牢固度,使得水井的使用时间更加持久②;余杭钵衣山遗址则发现了建造精良的方形土井与卵石砌作的浅水井相结合的水井实例,其中,方形土井非常深,"井口直径 148－155 厘米,井口往下逐渐收缩,小平底略圜,井深 586 厘米",井上部原来可能有井亭:"四周平面发现 13 个柱洞……(构成)类似□井亭'的一种附属设施"——相似的井亭做法在河姆渡遗址中也有发现;在该井的南侧还发现了一处卵石驳砌的浅水井,周圈用卵石驳岸,其北侧还有卵石砌成的不规则踏跺③,这种深浅取水井结合出现的形式,使得无论是丰水、枯水时期,其水井的使用都能满足日常生活的取水需求,体现出良渚时期对水井建造已经很有规划眼光④。

而属于良渚文化时期的庙前遗址发现的木构水井,其构筑技术非常完善,建造理念非常成熟,是这一时期水井建造技术的代表作品。其建筑方法:先在地面开挖直径 4 米左右的大坑,然后构筑方形的木构井框架,井架与土坑之间填碎石陶片等,以便于水的聚集与过滤。考古报告描述说:"先开挖一直径约 4 米的

---

① 《浙江考古新纪元》"嘉兴姚家村遗址的发掘",科学出版社 2009 年。

② 陆耀华、朱瑞明《浙江嘉善新港发现良渚文化木筒水井》,《文物》1984 年第 2 期。

③ 《良渚遗址群钵衣山 2000 度发掘》作者不认为"H9"是浅水井,而判断为"专门用作磨砺石器的场所",见《浙江考古新纪元》第 127 页,科学出版社 2009 年。

④ 参见《浙江余杭钵衣山遗址发掘简报》,《文物》2002 年第 10 期;以及《浙江考古新纪元·良渚遗址群钵衣山 2000 度发掘》。

大坑,深约 2.3 米;再将设计好的长约 160 厘米、厚约 15 厘米的木构呈'井'字形构筑,木构现存高约 2 米,内围约 95 厘米×95 厘米;然后填黑土,质地较疏松,夹杂大量的水陶片以及石块,可能便于过滤。再填压砂砾层,质地紧密";"木构内壁在海拔 1.5 米处木构朽烂较甚,应是当时的水位线"①。该木构井架的构筑非常严谨,用砍制规整的枋木上下叠砌而成,枋木的转角搭接处采用半榫交接,很是整齐。考虑到新石器时期仅有石锛等生产工具,这样规整的木构井壁构造实属不易。而井壁外围采用碎石、陶片等填筑,便于水流的聚集与过滤,也显示原始先民在水利方面的经验积累与智慧。

良渚文化时期水井的大量出现,凿井技术的日渐成熟,是与当时的定居生活和农业生产的规模密切相关的。良渚文化时期水井的普遍使用,正是与当时人口增加、聚落密集分布,以及农业生产的需要相适应的。使用水井不仅使村落的选址不受水源的限制,有助于不断扩大原始居民的居住择址范围;同时客观上使生活用水较河塘之水更加干净卫生,有利于人们的身体健康。而另一个重要方面在于,可以在旱季时节保障生活用水,以及利用井水灌溉农田,以保证农业生产的开展。事实上,早在马家浜文化时期就已经出现了田边用以蓄水灌溉的水井,"如此看来,良渚文化时期凿井技术的进一步提高,是人类适应自然与改造自然环境、促进社会发展的又一个重要标志"②。

(2)独木舟与码头

而比河姆渡文化还要早的萧山跨湖桥遗址,出土了独木舟、

---

① 《余杭良渚庙前遗址第五、六次发掘简报》,《文物》2001 年第 12 期。

② 杨楠《良渚文化兴衰原因初探》有关良渚文化凿井方面的论述,《民族史研究》1999 年第 12 期。

木构简易码头等水上交通设施,证明早在距今 8000 年前,我们的先人已经熟练运用了水上交通工具。萧山跨湖桥遗址,位于钱塘江以南、萧绍平原西侧,这里原是浦阳江与钱塘江交汇处,依山临水,周围是两江冲击形成的广阔平原,非常适合原始时期的先人居住。经过 1990 年以来的几度考古发掘,发现了当时浙江境内所知年代最早的新石器时代遗存,北京大学文博学院实验室对遗址中的 5 个地层的 6 个木质材料标本进行了 C14 测定,其树轮校正年代为距今 8000—7000 年间。2001 年跨湖桥遗址被列入了当年中国十大考古新发现之一①。跨湖桥遗址文化内涵丰富,面貌独特,出土遗物有陶器、石器、骨器和木器,釜、豆、盆、钵、甑、罐为常见的陶器群。出土的有机质文物保存良好,发现千余粒栽培稻谷米。其中发现的距今 7500 年前的独木舟,堪称"中华第一舟"。从遗址现场分析,独木舟周围有柱桩、木构遗迹,与独木舟形成了一个泊舟、驻舟、上下舟作用的码头形式。据《跨湖桥》第三章第 42 页:"沿独木舟的周围,有规律地分布着木桩和柱洞。东南侧舷有 10 个木桩,紧挨舟体",这些连续排桩可能主要起岸边挡土作用,其南侧有编号为 2、5、6、8、7、12 等木构件,可能是原来独木舟的"码头"遗迹②,这些木构件组成的"码头"可能不是完全的架空结构,而仅仅作为泥泞河岸边的铺垫物,没有深入河面的架空作用。从报告看,独木舟周围众多的木构件没有明显的榫卯结构,可能原来在沿岸排桩与面层木构之间可能会有一些捆扎,但遗址现场却没有这方面的显示,更多的木构件采用干摆、叠压等方法③——显示 8000 年前的跨湖桥文化还是处于比较初级阶段,还没有出现榫卯等比较复杂

---

① 参见《跨湖桥》,文物出版社 2004 年。
② 见《跨湖桥》第 44 页图三二。
③ 参见宋烜《跨湖桥遗址木构建筑遗迹分析》。

的构筑技术。而年代要晚得多的余杭卞家山遗址,属于良渚文化晚期。该遗址发现了更为先进、复杂的木构码头遗迹,码头由木构结合土筑,既有加固泥岸的排桩,也有深入河面的木构栈道;进入河面的栈道并呈角尺形布置,便于舟船驻泊。这种比较完善的木构码头构造,其形态、功能与后期的木构码头相似:"码头遗迹残存140多个木桩,沿岸的木桩分三排做东西向排列,其西端另有一行丛状耸立的木桩垂直伸向水中,两者呈角尺形分布。"①码头遗迹区还发现了完整的木质船桨,"间接表明这些排列有序的木桩应为码头的桩基"②。

（3）堰潴

堰即堤塘,潴指的是储水的小型湖泽。按照《释文韵略》:塘,"偃猪也"③,《说文》也说,塘即"堤也,从土,唐声"④,"塘"是指堤坝,偃是指堰堤,大概意思是差不多的。潴,指的是储水的"水塘"。《经典释文》引《尚书大传》说:"停水曰猪",可见《释文韵略》直接将"塘"解释为阻水的堰坝是与其早期词义相近的。"塘"的早期含义即是拦水坝,所谓"池塘"之类的词义则是后起的延伸之义。浙江史前遗址报告中,没有堰潴或池塘的概念与提法,但实际上这种人工储水的堤塘在早期可能已经出现。在许多新石器时代遗址中,我们都可以见到类似的水塘,其中多数的水塘人工修筑的痕迹不明显,主要是利用原有的地形加以修筑。

---

① 赵晔《余杭卞家山遗址发现良渚时期"木构码头"等遗迹》,《中国文物报》2003年9月2日。

② 赵晔《浙江余杭卞家山遗址》,《2003年中国重要考古发现》,文物出版社2004年。

③ （宋）丁度《附释文互注礼部韵略》卷2《下平声·唐》。

④ （汉）许慎《说文解字》卷13下。

（4）环濠

这时期的居住地周围已经普遍具有高质量的驳岸、护岸设施。绍兴杨汛桥寺前山新石器时代遗址是属于马家浜文化的早期遗存，距今有6000余年①。该遗址除了发现成排木构建筑遗址，其建筑遗址外围并有护寨性质的"围沟"，这些围沟实际上具有后期的护寨壕沟的性质。该"围沟"并有块石垒砌的驳坎，制作非常精细，考古报告说"柱坑外围有堆砌的块石护坡石磡，揭露石磡长11米，以山坡地形蜿蜒曲折，石磡外侧2—3米还有块石垒砌的'石墙'，形成宽2—3米的'围沟'。这种类似聚落环濠性质石砌围沟在我省史前考古中还是第一次发现"②。虽然如此，但类似的做法在相当时期的史前遗址中还是多有见到，只是没有寺前山遗址那样的制度精细，如长兴江家山新石器时代遗址，其围绕遗址建造的壕沟属于马家浜文化晚期，距今也在6000年前后③。安吉芝里遗址，属于马家浜—崧泽早期文化时期，其居住址外围即有明显的"环濠"构造："环濠呈弧形围绕遗址……宽1—2米，沟内无淤泥，陶片丰富。绝大部分墓葬与房屋都位于壕沟内"④，显然，这种建筑在主要居住区外围、具有明显防护作用的环濠与后期的城壕、寨壕具有相同功能。属于良

---

① 马家浜文化因嘉兴市马家浜遗址而被命名。据C14年代测定，距今年代约为6000—7000年。其主要分布范围在太湖地区，以及钱塘江南岸区域。距今6000年左右发展为崧泽文化。

② 《浙江考古新纪元》"绍兴杨汛桥寺前山新石器时代遗址"，科学出版社2009年，第37页。

③ 楼航等《浙江长兴江家山遗址发掘的主要收获》，《浙江省文物考古研究所所刊》第8辑，科学出版社2006年。

④ 《浙江考古新纪元》"安吉芝里遗址"，科学出版社2009年，第61页。

渚文化的聚落也多有类似环濠发现,如余杭星桥后头山遗址,就发现有明显的聚落环濠遗址,"结合遗址的地理环境,水沟的排水或挡水的功能比较明确"①。当时的先民们也已经具有比较充分的集中排水意识,在居住址周围的壕沟既有防洪、防卫功能,也有排水作用。

到了距今 5000 年左右的良渚文化时期,居住址周围的环濠更具规模。据考古报告,已经有相当规模的良渚文化时期城址被发现,"城墙的内外均有河道水系分布,城外水系在西北面、北面、东面水域面积较大","已经发现了 6 个水城门"②。虽然良渚古城的发现还存在着许多问题需要通过进一步的考古发现去加以证实,但当时对环壕体系的建设显然已经具有相当的经验积累。

这时期的水利设施已经有精细化倾向,一些重要区段的河岸已经开始加以重点整治,如余杭美人地遗址近年来发现了大批整齐的木构排桩型护岸,这些护岸构造非常精美,即先用截面边长约 30 毫米的正方形木桩沿岸排列,木桩的临河一侧还用边长约 40 毫米的大型枋木压脚,形成结构严密、用材有点奢侈的木构驳岸构造。显然,在当时生产力极不发达的背景下,能如此费材料、费工时建造护岸构造,显然与周围重要的地面建筑有相当的呼应关系。

(5)堤防

良渚文化时期除了有大型的城壕出现,据称在良渚古城的

---

① 《浙江余杭星桥后头山良渚文化墓地发掘简报》,《南方文物》2008年第 3 期。

② 《杭州市余杭区良渚古城遗址 2006－2007 年的发掘》,《考古》2008 年第 7 期。

外围还发现了许多大型的堤防、水坝等设施。《中国水利史稿》说:"最早的防洪工程,大约总是修筑一些简单的堤埝,把居住区以及附近的耕地保护起来,用土挡住洪水的漫延。"①2009 年在良渚西北部约 8 公里的彭公岗公岭,又发现了大型人工土坝堆筑遗迹。该土坝的所处位置与前者非常相像,"此处遗迹系在两山间的沟谷位置,是人工堆筑坝体。坝体规模极为宏大,复原其堆筑高度可能近 20 米,宽度上百米"。在遗址现场还发现有许多良渚时期的陶片等,初步推测这处遗迹可能属良渚时期。经过对岗公岭的 3 个草叶样本的 C14 测定,距今约 4900—4800 年,此测定由北京大学考古年代学实验室做出,由此证实了该处遗迹基本属于良渚外围众多水利设施的一部分。除此之外,在岗公岭坝体的南面鲤鱼山也存在着一个明显具有人工痕迹的大型坝体。通过对这处地点进行的现场钻探调查,证实了这个 300 米长的坝体也同样是人工堆筑的,也是良渚外围众多水利设施的一部分。同时,考古调查发现,在周边山谷内还发现了秋坞、老虎岭、狮子山等几处类似坝体遗址。实际上 20 世纪 90 年代发现的良渚塘山遗址,长 6.5 公里,曾进行多次发掘,一般认为是良渚遗址群外围的挡水坝。通过对岗公岭、鲤鱼山和狮子山坝体的发现,"证实塘山是一个极其庞大、复杂的防洪水利系统,塘山只是这个系统内最长的坝体"。据分析,良渚核心聚落区外围的这些水坝系统,能够起到拦阻暴雨洪水的作用,根据集水区面积计算,现存的坝高可抵御约 960 毫米的降水量,而本地区最高降水量约在 1000 毫米。因此,"该水坝系统足以抵御百年一遇的洪水袭击,保护遗址群的安全"。由此也展示出可能早

---

① 《中国水利史稿》上册,第二章《我国水利事业的起源与春秋战国时期水利事业的初步发展》,水利水力出版社 1979 年,第 37 页。

在 4000 多年前的史前时期,在良渚文化的核心区域,已经出现了规划缜密、涉及范围较广的大型水利堤防设施。"如果今后的工作可以证实这些水坝与塘山和岗公岭年代一致,则将改写中国水利史。"①

实际上在差不多相同时期或稍晚,中原地区就有相关的历史记载,说明这时期可能已经出现了较大型的水利堤防设施:"昔共工欲壅防百川,堕高堙庳。"②《管子》也记载:"共工之王,水处什之七,陆处什之三,乘天势以隘制天下。"③两处记载都讲到了当时面对洪水,筑堤防、行水利的事实。其中,中原地区早期治理水利最有名的当数大禹治水了,陆贾《新语》记载:

> 当斯之时,四渎未通,洪水为害;禹乃决江疏河,通之四渎,致之于海,大小相引,高下相受,百川顺流,各归其所,然后人民得去高险,处平土。④

大约在文明初开、国家初定之时,围绕王城所在的区域所进行的大规模的水利规划是这时期的特点,或筑堤以阻水,或疏渎以引水,是这时期治理水害的主要措施手段。《周礼·冬官·考工记》记录了早期堤防营造的技术要领:

> 凡沟,必因水势;防,必因地势。善沟者水漱之,善防者水淫之。
>
> 水势自高而下。为沟,必顺其势,不可逆也。沟之善者,水行如漱,则易去也;防以障水,其善者,则水虽淫溢,亦

---

① 《浙江良渚遗址发现中国最早大型水利工程》,2012 年 7 月 29 日央视网。

② 《国语》卷 3《周语下》。

③ 《管子》卷 23《揆度第七十八》。

④ (汉)陆贾《新语》卷上《道基第一》。

不动也。

凡为防，广与崇方；其杀，参分去一。

大防，外杀。①

早期的堤防多为土筑，在北方干旱少雨的气候条件之下，堤防的截面高宽比一般为1∶1，即"广与崇方"；但大型的堤防或者增加上部的收分，即"大防外杀"，或者增加堤防的宽度，以增强其稳定性。而南方湿润多雨，土筑的堤防极易发生坍塌，故堤防的宽度会有所增加，按照良渚发现的许多堤坝来看，其多用黏性较大的河泥夹杂茅草层层堆筑，故堤防的宽度也会相对大一些，"复原其堆筑高度可能近20米，宽度上百米"②，这虽然是一种判断，但增加堤防的宽度以增强其稳定性，是良渚时期土筑堤防普遍采用的做法。"防以障水，其善者，则水虽淫溢，亦不动也"③，良渚时期的工匠们已经能够熟练掌握当时来讲比较先进的堤防建筑技术，使得所筑堤防历经数千年而"不动也"。

2. 先秦时期的水利

历史时期的浙江水利发展平稳。传说早在大禹时期，就在会稽一带治理水利，并引导百姓安居乐业、从事耕稼，《剡录》记载"禹凿了溪，人方宅土"④。但两浙地区有文献记载的水利设施还是多出现在春秋时期，《越绝书》记载有许多越国时期建造

---

① 《周礼·冬官·考工记》"匠人为沟洫"。

② 《浙江良渚遗址发现中国最早大型水利工程》，2012年7月29日央视网。

③ （宋）林希逸《考工记解》卷下"匠人为沟洫"。

④ 据嘉泰《会稽志》，今本《越绝书》没有此语。（唐）李绅《龙宫寺碑》、宋王十朋《会稽三赋》皆引用之，可能唐宋时期的《越绝书》有此内容。

的水利设施名称:"蛇门外塘"、"洋中塘"、"筑塘北山"、"富中大塘"、"练塘"、"石塘"、"吴塘"等,其中记载最多的"塘",即为人工构筑的堤坝。按照《说文》,塘即"堤也,从土,唐声"①,"塘"即是堤坝。《释文韵略》也说:塘,"偃猪也"②,偃是指堰堤,猪即潴,指的是储水的"水塘"。《经典释文》引《尚书大传》说:"停水曰猪",可见《释文韵略》直接将"塘"解释为阻水的堰坝是与其早期词义相近的。"塘"的早期含义即是拦水坝,所谓"池塘"之类的词义则是后起的延伸之义。《越绝书》所记载的"塘",大约都是堤坝作用,有些用以"停水"、储水作用,如"练塘":"勾践时采锡山为炭,称'炭聚',载从炭渎至练塘,各因事名之。"有些用以阻水、防洪,"石塘者,越所害军船也。塘广六十五步,长三百五十三步",即是指用以储水的堤防,储水以用来训练水军;"筑塘北山者,吴王不审名冢也,去县二十里"——这是用以陵墓区外围的防洪。更多的则是用作农田水利的防洪、防海潮作用:"蛇门外塘,波洋中世子塘者,故曰王世子,造以为田";"苦竹城者,勾践伐吴还,封范蠡子也……因为民治田,塘长千五百三十三步"。其中,又以富中大塘为著名:"富中大塘者,勾践治以为义田,为肥饶,谓之富中。"③当时的越国对水利建设已经相当重视,并将其视作保障民生、安定国家的重要保障。《越绝书》记载大夫计倪对越王勾践建议,省赋敛,劝农桑,兴水利,"以备四方":"人之生无几,必先忧积蓄,以备妖祥……王其审之。必先省赋敛,劝农桑。饥馑在问,或水或塘。因熟积以备四方。"④当时在吴国、越国的管辖地区,兴修了许多水利设施,如在浙西区域,有许多

① (汉)许慎《说文解字》卷 13 下。

② (宋)丁度《附释文互注礼部韵略》卷 2《下平声·唐》。

③ 以上均见《越绝书》。

④ 《越绝书》卷 8《外传记·地传》。

被称为蠡塘、胥塘的水利设施,相传都是范蠡、伍子胥所创建,这些为数众多的早期水利设施,为春秋战国吴越时期的农田灌溉、抗旱防涝起到了重要作用,也使得越国地区的农业发展有了水利作为保障,也促进了该地区的社会经济的发展。

(1)富中大塘

富中大塘是越国勾践时期重要的农田水利工程,据《越绝书》:"富中大塘者,勾践治以为义田,为肥饶,谓之富中"①②。富中大塘的基本功用是阻咸蓄淡,即阻截杭州湾的咸潮,使得山会平原的田地免受海潮浸淫,又能积蓄会稽山的淡水资源,使得旱季时有足够的水源灌溉,与现在的近岸围垦作用相同。

富中大塘的位置,历来不太确切,《越绝书》说富中大塘"去会稽县二十里二十二步",据当地水利部门考证,富中大塘位于若耶溪东岸,西起会稽县城,东至犬山西侧的坝头山,介于若耶溪和富盛江之间,堤坝与山阴故水道平行。勾践建设的肥饶田地,大约在今富盛镇一带。③

大塘的建成,使得原来的咸碱地变成了富庶场,"富中之甿,货殖之选"④。富中大塘阻截了海潮对农田的损害,使山会平原逐渐成为越国的主要农业生产基地。越国的农业生产重心也逐渐由南部山麓地带转移到山会平原一带,民生经济得到进一步的发展。

---

① 《越绝书》卷 8《外传记·地传》。

② 《太平寰宇记》卷 96《江南东道八·越州》。

③ 林华东《越国富中大塘和吴塘小考》则有不同的判断,见《浙江学刊》1988 年第 6 期。

④ 嘉泰《会稽志》卷 10《水》引《文选·吴都赋》。

（2）山阴故水道

山阴故水道建于越王勾践时期，据《越绝书》："山阴古故陆道，出东郭，随直渎阳春亭。山阴故水道，出东郭，从郡阳春亭。去县五十里。"[①]这条记载说明，山阴故水道与山阴古故陆道是两条相互并行的水、陆道，显然，陆道是利用水道的堤岸而筑成。

故水道的位置也比较明确，"出东郭"门，经过"阳春亭"，全长"五十里"。据当地学者判断，"山阴故水道应是西起绍兴城东郭门，东至今上虞县东关镇练塘村，全长约 20.7 公里，大致位置与今萧绍运河该段相同"[②]。这样的判断与《越绝书》的记载是大致符合的。

山阴故水道是我国最早的运河实例之一，自开凿以后，历代皆有修建，自东汉马臻、东晋贺循的开凿、修造，使得浙东宁绍平原区域内由水道串联成一片。运河的水系既可以改善区域内的交通往来，又可以资以农田灌溉。万历《绍兴府志》说："运河自西兴抵曹娥，横亘二百余里，历三县。萧山河至钱清，长五十里，东入山阴，经府城中至小江桥，长五十五里，又东入会稽，长一百里。"[③]宋代称为"漕渠"[④]，也就是此后的浙东运河。

由于越国战败以后励精图治，"勾践、文种时极力生聚，四境内盖勤勤矣"，而山阴故水道、富中大塘等水利设施的建设与发挥作用，使得当时的农业生产、商品经济都获得了很大的发展空间，也促进了越国社会经济的发展，使越国也逐渐成为强盛之国。

---

① 《越绝书》卷 8《外传记·地传》。

② 《我国最早的人工运河之一——山阴故水道》，《鉴湖与绍兴水利》，中国书店出版社 1991 年。

③ 万历《绍兴府志》卷 16《水利志一》。

④ （宋）曾巩《序越州鉴湖图》。曾巩《元丰类稿》卷十三《序》。

（3）吴塘

原名辟首塘，是越国时期重要的水利工程，建于越国灭吴后不久，因为是利用吴国战俘作为建造工程的主要劳动力，故后来称为吴塘。《越绝书》："勾践已灭吴，使吴人筑吴塘，东西千步，名辟首，后因以为名曰塘。"①

吴塘的位置，根据后人判断，位于山阴城的西面，乾隆《绍兴府志》记载"吴塘，在城西三十五里"②；当地学者考证认为，绍兴城西北 18 公里的湖塘乡古城村，即是原来"吴塘"的堤坝所在。当地有一处"古城塘"，"紧贴古城村南端，位于稽北丘陵、古城溪下游的山麓冲积扇地带"，而从堤坝捡拾的印纹陶片来看，也属于春秋时期。经过 2000 多年的历史变迁，吴塘的名称仍旧保留了下来——"湖塘乡"③。

吴塘的堤坝遗址"全长 650 米，东接来年山，西连马车坞山，呈梯形断面，残底均宽 13.5 米，塘均高 13.3 米"，按照《越绝书》，吴塘长约"东西千步"，当时的一步相当于"六尺四寸"，换算成米制，约相当于 1.47 米④，千步应有 1470 米，两者差距较大，可能现存堤坝遗址并非原来的长度。堤坝由黄土夯筑而成，"土质均匀、密实，层次分明。塘基土层为海涂粉砂土；塘基以上至层高 8 米部分为褐黄色粉泥田土，与塘两侧田土类别相同；顶层（8—13.5 米）为黄泥土，与塘附近的山丘土壤同类"，"证实该塘是在咸潮常薄之地的基础上，利用人力先挖取附近田土，继而挑

---

① 《越绝书》卷 8《外传记·地传》。

② 乾隆《绍兴府志》卷《古迹志》。

③ 绍兴方言，吴、湖的读音是相同的。

④ 《礼记》卷 13《王制》："周尺六尺四寸为步"，一尺则以战国尺 0.231 米换算。

运近塘山泥而筑成"①。

实际上，吴塘所处的位置，与后期西陵运河的走向有所重叠，因此，我们判断其可能是"山阴故水道"的西侧延伸段，也是后期与陵水道跨江对接的重要水道。据《越绝书》，山阴故水道在会稽郡的东侧。但吴地通往越地渡江口，早期在盐官（百尺渎南端），秦代时在钱唐（陵水道南翼），渡江以后，势必有与之连通的运河，因此，山阴故水道在当时很可能有往西方向的通道。吴塘的位置恰好与之对接，由此看来，现在湖塘乡的堤塘遗址很可能是原来"吴塘"的一部分，其位于会稽城西侧，与后期的西陵运河大致重叠，推测可能是"山阴故水道"西段的组成部分，其西北连通钱塘江而与钱唐或盐官对接，但还需要更多的资料加以证实。

（4）长兴西湖

在湖州市长兴县西南，可能是浙江省现有记载中见到的最早人工湖泊②，建于春秋末吴王阖闾时期，当时因为兴建吴王城，需要大量土方，于是挖土成湖，故湖的名称也"一名吴城湖"。到了吴王夫概时继续扩建，"因而创之"，修建成湖，用于农田灌溉。东晋张元之《吴兴山墟名》记载："西湖一名吴城湖，昔吴王阖闾筑吴城，使百姓羃土如此，浸而为湖。阖闾弟夫概因而创之。"③到了南朝时期，长兴西湖得到进一步修建、拓展，灌溉受益面积很大，周围农田都得到了西湖水的灌溉，史书有记："西

---

① 本节未注明出处者均引自陈鹏儿、沈寿刚、邱志荣《春秋绍兴水利初探》，见《鉴湖与绍兴水利》，中国书店出版社 1991 年。

② 《浙江省水利志》第 23 章《古代人工湖泊》认为长兴西湖"是浙江省地方志记载中最早的人工湖"，中华书局 1998 年。

③ （晋）张元之《吴兴山墟名》，引自《太平寰宇记》卷 94《江南东道六·湖州》。

湖,南朝疏凿,溉田三千顷"①;此后的相当时间内由于缺乏有效管理,湖面一度"堙废"。到了唐代,两浙范围内在县城、府城内普遍修浚了一大批大型湖泊,主要是解决城市居民的生活用水,在此大背景下,长兴西湖又得到了修浚。贞元年间,于頔为吴兴太守,非常重视辖域内的水利建设,开始对西湖重加修缮,用于灌溉农田以及水产种植等,"唐贞元中,刺史于頔复浚之,岁获粳稻蒲鱼万计,民赖其利,号为于公塘"②。《旧唐书》也记载,于頔"命设堤塘以复之,岁获粳稻蒲鱼之利,人赖以济"③。此后历任官员又对西湖多加整治、修建,清理围垦:"元和中,范传正复令县令权逢吉去塘内田,及决堰,以复古迹。咸通中,刺史源重重建,县令满虔重修。"④陆羽《吴兴志》记载当时的西湖"溉田三万顷,有水门四十所,引方山泉注之"⑤。

两宋时长兴西湖的水面仍旧很大,《太平寰宇记》《嘉泰吴兴志》都记载其"周回七十里"、"傍溉三万顷"、"溉田三万顷"⑥。从南宋时开始,由于人口增加,对农田的需求转化为占湖垦田,侵湖垦田的现象开始普遍出现,西湖由此也开始逐渐湮塞,到了明清时湖面已不见湖水,原来的湖面全成了田畴,雍正《浙江通志》说"今皆成田"⑦是也。此变化恐怕是从明代开始,明代时江

---

① 《旧唐书》卷156、列传第160《于頔》。

② (清)顾祖禹《读史方舆纪要》卷91《浙江三·湖州府》引宋左文质《吴兴统记》。

③ 《旧唐书》卷156、列传第160《于頔》。

④ 嘉泰《吴兴志》卷5《河渎》。

⑤ 《太平寰宇记》卷94《江南东道六·湖州》引陆羽《吴兴志》。

⑥ 分别见嘉泰《吴兴志》卷5《河渎》、《太平寰宇记》卷94《江南东道六·湖州》。

⑦ 雍正《浙江通志》卷五十五《水利四·湖州府》。

南人口增加,浙江户口一度占诸省之首①,对粮食的需求大为增加;加之数量庞大的漕粮,使得对耕地的拓展成为当时的趋势,两浙许多湖泽在这时期被辟为圩田,长兴西湖也没有能够幸免。

(5)百尺渎

古运河,连通吴越两地,是沟通太湖流域与浙江(钱塘江)最早的联系通道。《越绝书》记载,"百尺渎,奏江,吴以达粮"②,是一条从吴地核心区往南贯通钱塘江的人工开凿的水道,其南端由盐官而与钱塘江相通。《咸淳临安志》记载,"百尺浦:在县(海宁县,今为盐官镇)西四十里,《舆地志》云:越王起百尺楼于浦上,望海,因以为名"③。《神州古史考》"吴越旧有百尺渎……即越王百尺楼是也",可见最初吴地经钱塘江到达越地会稽,并不经过杭州,而是经由海宁盐官渡江,最后到达越地。《越绝书》并记载由吴地出来的线路:

> 吴古故从由拳辟塞,度会夷,奏山阴。辟塞者,吴备候塞也。
>
> 柴辟亭到语儿、就李,吴侵以为战地。④

由拳,古嘉兴名;柴辟亭、语儿、在今桐乡一带,百尺渎北端在嘉兴,南端在盐官,其发端是在吴地核心区,这是吴地通越地最早的水路通道。越王在此地建百尺楼"望海",或也有南望会

---

① 据《续文献通考》记载,弘治中十三布政司并直隶府州造册户口总数"户一千一万三千四百四十六户,口五千三百二十八万一千一百五十八口",而浙江布政司有"户一百五十万三千一百二十四户,口五百三十万五千八百四十三口",见王圻《续文献通考》卷20《户口考》。

② 《越绝书》卷2《外传记·吴地传》。

③ 《咸淳临安志》卷36《山川十五》。

④ 《越绝书》卷2《外传记·吴地传》。

稽之意。清康熙时葛惠保有《过百尺楼遗址》诗,也有类似意思:"百尺浦遥楼百尺,当年霸业何赫赫。海色空蒙望不穷,晴辉一片烟涛白。吴山越水自春秋,无限风光日夜浮。高楼遗迹空荒草,惟有沙禽送急流。"①此后秦始皇开辟陵水道,通往越地则多经由钱唐县渡江,百尺渎由此也逐渐衰落。

春秋时期其他兴建的水利项目有:

蛇门外塘:在山阴县外二十五里,"波洋中世子塘者,故曰王世子,造以为田"。

洋中塘:距山阴县二十六里。

北山塘:距山阴县二十里,"筑塘北山者,吴王不审名冢也"。

水门:阳城里者,范蠡城也。西至水路,水门一,陆门二。

塘田:富阳里者,外越赐义也。处里门,美以练塘田。

官渎:官渎者,勾践工官也。去县十四里。

练塘:练塘者,勾践时采锡山为炭,称"炭聚",载从炭渎至练塘,各因事名之。去会稽县五十里。

石塘:石塘者,越所害军船也。塘广六十五步,长三百五十三步。去会稽县四十里。②

蠡塘:在长兴县东三十五里,相传越范蠡筑。

胥塘:在县南四十五里,相传伍子胥筑。

皋塘:在县东北二十五里,相传皋伯通筑,以障太湖之水。③

范蠡塘:在海宁盐官西三十五里。④

---

① 翟均廉《海塘录》卷10《古迹二》。

② 以上均见《越绝书》。

③ 蠡塘、胥塘、皋塘,并见雍正《浙江通志》卷55《水利四·湖州府》。

④ (宋)潜说友《咸淳临安志》卷86《古迹》。

3. 秦汉三国时期的水利

秦汉时期,由于国家的统一,水利建设也具有了更大的发展空间,大型的水利工程也因此在两浙一带开始建设。秦代立国时间较短,但其在两浙却兴建了重要的水利工程——陵水道。陵水道是秦始皇征服楚国后,在长江南翼构筑的运河水渠,其北起由拳(今嘉兴),南接钱塘(今杭州),是沟通太湖流域与浙江(钱塘江)的主要联系通道。此渠道的开筑,显然有利于加强中央政府对偏远的越国地区、会稽郡范围的控制,同时也使得作为东南中心的会稽郡可以经水路到达钱塘、太湖流域并进入长江,从而增强了钱塘江流域地区与中原、中央政府的联系。此后,包括陵水道在内的运河水系也成为后来的江南运河的组成部分。

两汉时期,浙江地区的水利建设得到进一步发展,东汉永和五年(140年),会稽太守马臻在会稽地区兴筑的镜湖(鉴湖),是"长江以南最古老的大型灌溉工程之一"[①]。镜湖汇集会稽、山阴两县三十六源之水,周围三百五十八里,灌溉农田九千余顷,是两浙地区早期大型的水利工程。

与春秋时期两浙的水利设施主要集中在越国的核心区域会稽等地不同,这时期的大型水利建设活动分布范围更加广泛,如浙江以北的余杭县、浙江以南的乌伤县,都有比较重要的水利建设项目出现。与绍兴镜湖兴建时间相隔30余年的后汉熹平二年(173年),余杭县令陈浑在余杭开筑南下湖,用以蓄洪、灌溉,当时的南下湖方圆三十四里,水面非常开阔,雨季时用以承受天目山的洪水,史书称之为"立以防水",故《浙江省水利志》称其为

---

① 《中国水利史稿》上册"第三章·秦汉时期水利工程的蓬勃发展·鉴湖"。

"是浙江最早的分洪水库"①。而东汉辅国将军卢文台在乌伤县
(今金华一带)修筑的白沙溪三十六堰,也是影响深远的水利工
程,"灌溉金华、汤溪、兰溪三县田土,为利甚溥,农多赖之"②。

（1）陵水道

陵水道是秦始皇征服楚国后,在长江南翼构筑的运河水渠,
其北起由拳(今嘉兴),南接钱塘(今杭州),是沟通太湖流域与浙
江(钱塘江)的主要联系通道。此渠道的开筑,使得作为东南中
心的会稽郡经过钱塘、太湖流域而进入长江,从而增强了钱塘江
流域地区与中原、中央政府的联系。《越绝书》:"秦始皇造道陵
南,可通陵道,到由拳塞。同起马塘,湛以为陂。治陵水道到钱
唐、越地,通浙江。秦始皇发会稽适戍卒,治通陵,高以南陵道,
县相属。"③从这条记载看,陵水道北起嘉兴(由拳),南抵杭州
(钱唐),并经过杭州到绍兴(越地),由于当时两浙一带的核心区
域,北端在吴郡(今苏州),南端在会稽(今绍兴),故始皇帝造陵
水道,其目的地实为"通浙江"、到"越地",《史记·秦始皇本纪》
记载其南巡到越地的行程:

> 三十七年十月癸丑,始皇出游。左丞相(李)斯从,右丞
> 相(冯)去疾守。少子胡亥爱慕请从,上许之。十一月,行至
> 云梦,望祀虞舜於九疑山。浮江下,观籍柯,渡海渚。过丹
> 阳,至钱唐,临浙江,水波恶,乃西百二十里从狭中渡。上会
> 稽,祭大禹,望于南海,而立石刻颂秦德。④

显然,秦始皇从云梦顺长江而下,先是"望祀虞舜於九疑

---

① 新编《浙江省水利志》,中华书局1998年。
② 雍正《浙江通志》卷59《水利八·金华府》。
③ 《越绝书》卷2《外传记·吴地传》。
④ 《史记》卷6《秦始皇本纪第六》。

山"，然后"上会稽，祭大禹"，其中"过丹阳，至钱唐"的南段水道，走的就是陵水道。

陵水道的建造是一个较大的工程，当时还专门从人口比较集中的会稽调来劳工，从事陵水道的开挖与道路的建造："秦始皇发稽适戍卒，治通陵"。水道与衢道并行，"县相属"。陵水道的堤防并作为道路路基，再适当加高，"高以南陵道"。

陵水道的建设，成为江南运河的前身。此后，包括陵水道在内的运河水系也成为后来的江南运河的组成部分。

（2）镜湖

两汉时期，浙江地区的水利建设得到进一步发展，东汉永和五年（140 年），会稽太守马臻在会稽地区兴筑的镜湖（鉴湖），是"长江以南最古老的大型灌溉工程之一"①，可能也是当时南方最大的专门用于农田灌溉的水利工程。镜湖汇集会稽、山阴两县三十六源之水，充分利用了当地的地理形势："会稽、山阴两县之形势，大抵东南高，西北低，其东南皆至山，而北抵于海。"②这样的地形往往导致虽然水源丰沛但水资源的利用率不高，"水或暴溢，则诸县婴泛滥；亢不雨，则诸县病暵旱"③。于是太守马臻在会稽山下开筑镜湖，用以储存山水，抵御咸潮，用作农田灌溉，"堤之在会稽者，自五云门东至于曹娥江，凡七十二里；在山阴者，自常禧门西至于西小江，凡四十五里"④，孔令符《会稽记》："筑塘蓄水高丈余，田又高海丈余。若水少，则泄湖灌田；若水

---

① 《中国水利史稿》上册"第三章·秦汉时期水利工程的蓬勃发展·鉴湖"。

② （宋）徐次铎《复鉴湖议》，雍正《浙江通志》卷 267《艺文九》。

③ 成化《杭州府志》卷 27《水利》，此处虽然是就杭州的水利形势而言，但与会稽、山阴也颇有类同之处。

④ （宋）徐次铎《复鉴湖议》，雍正《浙江通志》卷 267《艺文九》。

多,则开湖泄田中水入海。""所谓湖高于田丈余,田又高海丈余,水少则泄湖溉田,水多则泄田中水入海,故无荒废之田、水旱之岁者也。"①由于镜湖水面开阔,储水丰沛,基本解决了会稽山阴两县的农业灌溉,"溉田万顷,跨山、会两县,周三百五十八里,总纳两县三十六源之水"②。

镜湖还设置有堰闸斗门,用以调节水位、控制旱涝:"沿塘置斗门、堰闸,以时启闭。"③"今两湖(指镜湖东西两湖)之为斗门堰闸阴沟之类不可殚举,姑以其著者言之,其在会稽者为斗门凡四所,一曰瓜山斗门,二曰少微斗门,三曰曹娥斗门,四曰蒿口斗门。为闸者凡四所,一曰都泗门闸,二曰东郭闸,三曰三桥闸,四曰小凌桥闸。为堰者凡十有五所:在城内者有二,一曰都泗堰,二曰东郭堰;在官塘者十有三,一曰石堰,二曰大埠堰,三曰皋步堰,四曰樊江堰,五曰正平堰,六曰茅洋堰,七曰陶家堰,八曰夏家堰,九曰王家堰,十曰彭家堰,十有一曰曹娥堰,十有二曰许家堰,十有三曰樊家堰。其在山阴者为斗门凡有三所,一曰广陵斗门,二曰新径斗门,三曰西墟斗门;为闸者凡三所,一曰白楼闸,二曰三山闸,三曰柯山闸;为堰者凡十有三所,一曰陶家堰,二曰南堰,皆在城内,三曰白楼堰,四曰中堰,五曰石堰,六曰胡桑堰,七曰沉酿堰,八曰蔡家堰,九曰叶家堰,十曰新堰,十有一曰童家堰,十有二曰宾舍堰,十有三曰抱姑堰,皆在官塘。"这些堰闸斗门的开启关闭,都以位于湖中的水位为依准:

> 湖下之水启闭,又有石牌以测之,一在五云门外小凌桥之东,今春夏,水则深一尺有七寸;秋冬,水则深一尺有二

---

① (宋)曾巩《序越州鉴湖图》,见《御选唐宋文醇》卷55。
② 雍正《浙江通志》卷57《水利六·绍兴府》。
③ 雍正《浙江通志》卷57《水利六·绍兴府》。

寸,会稽主之;一在常禧门外、跨湖桥之南,今春夏,水则高
三尺有五寸,秋冬,水则高二尺有九寸,山阴主之。

除此之外,在鉴湖北侧水流入江处还设置有玉山斗门,用以
阻截海潮、排泄洪水:"两县之北又有玉山斗门八间,曾南丰所谓
朱储斗门是也,去湖最远,去海最近,地势斗下,泄水最速,其三
间隶会稽,五间隶山阴。"①鉴湖的这一系列水利设施大概在马
臻筑湖之后逐步形成。

由于镜湖的灌溉范围广阔,带来了明显的效应,使得会稽一
带无荒废之田,农业生产有了充分保障,"无荒废之田、水旱之岁
者也",也促进了当地社会经济的发展。

(3)余杭南湖

与会稽镜湖的兴建相隔30余年的后汉熹平二年(173年),
余杭县令陈浑在浙江北翼的余杭开筑了南湖。当时的浙江之
境,还不是充分开发的地方,《史记》所谓的"地广人希"是也。农
业生产在许多地方还是"火耕而水耨"②,基本是"因天材、就地
利",除了越地的核心区域会稽一带,以及浙江北岸的吴地范围、
浙江以南的现金衢平原地区,其他地方由于居住人口不太集中,
较少有系统的水利建设活动。余杭南湖位于浙北的吴地范围,
是当时开发的为数不多的大型水利设施之一,也是两汉时期在
浙江范围内修建的又一个比较重要的水利工程。其建立的初衷
据说是"立以防水"③,所以《浙江水利志》称其为"浙江最早的分

---

① 以上皆据(宋)徐次铎《复鉴湖议》,见雍正《浙江通志》卷二百六十
七《艺文九》。

② 《史记》卷129《货殖列传第六十九》。

③ 雍正《浙江通志》卷55《水利四·湖州府》。

洪水库"①,但除了显著的防洪作用,其农业灌溉的应用也同样重要:"开湖灌溉县境公私田一千余顷,所利七千余户"②。

南湖位于浙江北岸的余杭县(今余杭镇),西依天目山,东临杭嘉湖平原,天目山之水沿苕溪而下,进入余杭县域的平原地带,"水势奔放",常常冲毁、淹没农舍、耕田:"天目之麓,山险地高,(苕溪)下流水势奔放,不可为力。余杭界其间,襟带山川,地势平彻,当苕水之冲,流洪岁常一再至;久雨或数至,倏忽弥漫高处二丈许,然不三日辄平,其为患虽亟除,而难测以御也。"由此造成对民生的破坏:"野不可耕,邑不可居,横流大肆,为旁郡害。"③陈浑任余杭县令后,即开始兴建南湖,以解决苕溪水害。

南湖由上下两湖组成,并称南下湖、南上湖,其中,靠近苕溪的称南下湖,毗邻北部山区的称南上湖,中间以堤防相隔,"并溪者曰南下湖,环三十四里,并山者曰南上湖,环三十二里"④。兴建南湖的最初目的可能是防洪,针对汛期苕溪水的汹涌而来,在溪流一侧开设水闸,引洪水如湖中,以减缓水势,"洪流从高赴卑,其势悍甚,得所谓石门函(即闸门)者,则折而汇于湖,既就宽平,其暴必杀"。除了分洪析流,南湖的另一项重要功能是灌溉,"溪流纤余徐引,而东湖之水泄于南渠河;河流而东,接东溪五福渠之水,以入于吴兴;其派别而北者,为黄母港十二里,与苕溪会于其会处,节以石埭,曰西函;溪流方涨则闭,以固东乡之田,竢其稍落,则启函,以走渠港之涝下,田亟干,水不储浸,若旱暵,亦

① 新编《浙江省水利志》,中华书局1998年。

② (宋)潜说友《咸淳临安志》卷3《山川十三·湖下》。

③ (宋)成无玷《记铭水利记》,《咸淳临安志》卷3《山川十三·湖下》"南下湖"。

④ (宋)成无玷《记铭水利记》,《咸淳临安志》卷3《山川十三·湖下》"南下湖"。

即启函以灌溉"①。其中提到的石埭,即漫水坝。由石埭、石函(闸门)组成的截水、引水系统可能是后期陆续兴建,东汉陈浑时恐怕不一定已经有如此完善的储水、灌溉系统。《咸淳临安志》说:"后汉熹平二年,县令陈浑修堤防,开湖灌溉县境公私田一千余顷,所利七千余户"②,《咸淳临安志》显然认为南湖的主要功能在于灌溉。实际上除了农田的直接受益,对于赋税等的间接作用也非常明显,"膏腴千顷,余无水旱,号为沃壤,衣食万室,出赋输无虑万斛,而计其为旁利,又倍蓰也"③。此后由于疏于管理,南湖堤塘逐渐损坏,湖面缩减。到了唐代,县令归珧重加修浚,"唐宝历中县令归珧重修,百姓祠之,立石为记"。进入两宋时期,对水利建设尤其重视,南湖也因此"随时修筑","宣和中,知县江褒躬访利害,绍复前绩,民赖其赐";"绍兴中,县令李元弼率民筑增三尺,州又差捍江兵士及濠寨官助之,塘漏,则以橐为箱捍护,得免者屡矣"④。宣和年间任余杭县丞的成无玷对当时南湖水利的兴修有比较详细记载:

> 历年久远,溪湖皆高,堤堰俱圮,水或逆行,漂没庐舍,西函既自疎钮,守者贪略,窃启以渡舟,水因大至,官趣救,目前遽塞之,以弭患。自函之塞,十岁九涝,民日益困,土脉沮洳,殆成弃地。今大夫江公以今宣和四年夏来临此民,属兵火之余,视民瘵甚,为之恻然,思所以振之者,徧询耆旧,得溪湖利病甚详,民以厌患于堤防、来告大夫。曰,民固困,

---

① (宋)成无玷《记铭水利记》,《咸淳临安志》卷3《山川十三·湖下》"南下湖"。

② 《咸淳临安志》卷34《山川十三》。

③ (宋)成无玷《记铭水利记》,《咸淳临安志》卷3《山川十三·湖下》"南下湖"。

④ 《咸淳临安志》卷34《山川十三》。

吾不忍，若厉然用，若请也，是将永逸之，报幸朝廷宽恩，无
他赋役，备豫于暇日，不亦善乎！乃以是年冬度工赋事，民
骈趋之，始于西函，次五亩塝，次缘湖之岸、当溪之冲者，曰
紫阳滩、尹家塘，次护郊之堤，曰中隔塘，次缘溪之岸、当西
函之左右者，西逾明星浃，东接庙湾之塘；次上湖可泄者、渠
河受水处，曰石梘桥；次缘溪之岸当石门函之左曰闲林塘，
南岸皆全矣，凡北岸之塘与南对修，由西门之外曰五里塘，
西山之横陇，当溪之冲者曰龟塘，及东乡之外尽十四坝之
防，一皆图治，于是决渠之岸无偏强之患，其下流远郡，与钱
塘接境之田，犬牙绮错，而塘在吾邑者，曰庙湾，曰许家坝，
曰菱荡，曰塘口，曰屭潭，曰化湾，与其西岸石濑曹桥之间十
余坝之岸，亦皆增葺，凡堤防之设，西函巨为最，大夫躬劝相
抚循之，以讫役，雪霜风雨，往来暴露，车殆马烦，徒御疲剧，
而大夫践履泥涂，临视指顾，蚤莫不懈忘疲，与瘝民知其为
我劳也，亦忘其劳。尝大雪与民约，日霁而来，民莫肯去。
凡函之制，因其利而颇加以巧思，安以养勇不动之心，期以
悠久不息之诚，应于人而验于物，工师殚其技，役夫敏其力，
坚厚精密，岩岩山峙，经始十二月甲寅，落成于明年三月己
巳，其高七仞，其厚一百三十丈，两涯横敞，其中启闭处，小
陋从陋度敞去相寻有半加肤寸焉，故石之工九百七十，役庸
万有六千三百，用缗钱四十三万，皆函下之民计亩乐输，足
用无赢不惎于素。函成，远迩纵观，愕眙叹服，诸儒为文若
诗，以纪颂之。自余堤防由东塘而上，分委邑佐董之，各因
其地之民，故役不告劳，而工并集。①

---

① （宋）成无玷《记铭水利记》，《咸淳临安志》卷3《山川十三·湖下》
"南下湖"。

唐宋以来,杭州的地位提升,南湖的水利也就与会城的安危有了更紧密的关系,"湖塘之废,重为三州六邑之害"①。成化《杭州府志》也说:"杭东南濒江薄海,西北限以高山,而水或暴溢,而仁和诸县婴泛滥;亢不雨,则昌化诸县病旱暵"②,余杭南湖的存在,对于缓解杭州的旱涝灾害或具有一定的助益。

(4)白砂堰

白砂堰,在金华白沙溪,原属汤溪县,"金华府汤溪县十都白砂"③,由东汉辅国将军卢文台所筑。原有三十六堰,是省内早期较有影响的水利工程,"灌溉金华、汤溪、兰溪三县田土,为利甚溥,农多赖之"④。当时的金衢地区,是浙江境内除了会稽、吴地以外人口比较集中的地区,这里在西汉时已经设立了乌伤、太末县⑤,同时期的台州、温州、丽水三地尚合属回浦县,可见当时的金衢地区已经是浙江境内相对有所开发的区域,人口相对集中,农业生产发展较快,具有对水利改造的动力。因此,白砂三十六堰的修筑,也是有其时代背景的。

据杜旂《白砂昭利庙记》记载,"白砂之堰三十有六,首衔辅仓,尾跨古城,蔓衍磅礴,其为田不知几千万亩"⑥,可见白砂堰分布范围很广,从辅仓山开始,一直到金华古城,"蔓衍磅礴"。万历《金华府志》记载:"白砂堰,宽一丈二尺,长六十里,在十

---

① (宋)徐安国《重修南湖塘记》,《咸淳临安志》卷3《山川十三·湖下》"南下湖"。

② 成化《杭州府志》卷27《水利》。

③ 雍正《浙江通志》卷59《水利八·金华府》。

④ 雍正《浙江通志》卷59《水利八金华府》。

⑤ 《汉书》卷28《地理志第八》。

⑥ 杜旂《白砂昭利庙记》,雍正《浙江通志》卷223《祠祀·金华府》。

都"①，可能是在绵延"六十里"的范围内，布置了数十个堰堤，形成一个多级的堰堤防洪、引水体系。所谓的"三十六"应该是一个约数，表示数量多，不一定实有三十六堰。《大清一统志》"白砂堰，在汤溪县东三十里，相传汉卢文台所开，首衔辅仓，尾跨古城，共三十六堰，溉田千万顷"②，则认为三十六堰是实有其数。嘉靖《金华县志》也说："汉辅国将军卢文台开堰三十六处"③。三十六堰分布在金华、汤溪两县，每处堰堤规模各不相同，位于金华的白砂堰，"长八十六丈，广四丈"；而位于汤溪的白砂堰，"宽一丈二尺"④；但雍正《浙江通志》记载三十六堰分布在"县东二十里金革乡之十都、十一都、十四都，遂昌乡之十五都、十六都"⑤，其中的第十九堰据说是最具规模，有六条分流渠，灌溉农田数量也最多："其第十九堰，阔一百余丈，水分六带，灌田尤多，因名曰第一堰。"⑥白砂堰系统完整，由堰堤、分流渠、闸门等组成引水、送水、灌溉、调节水利等功能。堰堤结合堰渠，分流灌溉农田，并根据农田之多寡，制定堰渠之宽窄，"量田之多寡，定注之大小；视地之远近，制流之短长"；灌溉渠还结合湖塘闸门，调节水流，"堰各有潭，潭各筑塞。大抵俯仰诘曲，与溪为谋。其利则溥，其功诚难"⑦。这一系列水利灌溉系统虽然不能确定是否是当初卢将军兴建时即已经完成，可能也经过后代的逐渐完善。

　　由于年代久远，建造白砂堰的卢文台，其生平情况并不充

---

① 万历《金华府志》卷4《山川》"汤溪县"。
② 《清一统志》卷231《金华府》。
③ 雍正《浙江通志》卷59《水利八金华府》。
④ 万历《金华府志》卷4《山川》"金华县"。
⑤ 雍正《浙江通志》卷59《水利八·金华府》。
⑥ 《大清一统志》卷231《金华府》。
⑦ 雍正《浙江通志》卷53《水利二·杭州府》。

分，据杜旟《白砂昭利庙记》，白砂堰乃"白砂之灵觊侯实主之"，"侯姓卢氏，汉末讨赤眉有功，功尝显矣，而其详不可得闻也"；可见卢文台是西汉末年人，因为讨伐王莽后期的赤眉军而建立功勋，"功尝显矣"。但主要事迹、生平不见史书记载，"其详不可得闻也"。其最初兴建的白砂三十六堰却历经二千年后仍旧留存下来，"婺之南有山，名辅仓者，林麓葱蒨，水石洁清。侯垦田以居，号卢坂"，可能就在此时，卢将军开始兴修白砂三十六堰。《明一统志》"白砂溪，在汤溪县南三十里，由遂昌县流入永康溪中，多白砂，如霜雪"①，白砂堰也因而得名。

（5）余杭临平湖

临平湖，在杭州东北六十里，汉代时已经疏浚，"汉末草秽壅塞"，三国东吴天玺元年"更开通"，当时相传"此湖塞，天下乱；此湖开，天下平"②，故不久，晋统一南北，因此《晋书》说："吴寻平，而九服为一。"③顾祖禹《读史方舆纪要》记载："临平湖，在（杭州）府东北临平山东南五里。吴赤乌二年，获宝鼎于此，因名鼎湖。周回十里，汉末湖已壅塞。晋咸宁二年复开，孙皓以为己瑞，既而吴灭。晋元兴二年，湖水赤，桓玄以为己瑞，俄而玄败。陈桢明初，湖又开，陈主叔宝大恶之，明年陈亦灭。盖此湖常蓁塞，故老相传，湖开则天下平也。""唐宋时，湖水皆直至山下。南宋为运道所经。中有白龙潭，风波最险。绍定中，筑塘以捍之，曰永和。自是患渐息，今上塘河所经也。"④

但临平湖的最初兴建是用于农田灌溉，"往时周四十里，溉

---

① 《明一统志》卷42《金华府》。
② （晋）陈寿《三国志·吴志》卷3《孙皓》。
③ 《晋书》卷26《志第十八·五行中》。
④ 顾祖禹《读史方舆纪要》卷90《浙江二》。

田三百余顷"①。虽然早期也经常淤塞,但从唐代开始,由于东南一带人口增加,朝廷的征粮加重,使得两浙的诸多湖塘逐渐面临蚕食,明清时,湖面"湖日淤,近多废为桑田鱼池,仅存小河"②。

(6)余杭东郭堰

东郭堰,在余杭县东三里,由主持兴建南湖的东汉县令陈浑修建,但至少在明代时可能已经废止不用。成化《杭州府志》记载:"东郭堰,在县东三里南渠河上,汉县令陈浑置。废久,而今犹呼东程为堰下"③,可见成化时已经连遗址都不存,仅留有地名。

(7)海塘

这时期水利工程中还有著名的海塘工程。由于钱塘江入海处特殊的喇叭口形状,使得钱塘江潮水来势特别凶猛,对沿岸地区的农田也构成明显的威胁,往往造成岸线崩塌、土地流失。有时候几十里地方、整个乡镇都被潮水淹没、冲走。④ 故浙江两岸是最早开始兴建捍海塘的地方。刘道真《钱唐记》载:"防海塘,去邑一里,郡议曹华信家富,立此塘,以防海水"⑤;据《元和郡县志》:"华信,汉时为郡议曹"⑥,可见,位于钱塘县东侧的海塘最

---

① 雍正《浙江通志》卷53《水利二·杭州府下》。
② 雍正《浙江通志》卷53《水利二·杭州府下》。
③ 成化《杭州府志》卷27《水利》。
④ (明)张宁《重筑障海塘记》说:"宋嘉定中,潮汐冲盐官平野二十余里,史谓海失故道……成化十三年二月,海宁县潮水横溢,冲圮堤塘,逼荡城邑。转眄曳趾,顷一决数仞,祠庙庐舍器物沦陷略尽。"(翟均廉《海塘录》卷22《艺文五·序》)历史上类似事例很多。
⑤ 《太平御览》卷472《人事部》。
⑥ 《元和郡县志》卷26《江南道·钱塘县》。

早建于汉代。《钱唐记》并记录了当时修建海塘的过程：

> 始，开幕有能致一斛土者，即与钱一千，旬月之间，来者云集；塘未成而不复取，于是载土石者皆弃而去，塘以之成。故改名钱塘焉。①

但也有前人根据秦时即有"钱唐"之名而判断可能早在秦代时即已有建筑海塘的历史：

> 按：《史记》秦始皇过丹阳至钱唐，则秦时已有之，非始于华信明矣。自汉已来，江潮为患，筑塘捍之，今云筑塘以备钱湖之水事，无稽证考之。《释文》云：唐，途也；钱，古籛姓；岂秦汉间有姓籛者居江干，或筑塘以捍海，遂以起名，如富阳孙洲之类是也。②

由此看来，早期沿江干而居者"筑塘以捍海"，或在秦时已经存在，并因此而名之曰"钱唐"，也是有可能的。但从两浙范围来看，比较系统、较具规模的海塘建设还是要从唐代开始。《新唐书·地理志》说，盐官"有捍海塘，堤长百二十四里，开元元年重筑"③；又说：会稽"东北四十里有防海塘，自上虞江抵山阴百余里，以畜水溉田。开元十年(县)令李俊之增修，大历十年(浙东)观察使皇甫温、太和六年(县)令李左次又增修之"④。唐代时会稽的地位较钱唐为重要，但在海塘的修筑方面，两地不分上下，盐官"堤长百二十四里"，会稽的"自上虞江抵山阴百余里"规模相当。但会稽海塘兼有"畜水溉田"的功用。盐官、会稽一带地

---

① 见郦道元《水经注》卷 40《浙江水》引《钱唐记》。

② (明)田汝成《西湖游览志》卷 20《北山分脉城内胜迹》。

③ 《新唐书》卷 41《志第三十一·地理志》。

④ 《新唐书》卷 41《志第三十一·地理志》。

势低平，海潮容易涌入，对当地农田损害尤其，故两地的海塘工程的重要性也更加突出，史料显示当时的海塘修建还主要集中在会稽、盐官一带。当时白居易任杭州刺史，也还没有对钱唐境内的海塘作大规模修建。由于海塘修建工程量较大，且海潮一日二次冲击，确实有一定难度，"人力未及施也"，于是当时白居易曾经写文告祷于江神，以祈求神灵祐祜①，并没有在杭州一带兴建海塘。但潮水的冲击，还是对杭州府城有很多破坏："唐大历八年，大风潮溢，垫溺无算。咸通二年，潮水复冲击，奔逸入城。刺史崔彦曾乃开外沙、中沙、里沙三沙河以决之，曰沙河塘……光化三年，浙江又溢，坏民居。"②

到了五代吴越时期，由于钱氏在杭州立足，对城市的拓展有了进一步的要求，又因为州治介于西湖与钱塘江之间，于是海塘的兴建就开始变得分外迫切，大规模的海塘建设也由此展开："梁开平四年八月，钱武肃王始筑捍江塘在候潮通江门之外，潮水昼夜冲激，版筑不就，因命强弩数百以射潮头，又致祷于胥山祠，仍为诗一章，函钥置海门山，既而潮水避钱塘，东击西陵，遂造竹络，积巨石，植以大木。堤岸既成，久之，乃为城邑聚落，凡今之平陆，皆昔时江也。"③武肃王钱镠采取的"造竹络，积巨石，植以大木"，即以竹笼填石、榥柱固塘的做法，可能是当时比较盛行的堤坝建筑技术，在条石堤塘普遍流行之前，各地都普遍采用这种堤塘建筑形式④。虽然堰坝中早在唐代已经采用条石砌筑

---

① 《咸淳临安志》卷 31《山川十·捍海塘》。

② 《读史方舆纪要》卷 90《浙江二》。

③ 《咸淳临安志》卷 31《山川十·捍海塘》。

④ 丽水通济堰建于南朝萧梁年间，其堰堤采用所谓的"竹筱坝"，应该也是这种形式。

（如宁波它山堰），但海塘中采用可能要迟至明代，"至明始易以石"①。

两宋时期，海塘修筑愈加频繁。"宋大中祥符五年，潮抵郡城，发运使李溥请立木积石以捍之，不就。乃用戚纶议，实薪土以捍潮波，七年功成，环亘可七里。天圣四年，方谨请修江岸二斗门。景祐四年，转运使张夏置捍江兵，采石修塘，立为石堤十二里，塘始无患。庆历六年，漕臣杜杞复筑钱塘堤，起官浦，至沙泾，以捍风涛。又俞献卿知杭州，凿西岩作堤，长六十里。皇祐中，漕臣田瑜叠石数万，为龙山堤。政和六年，兵部尚书张阁言：臣昨守杭州，闻钱塘江自元丰六年泛溢后，潮汐浸淫，比年水势稍改，自海门过赭山，即回薄岩门、白石一带北岸，坏民田及盐亭监地。东西三十余里，南北二十余里。江东距仁和监，止及三里。北趣赤岸麤口二十里。运河正出临平下塘，西入苏秀。若失障御，恐他日数十里膏腴平陆，皆溃于江。下塘田庐，莫能自保。运河中绝，有害漕运。诏亟修筑。七年，知杭州李偃言：汤村岩门、白石等处，并钱塘江通大海，日夜两潮，渐致侵啮。乞依六和寺岸，用石砌叠，从之。"南宋时建都临安，防海潮变得分外迫切。"绍兴末，以石岸倾毁，诏有司修治。乾道九年，复修筑庙子湾一带石岩。自是屡命有司修葺。淳熙元年，江堤再决。嘉熙二年复决。守臣赵与权乃于近江处所，先筑土塘，于内更筑石塘，水复其故。嘉定十年，江潮大溢，复修治之。"明清两代，天下贡赋由江南出，海塘的修建也格外受到朝廷的重视，"洪武十年，江水大溢，特命兴筑。永乐元年及五年、九年，皆经修治。十八年，更修完固。成化八年，沿江堤岸，倾圮特甚，乃命工部侍郎李禹相度经理。堤岸一新，百年以来，始无大患。万历三年，六和

_____

① 雍正《浙江通志》卷64《海塘三》。

堤岸决,复修治之"。①

这时期兴筑的水利设施有:

荆塘:在长兴县南九十里,荆王刘贾筑。

孙塘:在长兴县西南八十五里,孙皓为乌程侯时筑。②

南陵:在绍兴。"通江南陵,摇越所凿,以伐上舍君。去山阴县五十里。"③

古渠:在淳安县南,引西山泉水,"横贯市中"④。创建于东汉建安年间,"引郭西水渠而东流绕郭,若鞶带,广寻有二。唐仍其旧,迄宋熙宁、淳熙间,递浚如故"⑤。

黄浦:一名黄蘗涧,在乌程县(今湖州吴兴区)西南二十八里,"后汉司隶校尉黄向于此筑陂溉田"。

青塘:在乌程县(今湖州吴兴区)北三里迎禧门外,吴景帝令发民丁三千人开。"梁太守柳恽重浚,易名柳塘,又名法华塘。"⑥

查湖:在余杭县北三十五里⑦,又称查湖塘,为东汉摇泰所封之湖,灌溉农田。《咸淳临安志》记载,查湖塘"高一丈,广二丈。在县北三十五里,其源出诸山,即后汉南阳太守摇泰所封之湖,溉田甚广。湖侧亭址尚存"⑧。

总体而言,秦汉时期的两浙地区,与当时的黄河流域相比,

---

① 以上据《读史方舆纪要》。

② 以上见雍正《浙江通志》卷55《水利四·湖州府》。

③ 《越绝书》卷2《外传记·吴地传》。

④ 雍正《浙江通志》卷60《水利九严州府》。

⑤ (明)汪道昆《重浚古渠开东西陂记》,雍正《浙江通志》卷60《水利九·严州府》。

⑥ 雍正《浙江通志》卷55《水利四·湖州府》。

⑦ 成化《杭州府志》卷27《水利》。

⑧ 《咸淳临安志》卷38《山川十七》。

还是处于欠开发状态,水利建设还不太普及。可能由于人口集中度不高,使得水利设施的分布也不太均衡,从史书记载中的水利项目分布来看,位于钱塘江以北的区域,水利建设活动相对集中;原越国的核心区块也仍旧是水利建设的重心所在;其他地区则少有较大的水利活动,其中,位于金衢地区的白砂三十六堰是比较重要的早期水利项目。其他区块水利记载比较缺乏,这种现象的出现固然与历史文献的疏缺有一定关系,但也基本反映了当时两浙范围内各地经济发展的基本状况。

这时期的水利项目,以湖塘类居多,如会稽镜湖,余杭南湖、查湖、临平湖等,塘则有长兴荆塘、孙塘,吴兴青塘,会稽南陵等,湖陂主要作储水用,干旱时用作灌溉;堤塘主要起阻水作用,也有储水的延伸作用。除了湖塘以外,这时期还出现了堰、渠等水利形式,堰堤的作用主要是拦水、引水,《释文韵略》说:"偃,猪也"①,偃是指堰堤,猪即潴,指的是储水的"水塘";堰水而引为储水,是这时期两浙地区新出现的水利工程形式。与被动式储水的湖陂类水利形式不同,堰渠类水利属于主动性的引水工程,其在水利建设的观念上也有明显不同。

4. 南朝时的水利建设

南朝时期是东南地区得以进一步发展的重要阶段。自汉武帝元狩年间开始,北方民众每遇战乱,多选择往南迁徙,以躲避杀戮。到了东汉初,"天下新定,道路未通,避乱江南者皆未还中原,会稽颇称多士"②,精英人士的驻留,促进了东南一带文化的发展。西晋末不仅"衣冠南渡",还把政治中心迁到了大江以南

---

① （宋）丁度《附释文互注礼部韵略》卷2《下平声·唐》。
② 《后汉书》卷106《循吏列传第六十六》"任延传"。

的建康,使得政治经济的重心随之南移,大批的中原士族随着朝廷的南迁而接踵而至,使得北方相对先进的经济文化也转移而来,东南地区的社会经济由此得到了明显的推进。北方移民带来的先进生产技术与充实的资金,使得当时尚未充分发展的江南地区得到了有力的开发,由此也使江南地区逐渐取代中原地区而成为经济、赋税重心。《宋书》说:"自晋氏迁流,迄于太元之世,百许年中,无风尘之警,区域之内,晏如也……民户繁育,将襄时一矣。地广野丰,民勤本业,一岁或稔,则数郡忘饥";又说:"会土带海傍湖,良畴亦数十万顷,膏腴上地,亩直一金。"①没有战乱,人口增加,加上"地广野丰,民勤本业",使得东南一带的农业、经济得到明显发展。

其中,反映在水利建设上面,这时期的水利建设多有大项目出现。东晋时,会稽内史贺循兴建的西陵运河,"北起西陵(今萧山西兴镇),西南经绍兴城东折而抵曹娥江边的曹娥和篙坝,全长逾20里"②,据说最初这条河道的开筑主要为了用于灌溉,"晋司徒贺循临郡,凿此以溉田"③。但河道的开凿,一方面增强了原来鉴湖的灌溉、排水作用,另一方面也贯通了浙东宁绍区域的水路交通,其社会经济效益更显突出。

此时由于东南一带的进一步开发,水利建设不仅仅在会稽、余杭一带多有兴筑,其触角还伸展到省内相对比较偏远的地区,如建于梁天监年间的通济堰,即位于当时还比较偏僻的处州府丽水县(当时属松阳县),这是一个覆盖碧湖平原的水利系统工程。汉代卢文台修筑白砂三十六堰、余杭守令建造东郭堰,这些

---

① (梁)沈约《宋书》卷54《列传第十四》"沈昙庆"。

② 陈桥驿:《古代鉴湖兴废与山会平原农田水利》,《地理学报》1962年3期。

③ 《嘉泰会稽志》卷第10《水》引"旧经"。

堰堤单个体量都不大,因此灌溉的农田范围也有限。而通济堰则是在前代修堰的经验基础上所建设的水利工程,也可能是之前最大的拦水工程。通济堰的修建显示当时在水利建设方面具有的诸多成熟技术。

首先是选址合理。堰堤建在碧湖平原西南端的地势最高处,对碧湖平原形成高屋建瓴之势;从通济闸引水入渠,逐级分流,实现对碧湖平原的自流灌溉。建造堰堤的位置正好是松荫溪进入碧湖平原的喇叭口的顶端,溪流两岸是自然的山体基岩,选择这个位置建造堰堤,可以用不长的堰堤充分拦截上游来水,使堰堤的拦水效益最大化;同时两岸稳定的基岩也可以使堰堤基础更加稳固,保证堰坝的稳定性。堰堤的下游不远处即是松荫溪与瓯江的汇合处,在洪水期大坝受到瓯江回流的自然顶托作用,也可以减弱洪水对大坝的压力,增强了大坝的抗洪水冲击能力。

其次是堰堤造型科学。现在的大坝造型呈拱形,可能初建时即为拱坝形状,相关史料记载了当时选择堰堤形状的故事:

> 梁有司马詹氏,始谋为堰,而请於朝,又遣司马南氏共治其事。是岁,溪水暴悍,功久不就。一日有老人指之曰,过溪遇异物,即营其地,果见白蛇自山南绝溪北,营之乃就。①

有学者根据相关资料认为,通济堰堰堤是世界上已知最早的拱形大坝;拱形堰堤的优势在于:一是它比直坝加长了坝体,相应地降低了大坝的单宽流量,减轻了水流对堰堤单位宽度的冲击力,从而使堰堤具有较强的抗洪峰能力。二是使流过坝顶的溢流改变了水流的方向,减轻了对堰堤护坡的破坏,使堰堤增

---

① （宋）关景晖《丽水县通济堰詹南二司马庙记》,同治《通济堰志》。

加稳定性。三是拱坝与排砂闸共同作用,利用螺旋流,使斗门上方淤砂经排砂门除去,清水进入渠道。

三是合理处理了山间溪流与堰渠的交叉关系。通济堰石函立体水系分流系统是我国现存最早的实例,即在渠道与山间溪流的交叉节点,建造"石函",横跨主渠道,类似于水流立体交叉,上部按照山间溪流方向导引溪流,引走泉坑砂石;下部为堰渠,使溪水、渠水上下分流,互不干扰,从而妥善处理了山溪水暴涨时引发砂石淤塞渠道的难题。

四是竹枝状水利灌溉网系。通济堰堰渠纵贯碧湖平原,由干渠、支渠、毛渠逐级输送水流,形成竹枝状分布。据记载有"四十八派",灌溉体系分上、中、下三源,实现三源自流轮灌,并结合众多的湖塘水泊储水,形成以引灌为主,储、泄兼顾的竹枝状水利灌溉网络。

五是具有完善的管理体系。通济堰有严格的堰规堰制,北宋元祐、南宋乾道、明万历及清同治、光绪年间均曾订立、修订,并一直沿用下来。在北宋关景晖的碑记中,已经提到了通济堰的早期堰规①,可见通济堰的管理制度在北宋之前已经建立。

由此看来,至少在南朝时期,两浙的水利建设已经达到了较高的水平,这一点可以从丽水通济堰等古代水利工程中获得一部分信息。

(1)西陵运河

据雍正《浙江通志》,西陵运河"在绍兴府西一里,自西兴抵曹娥江,亘二百余里,历三县界,径府城中"②。西端从萧山西陵

---

① 参见(宋)关景晖《丽水县通济堰詹南二司马庙记》,同治《通济堰志》。

② 雍正《浙江通志》卷57《水利六·绍兴府》。

开始,经过绍兴府山阴县,抵达上虞曹娥江畔,历经萧山、山阴、上虞三县,"全长逾 20 里"[①],贯通会稽平原。据说初建时主要用于农田灌溉,"晋司徒贺循临郡,凿此以溉田"[②]。但由于其西端经过西陵可以入钱塘江而通余杭,东端经过曹娥江可以到达鄞县,使得该河道自然成为西北通余杭陵水道而到达中原、东端经鄞县而通海外的通达运道,故宝庆《会稽续志》直称其为"山阴、萧山运河":"自萧山县西兴六十里至钱清堰,渡堰,迤逦至府城,凡一百五里。自西兴至钱清一带为潮泥淤塞,深仅二三尺,舟楫往来,不胜牵挽般剥之劳。"由于该运道的重要性,南宋时曾经多次疏浚,"嘉定十四年,郡守汪纲申闻朝廷,乞行开浚。除本府自备工役钱米外,蒙朝廷支拨米三千石,度牒七道,计钱五千六百贯,添助支遣通计一万三千贯。于是河流通济,舟楫无阻,人皆便之"[③]。明清时期多有修浚,如嘉靖四年会稽知县南大吉曾主持疏浚,王守仁为之记。

(2)通济堰

通济堰堰堤位于碧湖平原西南端、松荫溪入大溪(瓯江)汇合口的上游 1.2 公里处,堰堤上游集雨面积约 2150 平方公里,平均每天能将松荫溪拦入通济堰渠的水量约 20 万立方米,灌溉碧湖平原中部、南部约 3 万亩的农田。

通济堰创建于南朝萧梁年间。由詹、南二司马主持兴建,距今已有近 1500 年历史。据宋栝州太守关景晖元祐壬申(七年,1092 年)所撰《丽水县通济堰詹南二司马庙记》:

---

① 陈桥驿:《古代鉴湖兴废与山会平原农田水利》,《地理学报》1962年 3 期。

② 《嘉泰会稽志》卷第 10《水》引"旧经"

③ 宝庆《会稽续志》卷 4《山阴、萧山运河》。

去(丽水)县而西至五十里有堰,曰通济,障松阳遂昌两溪之水,引入圳渠,分为四十八派,析流畎浍,注溉民田二千顷。又以余水,潴而为湖,以备溪水之不至……梁有司马詹氏,始谋为堰,而请於朝,又遣司马南氏共治其事。是岁,溪水暴悍,功久不就。一日有老人指之曰,过溪遇异物,即营其地,果见白蛇自山南绝溪北,营之乃就。①

通济堰灌溉渠道自通济闸起,纵贯碧湖平原,至下圳村附近注入瓯江。干渠迂回长达22.5公里,大小渠道呈竹枝状分布,以概闸调节,分成四十八派,并据地势而分上、中、下三源,实现自流灌溉与提灌结合,受益面积达三万余亩。其渠道概闸的布置,历史上采用干渠由概闸调节控制水量,分凿出众多支支渠,配合湖塘储水,形成了以引灌为主、储泄兼顾的水利体系。通济堰堰渠上原来建有大小概闸72座,起引流、分流、调节水量等作用。主要概闸有所谓"六大概"之说,即开拓概、凤台南概、凤台北概、石刺概、城塘概、陈章塘概等,其他比较重要的概闸有河塘概、金丝概、西圳口概等。除此之外,通济堰还有众多湖塘,其作用是储蓄水流,所谓"以余水潴而为湖,以备溪水之不至"②。

通济堰水利工程建造时间早、体系完整、管理制度规范,是省内早期重要的大型水利典型工程。

(3)吴兴谢塘

原称官塘,又称谢公塘,在吴兴与长兴之间,修筑于东晋咸

---

① (宋)关景晖《丽水县通济堰詹南二司马庙记》,见同治《通济堰志》。

② (宋)关景晖《丽水县通济堰詹南二司马庙记》,见同治《通济堰志》。

和年间③,也有说是建元年间②兴建。由当时的吴兴太守谢安主持修筑。嘉泰《吴兴志》载:"乌程县西四里有谢塘,旧图经云:晋太守谢安开。"⑤谢塘工程很大,连通"郡西至长城县"⑥,长度可能有"七十里"⑦。在当时人口不多、生产力欠缺的背景下,兴修大型水利是需要一定的决心与气度的。谢安当时修筑水利,导致百姓役作辛苦,因此民间多有怨怼,《石柱记笺释》记载其在任时声誉不佳,"在官,无当时誉"⑧,可能就是因修筑谢塘所致。数年以后,水利的后续效应开始呈现,于是老百姓转变态度,开始怀念其功绩,并把其主持兴修的官塘称为"谢公塘":"去后为人所思,尝开城西官塘,民获其利,号曰谢公塘。"⑨颜真卿任湖州刺史时曾刊刻谢安碑记,并记录其事迹:

> 太保谢公,东晋咸和中,以吴兴山水清远,求典此郡。郡西至长城县通水陆,今尚称谢公塘。及迁去,郡人用怀思,刻石纪功焉。⑩

谢塘建成后,形成吴兴至长兴之间的水陆来往通道,除了灌溉农田,还有运道作用,"郡西至长城县通水陆",由此也使后代受益。

---

③ 《颜鲁公集》卷11《唐颜真卿撰书帖·题湖州碑阴》。

④ 《三吴水考》记载,晋郡守谢安"建元中筑塘,人因名谢公塘",《三吴水考》卷七《水官考》。

⑤ 《嘉泰吴兴志》卷14《郡守题名》。

⑥ 《颜鲁公集》卷11《唐颜真卿撰书帖·题湖州碑阴》。

⑦ 雍正《浙江通志》卷55《水利四·湖州府》:"官塘在长兴县南七十里,晋太守谢安所筑"。

⑧ 《石柱记笺释》卷2《长城县·谢安墓》。

⑨ 《颜鲁公集》卷11《唐颜真卿撰书帖·题湖州碑阴》。

⑩ 《石柱记笺释》卷2《长城县·谢安墓》。

(4)吴兴横塘

在湖州府治南一里。其中,在城内者谓之横塘,在城外谓之荻塘。《太平寰宇记》载"晋太守殷康所开",但《元和郡县志》记载为东晋太守沈嘉兴建:"一名吴兴塘,太守沈嘉之所建,灌田二千余顷①;《三吴水考》也认为是沈嘉所开:"沈嘉,吴兴太守,开荻塘。"②查《嘉泰吴兴志》,殷康、沈嘉曾经先后担任吴兴太守,也都开浚过荻塘工程。可能荻塘最初由太守殷康兴建,或由于工程较大,后任的吴兴太守沈嘉继续修建完善,说明该工程从最初开工,到全部完成,应该是经历了较长的过程。嘉泰《吴兴志》记载,"殷康……吴兴太守……开荻塘,溉田千余顷",又"沈嘉……晋度支尚书、吴兴太守,又重开荻塘,更名吴兴塘"③。

荻塘连通城内外,一路向东,过南浔折而往东北至吴江,"自湖州南浔镇而东五十三里至平望,经莺脰湖与南塘河合"④,《太平寰宇记》说荻塘"西引雪溪,东达平望官河,北入松江"⑤,连通东西,用以输送水源、防洪排涝,"荻塘自乌程县至吴江县境九十里,乌程所受诸水綵荻塘出"⑥。《吴中水利全书》:

> 雪溪折而东……入乌程县界,大会诸水于昆山漾,过八里店,是为运河,即荻塘。东流为旧管,为浔溪,入吴江县界,北分流诸溇,入太湖;东循荻塘至平望,入莺脰湖。⑦

① 《元和郡县志》卷26《江南道·湖州》。
② 《三吴水考》卷7《水官考》。
③ 嘉泰《吴兴志》卷14《郡守题名》
④ 《清一统志》卷54《湖州府》。
⑤ 《太平寰宇记》卷94《江南东道六·湖州》。
⑥ 《吴中水利全书》卷10《水治》。
⑦ 《吴中水利全书》卷3《水源》。

荻塘初建时的作用主要用作灌溉,但也有防洪、运道作用,朱国桢《修东塘记》记载:"东塘自东门尽浔水,凡七十里,履亩而堤,漕道出焉。管一州六邑之口,故浔虽镇,一都会也。自浔而上,虽名塘,实驰道也。内护田庐千万。"①叙述的是府城与南浔间的荻塘情况,但也可以略知其大概。除了用作灌溉,荻塘的重要作用还在于交通,水陆皆可通达,"漕道出焉"。尤其"虽名塘,实驰道也",实际上历来堤塘的一大作用,既作为防水防洪的堤塘,"内护田庐千万",又可以用作驰道,成为主要的陆上交通线路。

荻塘建成后,历代迭经修浚。"唐开元中,乌程令严谋达重开荻塘。"②元和年间薛戎任职湖州刺史,也主持荻塘修浚:"公移刺湖州,其最患人者,荻塘,湖水潴淤,逼塞不能负舟,公浚之百余里。"③宋庆历二年,李禹卿任苏州通判,"筑太湖堤五六十里,又修荻塘"④。明清时,修浚更加频繁。"明万历戊子己丑间,知县杨应聘修筑。三十六年,知府陈幼学甃以青石,尤为坚固。"⑤

（5）方胜碶

方胜碶在奉化县东北庆登桥南。嘉靖《奉化县志》:"县之南北溪水皆会於此。涝则由碶出,旱则又引而南行,几一里,东北折入大溪。"⑥雍正《浙江通志》记载:"西锦溪……自华顶山下过

---

① 雍正《浙江通志》卷33《水利四·湖州府》"荻塘"。

② 雍正《浙江通志》卷55《水利四·湖州府》"荻塘"。

③ (明)董斯张《吴兴备志》卷4《官师征·郡守》引元稹《薛公神道碑》。

④ (明)董斯张《吴兴备志》卷17《水利征》。

⑤ 雍正《浙江通志》卷55《水利四·湖州府》。

⑥ 嘉靖《奉化县志》卷1《山川志》。

石棋盘,东流入城西水门,至县南嘉会桥……出城东水门,至方胜碶。"①方胜碶的建造年代较早,可能是记载中宁波地区最早的水利工程。初建于刘宋元嘉年间,由当时任鄞县县令的谢凤兴建。谢凤为东晋名士谢灵运之子,"宋临川内史(谢)灵运之子,晋康乐县公、车骑将军、谥献武(谢)玄之曾孙也。元嘉中为鄞令。鄞,即今之奉化"②。谢凤在担任县令期间,"惠政大孚",兴修的方胜碶,用以储蓄水源,灌溉农田,"岁溉田五千余顷"。除了兴修堰闸,谢凤并于碶闸上构筑石桥,方便民众通行,来往百姓因此受益。民众由此建造生祠,感恩谢凤的惠政。史书记载:"(方胜碶)碶北阻大溪,复架石为梁,民不病涉,因名谢凤桥,构亭其上"③,并"建祠于碶南,像而祀之。水旱蝗疫,有祷辄应"④。

方胜碶建成后,"(北)宋政和间改名丰乐,绍兴间又改名庆登"⑤。历代多有修缮。南宋绍兴年间,县丞陈耆寿"复筑之"。元至元三十年,县尹丁济再修。⑥《宋县令谢公庙记》记载有方胜碶的相关情况:

> 皇帝肇造区夏,所以怀柔百神之道,既周无缺。洪武四年,又更定其封号,若奉化之县令谢公其一也。有司祗奉,明诏惟谨。而邑人为新其庙,且以状介,国子生汪瓒求余记。按公姓谢,名凤,宋临川内史灵运之子,晋康乐县公、车骑将军、谥献武玄之曾孙也。元嘉中,为鄞令。鄞,即今之

① 雍正《浙江通志》卷14《山川六·宁波府下·奉化县》。
② (明)贝琼《清江文集》卷18《金陵集》"宋县令谢公庙记"。
③ (明)贝琼《清江文集》卷18《金陵集》"宋县令谢公庙记"。
④ (明)凌迪知《万姓统谱》卷105。
⑤ (明)贝琼《清江文集》卷18《金陵集》"宋县令谢公庙记"。
⑥ 雍正《浙江通志》卷56《水利五·宁波府》。

奉化。在县未几，惠政大孚。乃于县东二里造方胜碶，以蓄水，岁溉田五千余亩。碶北阻大溪，复架石为梁，民不病涉，因名谢风桥。构亭其上。宋政和间改名丰乐，绍兴间又改名庆登云。初，鄞人于公之存，德之如父母，建祠碶南，像而事之。没，而其神益灵。嘉定八年，飞蝗蔽天，人走于庙，祷之，俄有暴风澍雨，驱以出境。绍定元年大水，又祷之，一夕而退。嘉熙三年旱，又祷之，而雨。咸淳二年雨旸不时，禾且尽槁，又祷之，岁复大稔。元大德十一年，滨海之州大疫，独不及鄞。明年饥，有巨艘自剑南运米至鲒亭，闻有人招之者，曰吾谢风也。人赖以活。前进士陈观为作记。至正十九年，宁海贼冯辅卿帅众寇境，官军逆战于坍墟岭，仰见大旗飞扬，彷佛万骑云合，而旗有谢字。贼骇，大奔，斩获无数。二十七年正月已卯火，民庐毁者若干所，且及夫子庙，学正程序复祷于神，风寻反灭火。呜呼！古者忠义士，体魄虽死，其英灵不俱为野土，而显之一方者，亦间称一二事，或者出于偶然，非皆神之所为也。孰有公之庇民于冥冥，所祷辄应，而拯饥平寇，尤彰彰于见闻而不可掩者，其烈为何如哉。礼曰：法施于民，则祀之；以死勤事，则祀之；以劳定国，则祀之；能御大灾，则祀之；能捍大患，则祀之。则公于礼，宜祀……尝以状闻州，州上之府，府上之省，省上之朝，封"孚佑侯"，庙号"资福"。盖有年矣。国朝复修旧典，虽未及加赠，以宠神明于千载，而知其不为淫昏之鬼明矣。余因求之南北分裂之日，苻坚方炽，且欲一举而下江东，微康乐公御之淝水，覆百万之师，晋已不国，故其功在社稷为甚大，复有孙如令者，既善其职，兴利无穷。至庙食于鄞，百世之后，凛焉。若生，则其大异于人人，而精气流行宇宙间，恶得诬也。故为书其实，以登载诸石。重为作，迎送神词，俾鄞人

歌之以慰怿其心焉。辞曰:

> 蛟门兮巍巍,潮朝出兮夕。归神之居兮,宁止从缤纷
> 兮。如水酌清醴兮,羞文鱼鼍鼓纨兮。吹笙竽利我民兮,时
> 旸时雨,上无飞蝗兮。下无鼠田每每兮,多黍多稌万岁兮。
> 千秋惟神是依兮,孔乐且休。①

(6)广德湖

在鄞县西十二里,旧名莺脰湖,位于明州府的西南面,与东
钱湖相对,一东一西,灌溉鄞县十三乡农田,"鄞县东西凡十三
乡,东乡之田取资于东湖,今俗所谓钱湖是也;西南诸乡之田所
恃者,广德一湖"②。广德湖湖面广阔,湖水灌溉农田,效益颇
丰,"湖在州西十里外,周回五十余里,灌民田近二千顷,亩收谷
六七斛。"③也有说湖面周长百里的:"湖环百里,周以堤塘。"④此
湖除了农田灌溉,还有多种功能,如水产养殖、交通运输等,"湖
之产有凫、雁、鱼、鳖、茭、蒲、菱、芡、葵、莼、莲、芡之饶",并且,通
过广德湖连接西陵运河,可以与越州相通,"舟之通越者,皆由此
湖"⑤。

广德湖的建造年代一般认为是唐代中期,《新唐书·地理
志》记载:"(鄞县)西十二里有广德湖,溉田四百顷。贞元九年刺
史任侗因故迹增修。"⑥但宝庆《四明志》说:"广德湖,县西十二
里,旧名莺脰湖,唐大历八年县令储仙舟加修治之功,而更以今

---

① (明)贝琼《清江文集》卷18《金陵集》。

② 《宝庆四明志》卷12《鄞县志卷一》。

③ 《建炎以来系年要录》卷128,绍兴九年五月癸卯。

④ 《宝庆四明志》卷12《鄞县志卷一》。

⑤ 《方舆胜览》卷7《庆元府》。

⑥ 《新唐书》卷41《志第三十一·地理志》。

名。贞元元年刺史任侗浚而广之,灌溉甚博。"①可见贞元元年刺史任侗只是对广德湖进行了拓展,"浚而广之";之前的唐大历八年,县令储仙舟也做过修建,"加修治之功,而更以今名",名为广德湖,此前的湖名称为"莺脰湖"。而莺脰湖的修建时间可能要早于唐代,据宋元人考证,此湖大约在魏晋或南朝齐梁时已经存在,"南丰先生记云:湖大五十里,漕渠东北入江。大历八年令储仙舟更今名,大中元年刺史李敬方刻石,谓湖成三百年矣,湖之兴,其在齐梁之际乎"②。南宋时王庭秀《广德湖水利说》提到唐贞元中刻碑石"记湖之始兴,于时已三百年,(湖初建)当在魏晋也"③。

广德湖在唐代时最受重视,因为既有灌溉之功,又有鱼雁莼莲之饶,加之有交通之便,因此政府曾经多加整治疏浚,大历八年、贞元九年、大中元年等都曾修浚。进入北宋,又复有修建:"天禧二年李夷庚正湖界,起堤十八里,限之;熙宁元年,张峋筑堤九千一百三十四丈,为埭二十。"虽然如此,从唐代开始,就不乏有垦湖之议,"唐贞元中,民有请湖为田者,诣阙投匦以闻,朝廷重其事,为出御史按利害,御史李后素衔命,询咨本末利害之实,锢献利者置之法,湖得不废。后素与刺史及其寮一二公唱和,长篇纪其事,而刻之石"。到了宋代,占湖为田的动议不断出现,"元祐中,议者复倡废湖之说,直龙图阁舒亶信道闲居乡里,痛诘折之,纪其事于林村资寿院缘云亭壁间,谓其利有四,不可废。今舒公集中载焉。于是妄者无敢鼓动,久之,有俞襄复陈废湖之议,守叶棣深罪襄,襄不得骋,遂走都省,献其□,蔡京见而恶之,拘送本贯,襄惧,道逸"。到了北宋政和年间,湖面整体被

---

① 《宝庆四明志》卷12《鄞县志卷一》。
② 《延祐四明志》卷1《沿革考》。
③ 《宝庆四明志》卷12《鄞县志卷一·叙水》"广德湖"。

垦占，主要原因还是政府对粮食产量的需求增加。湖一旦成田，往往是质量上佳的高产田，而垦田多数为官家所有，也即是所谓的"官田"，成为官家朝廷的粮仓，这也是这时期两浙陂湖陆续被垦占的主要原因。宝庆《四明志》记载了广德湖被占为官田的经过："初，高丽使朝贡，每道于明，供亿繁伙。政和七年，郡人楼异因陛辞赴随州，请垦广德湖为田，收岁租，以足用。有旨，改知明州，俾经理之，明年，湖田成。及高丽罢使，岁起发上供。自水军驻札定海、江东两寨，朝廷科拨专充粮米。"①先是作为高丽贡使的用度，之后干脆"岁起发上供"，直接用作朝廷开销，后又支付水军供应，但实际上就是占有民间灌溉水源，作为朝廷一家用度，"刓为应奉"。王庭秀《广德湖水利说》详细记载了广德湖被垦占的过程、原因：

> 政宣间，淫侈之用日广，茶盐之课不能给官，官用事务兴利以中主欲，一时佻躁趋竞者争献议，括天下遗利以资经费，率皆以无为有县官刮民膏血以应租数，大概每一事必有一大阉领之。时楼吴试可丁忧，服除到阙，蔡京不喜楼，而郑居中喜之，始至，除知兴仁府，已奏可，而蔡为改知辽州。月余，改随州，不满意也。异时，高丽入贡绝洋泊四明，易舟至京师，将迎馆劳之，费不赀。崇宁加礼，与辽使等，置来远局于明，出入邓忠仁领之。忠仁实在京师，事皆□决楼，欲舍随而得明，会辞行，上殿，于是献言：明之广德湖，可为田，以其岁入储，以待丽人往来之用，有余，且歇造盉舫百柁，专备丽使。作沙海二巨航，如元丰所造，以须朝廷遣使，皆忠仁之谋也。既对，上说，即改知明州。下事，兴工造舟，而经理湖为田八百顷，募民佃租，岁入米近二万石，佃户所得数

①　《宝庆四明志》卷6《郡志六·叙赋下》"湖田"。

仿。于是西七乡之田无岁不荒,异时膏腴,今为下地,废湖之害也。①

广德湖废湖以后,造成民田失去灌溉,收成大减,"自政和末始废为田,得租米万九千余斛,近岁仇念为守又倍增之。然民失水利,所损谷入不可胜计"②。造成的至今后果是"异时膏腴,今为下地",由此造成百姓逃赋,许多家庭因此流离失所,"越之鉴湖、明之广德湖,自措置为田,下流湮塞,有妨灌溉,致失常赋。又多为权势所占,两州被害民以流徙"③。此后曾有朝臣建言,希望恢复广德湖等一批陂湖,还百姓以水利之便,但没有被朝廷采纳:"靖康初,颇有意于复民利,于时为御史属,尝以唐诸公诗与曾子固、张大有记文示同列,欲上章,未果,而敌骑围城,自是国家多故,日寻于战用度不给,岂敢捐二万硕米以利一州之民,则湖之复兴殆未可期。"④《宋史》也说:"明越之境皆有陂湖,大抵湖高于田,田又高于江海。旱则放湖水溉田,涝则决田水入海,故无水旱之灾。本朝庆历嘉祐间,始有盗湖为田者,其禁其严。政和以来刱为应奉,始废湖为田。自是两州之民岁被水旱之患,余姚上虞每县收租不过数千斛,而所失民田常赋动以万计,莫若先罢两邑湖田,其会稽之鉴湖、鄞之广德湖、萧山之湘湖等处,尚多望诏漕臣尽废之";"后议者虽称合废,竟仍其旧。"⑤可见广德湖之被废湖为田,其与绍兴鉴湖等都有相同之处。

此外,当时也有一种议论,认为从唐大和年间建造它山堰以

---

① 《宝庆四明志》卷12《鄞县志卷一·叙水》"广德湖"。

② 《建炎以来系年要录》卷128、绍兴九年五月癸卯。

③ 《宋史》卷96《河渠志第四十九·河渠六·东南诸水上》。

④ 以上未注明者皆据王庭秀《广德湖水利说》,《宝庆四明志》卷12《鄞县志卷一·叙水》"广德湖"。

⑤ 《宋史》卷173《食货志第一百二十六·食货上一·农田》。

后，西乡之田灌溉可以由它山堰来承担，广德湖的功能或有重复之嫌，因此认为废湖可以获得大量田亩，增加粮食收成："唐大和中县令王元暐为它山石堰，横截大江，抑朝宗奔猛之势，溪江遂分上下之流，悬绝数丈，水始回环，汇于七乡，以及于城郭。江沱海浦，晋时潮汐之所往来，皆澄馥清甘，分支别派，触冈阜则止，然后民田厌于水矣。故自大中以后，始有废湖之议，知其有以易之也。不然，一方之人岂其轻举如是，历代建请不可悉数，至政和，卒成之。迨今逾五十年，亢阳大旱不为少矣，公私无粒米之耗，常与东乡承湖之田同为丰凶，相等贵贱。非若它所，岁以旱诉蠲租减赋，与小民田所耗，得不偿失者等也。其故何耶，是则石堤之利，有以易之，此变而通之之利，其理明甚，人第弗察耳。"相关情况在《广德湖水利说》及《东钱湖辩》中多有记载：

《广德湖水利说》：

> 鄞县东西凡十三乡，东乡之田取资于东湖，今俗所谓钱湖是也；西南诸乡之田所恃者广德一湖。湖环百里，周以堤塘，植榆柳以为固，四面为斗门碶闸。方春，山水泛涨时，皆聚于此。溢则泄之江。夏秋之交，民或以旱告，则令佐躬亲相视，闻斗门而注之。湖高田下，势如建瓴，阅日可浹，虽甚旱亢，决不过一二，而稻已成熟矣。唐贞元中，民有请湖为田者，诣阙投匦以闻，朝廷重其事，为出御史按利害，御史李后素衔命，询咨本末利害之实，锢献利者置之法，湖得不废。后素与刺史及其寮一二公唱和，长篇纪其事，而刻之石，诗语记湖之始兴，于时已三百年，当在魏晋也。国初，民或因浅淀盗耕，有司正其经界，禁其侵占。太平兴国中，桀黠之民窥其利，而欲秘之复进，状请废湖。朝下其事于州，州遣从事郎张大有验视，力言其不可废，且摘唐御史之诗，叙致详，致记于石刻。熙宁三年。知县事张□令民浚湖，筑堤，

工役甚备，曾子固为作记，历道湖之为民利本末曲折，以戒后人，不轻于改废也。元祐中，议者复倡废湖之说，直龙图阁舒亶信道闲居乡里，痛诘折之，纪其事于林村资寿院缘云亭壁间，谓其利有四，不可废。今舒公集中载焉。于是妄者无敢鼓动，久之，有俞襄复陈废湖之议，守叶棣深罪襄，襄不得骋，遂走都省，献其□，蔡京见而恶之，拘送本贯，襄惧，道逸。政宣间，淫侈之用日广，茶盐之课不能给官，官用事务兴利以中主欲，一时佻躁趋竞者争献议，括天下遗利以资经费，率皆以无为有县官刮民膏血以应租数，大概每一事必有一大阉领之。时楼异试可丁忧，服除到阙，蔡京不喜楼，而郑居中喜之，始至，除知兴仁府，已奏可，而蔡为改知辽州。月余，改随州，不满意也。异时，高丽入贡绝洋泊四明，易舟至京师，将迎馆劳之，费不赀。崇宁加礼，与辽使等，置来远局于明，出入邓忠仁领之。忠仁实在京师，事皆□决楼，欲舍随而得明，会辞行，上殿，于是献言：明之广德湖，可为田，以其岁入储，以待丽人往来之用，有余，且歇造盉舫百柁，专备丽使。作沙海二巨航，如元丰所造，以须朝廷遣使，皆忠仁之谋也。既对，上说，即改知明州。下事，兴工造舟，而经理湖为田八百顷，募民佃租，岁入米近二万石，佃户所得数仿。于是西七乡之田无岁不荒，异时膏腴，今为下地，废湖之害也。靖康初，颇有意于复民利，于时为御史属，尝以唐诸公诗与曾子固、张大有记文示同列，欲上章，未果，而敌骑围城，自是国家多故，日寻于战用度不给，岂敢捐二万硕米以利一州之民，则湖之复兴殆未可期。建炎甲戌，金陷明州，尽焚州治，自唐至今石刻皆毁，折剥落无遗迹。予恐后人有欲兴复是湖，无所考据，故详录之，以俟讨求。

《东钱湖辩》：

广德湖兴废利害，南丰之记备矣。东南秔稻，以水为命，陂障所以浸灌。无陂障，是无秔稻，而曰废之，非愚则陋，此古今之所甚重者，宜南丰之所特书，虽然，未可以一概论也。易曰，变而通之，以尽利。夫变则易，通则难；知变而不能通，何利之有？今谓湖无所利，则兴筑之功岂为徒劳？历代以来七乡所仰不可诬也。谓湖为有所利，则废罢之，后未尝病旱，数十年内万目所视，不可诬也。盖鄞之西南其镇，四明重山复岭，旁连会稽，深阻数百里，万壑之流来为大溪，而中贯之，下连鄞江，倾入巨海，沛然莫之御。故民田不蒙其利，而并海斥卤，五日不雨，则病，此湖之所以与七乡秔稻以为命者也。自唐大和中县令王元暐为它山石堰，横截大江，抑朝宗奔猛之势，溪江遂分上下之流，悬绝数丈，水始回环，汇于七乡，以及于城郭。江沱海浦，晋时潮汐之所往来，皆澄馥清甘，分支别派，触冈阜则止，然后民田庆于水矣。故自大中以后，始有废湖之议，知其有以易之也。不然，一方之人岂其轻举如是，历代建请不可悉数，至政和，卒成之。迨今逾五十年，亢阳大旱不为少矣，公私无粒米之耗，常与东乡承湖之田同为丰凶，相等贵贱。非若它所，岁以旱诉蠲租减赋，与小民田所耗，得不偿失者等也。其故何耶，是则石堤之利，有以易之，此变而通之之利，其理明甚，人第弗察耳。不然，虽时月不可支，安能及数十年无所害耶？夫利害至于数十年不变，天理人事既已久定，议者犹欲追咎，过矣。湖之为田七百顷有奇，岁益谷无虑数十万斛，输于官者什二三，斗大之州，所利如此，讵可轻议哉。士大夫不揣其本，而齐其末，且未尝身历亲见，徒习饭苴羹芋之谣，与夫南丰之文，焜耀辩论，震荡心目，夫亦不思甚矣。故金作废湖辩。①

(7)烛溪湖

烛溪湖在余姚县东北十八里,东西南三面距山,惟东北一面为湖塘。一名明塘湖,又名淡水海。湖的西南又有一湖相曲连,名梅岙湖,俗称西湖。② 烛溪湖的名称来源于一个传说:"旧经云:昔人迷失道,忽有二人执烛夹溪而行,因得路,故名烛溪。"初建年代不详,但似乎六朝初期此湖即已存在,"旧经云:昔有梅树,吴时采,为苏台梁。湖侧犹多梅木,俗传水底梅梁根也。今巨木湛卧湖心,虽旱不涸"。湖面宽阔,"周一百五十里,深二丈"。储水量大,用以灌溉周围农田,"溉田千余顷"。湖的东西两端各设立闸门,以调节水位,"东西各有石闸,其西闸中间易为土门,奔流湍激,旋即废"。南宋庆元五年,知县事施宿主持重修,恢复原来的石质闸门,并扩大闸门规模,使得水流更加通畅,利于灌溉需要:"庆元五年知县事施宿始复其旧,更凿山骨,辟令广,每放湖水,势不扼。人皆便之。"③

后代历经修浚,明代成化十三年,疏浚烛溪湖,并在湖中间筑堤,使湖面两分,称为"上原""下原":"於湖中筑塘,分湖为两,自梅墺湖航,渡西山,以东俱属上原,塘以西属下原。"嘉靖十四年又作重修。④

这时期的水利设施有:

---

① 以上见《宝庆四明志》卷 12《鄞县志卷一·叙水》"广德湖·东钱湖辩"。

② 《清一统志》卷 226《绍兴府》。

③ 嘉泰《会稽志》卷 10《湖》。

④ 雍正《浙江通志》卷 57《水利六·绍兴府》。

古塘：在山阴县（今绍兴县）西南二十五里，晋太守谢
辅筑。①

长林堰：在分水县（今桐庐分水镇）西，梁天监初任昉"镇本
郡时，令筑坝堰以蓄水"②。

古堰：一作三源圳，在东阳县永宁乡，长二里十三步。③ 相
传刘宋时骆将军开设。④

章田堰、神堂堰：在丽水县，与通济堰同时建造。

司马堰，观坑堰：俱在丽水县（今丽水莲都区）岑溪东，南梁
时詹司马所凿。⑤

韦公堤：会昌湖，在永嘉县，唐会昌中郡守韦庸所浚，分为南
湖、西湖，中有韦公堤。但弘治《温州府志》根据东晋谢灵运诗，
认为会昌湖可能早在汉晋时期就已经存在，唐代仅仅只是重新
疏浚而已："是湖汉晋间已有，岁久吞食三溪急流壅塞，至唐，韦
守特重凿而疏之耳。"⑥《读史方舆纪要》也持相同观点："起于汉
晋间，至唐会昌四年，太守韦庸重浚治之，因名。"⑦

5. 隋唐五代时期的水利建设

隋唐五代时期是两浙水利明显发展的时期。经过六朝时在
东南的经营，到了隋唐时期，东南地区的经济地位迅速攀升。由
于这里气候温润，雨量充沛，农作物在一年四季皆可以生长，相

① 雍正《浙江通志》卷57《水利六·绍兴府》。
② 《清一统志》卷234《严州府》。
③ 万历《金华府志》卷3《山川》。
④ 雍正《浙江通志》卷57《水利八·金华府》。
⑤ 雍正《浙江通志》卷61《水利十·处州府》。
⑥ 弘治《温州府志》卷4《水》。
⑦ 《读史方舆纪要》卷94《浙江六》。

较于北方的寒冷、干旱气候，显然东南地区更适宜于农作物的生长、产出，加上六朝以来的政治经济中心的确立，农业、水利技术的进一步开发，以及相对而言较少受到战乱影响，东南的人口也逐渐增多，使得其经济权重逐渐增加。于是从隋唐以降，全国的经济中心逐渐向东南一带转移，尤其到了唐代中后期，东南财赋成为朝廷的主要供给之所，朝廷的军政支出主要仰给东南，韩愈曾指出："当今赋出于天下，江南居十九"[①]；曾任德宗朝宰相的权德舆也说："江淮田一善熟，则旁资数道。故天下大计，仰于东南。"[②]经济的发展，也促进了农田水利建设。记载中这时期兴建的水利工程数量骤然增多，是之前水利工程数量的数倍，一定程度上反映了两浙水利建设第一个高潮的到来。这时期在府治、县治的所在地及其周围，都有相应的水利项目出现，显示当时水利建设已经相当普及。而其中，隋、唐、五代三个时期中，记载中建于五代的水利工程数量很少，据雍正《浙江通志·水利志》，这时期新建的水利工程中，属于隋代的有一项，唐代四十六项，五代吴越的仅有三项，这虽然并不是完全的统计，但也至少反映了当时水利开发建设水平以及政府对水利建设的重视程度。比较意外的是，钱氏据有两浙约七十年，但关于其兴修水利的事例相对而言却非常少，这是一个值得引起重视且并不被关注的现象。

这时期的水利工程中，当以建于隋代的大运河最为著名。隋朝兴建的大运河，实际上是在历代修建的基础上加以拓展、完

---

① 《东雅堂昌黎集注》卷19《书序·送陆歙州傪序》。
② （宋）宋祁《新唐书》卷165《列传第九十·权德舆》。

成的。隋代大运河以洛阳为中心,南通会稽①,北到涿郡(今北京),全长 2700 公里,跨越东南沿海和华北大平原,沟通黄河、淮河、长江、钱塘江、海河等五大水系,是古代中国内陆航运的大动脉,也是世界上开凿最早、规模最大的运河。大运河的江南段,"即江南河也"②,原来称为百尺渎、陵水道,分别建于春秋吴、越及秦始皇时期。到了炀帝隋大业六年,"将东巡会稽,乃发民开江南河"③,当时的运河为了通行龙舟,河面非常开阔,"拟通龙舟","敕开江南河,自京口至余杭八百里,面阔一十余丈"④。由此也成为江南、会稽通往中原的主要运输通道,"后代因而修之,以为转输之道"⑤。唐代时,"赋出于天下,江南居十九"⑥,"天下大计,仰于东南"⑦,运河成为主要的交通运输通道。南宋时,建都临安,运河也成为沟通中原主要渠道,因此而倍加重视:"宋孝宗淳熙八年,浚行在至镇江运河,时都临安,尤以漕渠为先务也。"⑧当时的运河,"自临安北郭务至镇江江口闸,六百四十一里"⑨。明清时期的运河有多条途径,其中,由武林门出发,经德清、崇德、桐乡、嘉兴到吴江,在明清时期是主要通道,《读史方舆纪要》载:"由杭州府之武林驿,又北历湖州府德清县东三十里,

---

① (唐)杜宝《大业杂记》记载,大业六年十二月,炀帝"敕开江南河,自京口直余杭郡八百余里,水面阔十余丈。又拟通龙舟,驿宫、草顿并足,欲东巡会稽"。可见大运河的南端本来应该在会稽。

② 《读史方舆纪要》卷 89《浙江一》。

③ 《读史方舆纪要》卷 89《浙江一》。

④ 至元《嘉禾志》卷 5《河港》。

⑤ 《读史方舆纪要》卷 89《浙江一》。

⑥ 《东雅堂昌黎集注》卷 19《书序·送陆歙州傪序》。

⑦ (宋)宋祁《新唐书》卷 165《列传第九十·权德舆》。

⑧ 《读史方舆纪要》卷 89《浙江一》。

⑨ 《宋史》卷 97《河渠志第五十·河渠七·东南诸水下》。

凡百二十里而达嘉兴府崇德县。又东北历桐乡县北八里,凡八十里而经府城西,绕城而北又六十里,而接南直苏州府吴江县之运河,此两浙之运道也。"①

关于大运河之南端,或者说江南运河的南端,后期多认为是在钱唐杭州,但从我们整理的资料看,实际上在唐代以前,大运河的南翼,一直以位于浙东的会稽(今绍兴)作为南侧的端点,无论是春秋战国时期修建的百尺渎、山阴故水道,还是秦始皇时期修建的陵水道,以及隋代兴修的大运河,其南端始终设置在会稽(今绍兴)。《越绝书》载:"百尺渎,奏江,吴以达粮。"百尺渎是一条春秋时期吴国所修的运道,其北端在嘉兴,南端在盐官(海宁),可见最初的运道是不经过杭州(钱唐)的,而是从海宁盐官渡江,最终到达越地。《越绝书》又说:"吴古故从由拳辟塞,度会夷,奏山阴。"②显然,无论是走水路还是陆道,从吴国的核心区出发,经过嘉兴,渡过钱塘江以后,其最终的目的地还是在会稽,"度会夷(即会稽),奏山阴"。到了秦始皇时期,兴建陵水道,江南运河的线路有所调整,从嘉兴出发,不经盐官,而是经过钱唐(杭州),再渡江进入越地,但其终端仍旧是在越地会稽。《越绝书》说:"秦始皇造道陵南,可通陵道,到由拳塞。同起马塘,湛以为陂。治陵水道到钱唐、越地,通浙江。"③《史记·秦始皇本纪》记载其南巡到越地的行程说:"三十七年十月癸丑,始皇出游。左丞相(李)斯从,右丞相(冯)去疾守。少子胡亥爱慕请从……过丹阳,至钱唐,临浙江,水波恶,乃西百二十里从狭中渡。上会稽,祭大禹,望于南海,而立石,刻颂秦德。"④显然,修陵水道是

①　《读史方舆纪要》卷89《浙江一》。
②　《越绝书》卷2《外传记·吴地传》。
③　《越绝书》卷2《外传记·吴地传》。
④　《史记》卷6《秦始皇本纪第六》。

为始皇帝巡视会稽而建,之所以选择经过钱唐、而不是沿用原来的路线过盐官,是因为"水波恶"的缘故。盐官一带江面宽阔,钱江潮水最大,不宜过江;而钱唐县附近江面较窄,可以避开潮水,用较短时间渡江,且这一段江面水势相对较平缓。① 但这时期的江南运河,其南端应该还是在会稽。

隋朝修建贯通南北的大运河,以洛阳为中心,其北端在涿郡②,南端其实也是在会稽,《读史方舆纪要》载,炀帝"将东巡会稽,乃发民开江南河"③。类似的说法从唐代时就有记载:

> (大业)六年……十二月,敕开江南河。自京口至余杭郡八百余里,水面阔十余丈。又拟通龙舟,驿宫、草顿并足,欲东巡会稽。④

宋代人也沿袭此说法:

> 敕穿江南河,自京口至余杭八百余里,广十余丈,使可通龙舟,并置驿宫、草顿,欲东巡会稽。⑤

> (大业六年)冬十二月,勒穿江南河……欲东巡会稽。⑥

显然,从最初的吴、越之间的运河开始,一直到隋代修建大

---

① 后期盐官、钱唐作为渡江航线也曾同时被利用,南朝刘宋时期即有相关记载:"吴喜使刘亮由盐官海渡,直指同浦;寿寂之济自渔浦邪,趣永兴;(吴)喜自柳浦渡趣西陵"(《宋书》卷八十四《列传第四十四·袁顗》)。其中,渔浦、柳浦在钱唐县,永兴即萧山,西陵即萧山西兴。

② 《隋书》卷3《帝纪第三》"炀帝上":"四年春正月乙巳,诏发河北诸郡男女百余万,开永济渠,引沁水,南达于河,北通涿郡。"

③ 《读史方舆纪要》卷89《浙江一》。

④ (唐)杜宝《大业杂记》,《两京新记辑校·大业杂记辑校》,三秦出版社2006年。

⑤ 《资治通鉴》卷181《隋纪五·炀皇帝上之下》。

⑥ (宋)袁枢《通鉴纪事本末》卷26下《炀帝亡隋》。

运河,其南端一直以越地会稽为端点。

杭州作为大运河南翼的主要节点,大约从唐代开始。这时期杭州所具有的地理优势逐渐开始显现,由于兼有南北向的江南运河与东西向的钱塘江作为交通运输通道,通江达海,使杭州成为两浙区域交通枢纽,罗隐《罗城记》说,杭州"东眄巨浸,辏闽粤之舟樯;北倚郭邑,通商旅之宝货"①。加之地处江南腹地,使得杭州的经济地位逐渐变得越来越重要,"杭州的繁荣实始于唐"②。吴越钱氏据有东南,杭州的区域中心地位得到进一步确认,以至于北宋时,杭州的地位已经超过了苏州、越州(绍兴)③。南宋开始,杭州作为行在所在地,自然成为江南河的南方端点。但从秦代开始南巡会稽的传统一直到清代还有保存,康熙、乾隆巡游江南,就曾多次到绍兴(会稽),祭拜大禹陵。康熙在其《禹陵颂》中说:

> 朕阅视河淮,省方浙地,会稽在望,爰渡钱塘,展拜大禹庙。瞻眺久之,勒有司岁加修葺,春秋莅裸,粢盛牲醴,必丰

---

① 罗隐《罗昭谏集》卷 5《罗城记》。谭其骧《杭州都市发展之经过》说:"杭州水居江流海潮交会之所,是钱塘江流域的天然吐纳港,陆介两浙之间,是自北徂南的天然渡口,以地理位置而言,极利于都市发展。"唐代李华《杭州刺史厅壁记》说:"水牵卉服,陆控山夷;骈樯二十里,开肆三万室。"这种"骈樯二十里"的景象之后一直长盛不已,明代弘治年间朝鲜人崔溥《漂海录》记载,"自德胜坝自此(指香积寺),温州、处州、台州、严州、绍兴、宁波等浙江以南商舶俱会,樯杆如簇",可见钱塘江以南即浙东地区主要依靠钱江及支派水系与会城杭州行商交流,并利用运河连通南北。

② 谭其骧《杭州都市发展之经过》,《长水集》上集,人民出版社1987 年。

③ 参见谭其骧《杭州都市发展之经过》,以及魏嵩山《杭州城市的兴起及其城区的发展》,《历史地理》1981 年创刊号。

必□，以志崇报之意。时康熙二十八年二月十五日也。①

而从历史区位的重要性来看，唐代以前的两浙一带，浙西即钱塘江以北以吴郡（即苏州）为重镇，浙东即钱塘江以南以会稽为中心。隋朝以前，杭州所在的钱唐，仅是一县级单位，地位大不如吴郡、会稽，谭其骧先生认为当时的钱唐县仅仅与富阳、海宁相当："钱唐于秦及西汉为会稽郡的属县，于东汉、六朝为吴郡的属县，其时它在东南都邑中的地位非但远不及六朝首都的建康（今南京），秦汉以来吴郡郡治的吴（今苏州），会稽郡郡治的会稽（今绍兴），还赶不上孙吴时即建为郡治的吴兴、金华、临海，东晋时即建为郡治的永嘉，仅仅和邻近的富阳、海宁、余杭等县约略相等"②，显然，这时期的江南运河是不会以杭州为起始点的。无论是春秋时期，还是秦代、隋代，江南运河的南端一直以钱塘江南翼的会稽（绍兴）为起始点。

从唐代开始，杭州作为运河南翼的重要都会，其区域位置得到了提升，并逐渐被视作大运河南翼的重要节点。南宋建都临安，杭州由此也成为江南运河的中心，并北通中原，南联绍兴、明州（宁波）。

除了大运河的修造，唐代时水利建设的活动也更加频繁。由于人口增加，城市数量增多，对城市水利的要求也在不断提高，许多地方针对府县所在地的天然湖陂进行整治改造，对湖塘陂泽进行开挖疏浚，以提高城市的防涝抗旱能力，同时也能为城市提供水源、为农田提供灌溉所需，"以饮以溉，利民博矣"③。《宋史》说："明越之境皆有陂湖，大抵湖高于田，田又高于江海。

---

① 雍正《浙江通志》卷首 3《圣制》。
② 谭其骧《杭州都市发展之经过》,《长水集》上集，人民出版社 1987 年。
③ 《开庆四明续志》卷 3《水利》。

旱则放湖水溉田,涝则决田水入海,故无水旱之灾"①。浙东的地形大多类似,故这时期的许多府县都有陂湖兴建,包括杭州西湖,富阳阳陂湖,余杭北湖,归安县菱湖,长兴县西湖,明州东钱湖、广德湖、小江湖,慈溪县慈湖、花屿湖杜白二湖,建德县西湖,寿昌县西湖,永嘉县会昌湖等在内的一批城市湖泊在唐代时得到大力兴修。其中如杭州西湖,古称钱湖、明圣湖,虽然西湖在六朝已有记载,如北魏郦道元《水经注》:"县南江侧有明圣湖,父老传言,湖有金牛,古见之,神化不测,湖取名焉。"但有规模的整治疏浚大约是从唐朝开始。唐长庆年间白居易来任杭州刺史,开始浚治西湖,增加了西湖的蓄水量,使得沿湖、沿河农田得以旱涝保收,白居易《钱唐湖石记》:"钱唐湖,一名上湖,周回三十里,北有石函,南有笕。凡放水溉田,每减一寸,可溉十五余顷;每一复时,可溉五十余顷。大抵此州春多雨、夏秋多旱,若堤防如法,蓄泄及时,即濒湖千余顷田,无凶年矣。"除了灌溉沿湖农田,疏浚后的西湖还能灌溉运河沿岸的农田:"自钱塘至盐官界,应溉夹官河田须放湖水入河,从河入田,淮盐铁使旧法,又须先量河水浅深待溉田,毕却还原水尺寸,往往旱甚则湖水不充,今年修筑湖堤,高加数尺,水亦随加,即不啻足矣。"②西湖水除了农田灌溉,还作为城市日常用水,《宋史河渠志》"杭近海,患水泉咸苦,唐刺史李泌始导西湖,作六井,民以足用"③。西湖水也作为城市水网的储水库,供给市内诸河,平衡城市用水,"杭城全藉西湖之水达城内之河,上通江干,下通湖市"。苏轼也说:"唐李泌始引湖水作六井,然后民足於水。井邑日富,百萬生聚,待此

---

① 《宋史》卷173《食货志第一百二十六·食货上一·农田》。

② (唐)白居易《白氏长庆集》卷68《碑志序记表赞论衡书》。

③ 《宋史》卷96《河渠志第四十九·河渠六·东南诸水上》。

而食。"①实际上许多府县城的湖陂都有类似作用,如富阳阳陂湖,建于贞观十二年,"溉田万顷,惠利在民"②。位于宁波东侧的东钱湖,唐天宝二年鄞县县令陆南金开广之,因原来在鄞县之西,故也称西湖,又名万金湖,"以其为利重也"。周围八十里,受七十二溪之流,四岸有堰凡七,即钱堰、大堰、莫支堰、高湫堰、栗木堰、平湖堰、梅湖堰等,"水入则蓄,雨不时则启闸而放之","鄞、定海七乡之田资其灌溉"③。

当时的堰堤建设已经达到较高水平,位于宁波西南的它山堰,是一座颇具特色的水利工程。它山堰建于唐太和七年,由当时的鄞县县令王元暐兴建,"迭石为堰于两山间";堰堤不大,用条石砌筑,"阔四十二丈,级三十有六,冶铁灌之";横跨鄞江,有阻咸蓄淡、引水灌溉的功能。"初,鄞江水与海潮接,咸不可食、田不可溉",于是筑它山堰,堵截咸潮,使得上游来水灌溉农田、进入城市,"渠与江截为二,渠流入城市缭乡村,以灌七乡田数千顷"。此堰经历千余年,至今仍发挥作用。

(1)大运河

大运河是古代最著名的水利工程,隋朝大运河以洛阳为中心,北到涿郡(今北京),南面经过杭州到达会稽,跨越黄河、淮河、长江、钱塘江、海河五大水系,贯通中国最富饶的东南沿海和华北大平原,是中国古代南北交通的大动脉,也是世界上开凿最早、规模最大的运河。元朝时建都北京,再次对大运河取直疏浚,形成长 1794 公里,贯穿南北的京杭大运河。

大运河的江南段,"即江南河也",从杭州至镇江,"六百四十

① 《宋史》卷97《河渠志第五十·河渠七·东南诸水下》。
② 雍正《浙江通志》卷149《名宦四》。
③ 宝庆《四明志》卷12《叙水》。

一里"①,最早分别建于春秋吴、越及秦始皇时期,原来称为百尺渎、陵水道。《越绝书·吴地传》记载:"吴古故水道,出平门,上郭池,入渎,出巢湖,上历地,过梅亭,入杨湖,出渔浦,入大江,奏广陵";"吴古故从由拳辟塞,度会夷,奏山阴。辟塞者,吴备候塞也";"百尺渎,奏江,吴以达粮。"②这是当时吴国以吴都为中心,一南一北两条运道的走向。平门为吴都城北门,巢湖当漕湖,在今苏州之北,西通太伯渎;梅亭在今无锡;杨湖即阳湖,在今常州、无锡之间,渔浦即今江阴县西利港,广陵是指今扬州,这是早期江南运河的北线,南线的百尺渎③,是由吴都城经过由拳(嘉兴)、盐官到达钱塘江,并最终连通越国都城会稽。除了吴古故水道与百尺渎,从由拳(嘉兴)往南至钱唐,另有陵水道,贯通杭州与嘉兴之间,《越绝书》记载:"秦始皇造道陵南,可通陵道,到由拳塞。同起马塘,湛以为陂。治陵水道到钱唐、越地,通浙江。秦始皇发会稽适戍卒,治通陵,高以南陵,道县相属。"④从这条记载看,陵水道北起嘉兴(由拳),南抵杭州(钱唐),并经过杭州到绍兴(越地),由于当时两浙一带的核心区域,北端在吴郡(今苏州),南端在会稽(今绍兴),故始皇帝造陵水道,其目的实为"通浙江"、到"越地",《史记·秦始皇本纪》记载其南巡到越地的行程说:"三十七年十月癸丑,始皇出游……行至云梦,望祀虞舜於九疑山。浮江下,观籍柯,渡海渚。过丹阳,至钱唐,临浙江,水波恶,乃西百二十里从狭中渡。上会稽,祭大禹,望于南海,而

---

① 《宋史》卷97《河渠志第五十·河渠七·东南诸水下》。

② 《越绝书》卷2《外传记·吴地传》。

③ 《咸淳临安志》卷6《山川》盐官县:"百尺浦在县西四十里。《舆地志》云:越王起百尺楼于浦上,因以为名。今废。"1921年《海宁州志稿》卷8《名迹》:"县西四十里有百尺浦,越王起百尺楼望海,疑即其处"。

④ 《越绝书》卷2《外传记·吴地传》。

立石刻颂秦德。"①其中"过丹阳,至钱唐"的这段水路,走的就是陵水道。

隋炀帝大业六年,"将东巡会稽,乃发民开江南河"②,当时的运河为了通行龙舟,河面开凿得非常开阔,"拟通龙舟","勅开江南河,自京口至余杭八百里,面阔一十余丈"③。由此也成为江南通往中原的主要运输通道:"后代因而修之,以为转输之道。"④唐代时,"赋出于天下,江南居十九"⑤,"天下大计,仰于东南"⑥,运河成为主要的交通运输通道,"自唐武德以后至今累浚,为东南之水驿"⑦。南宋时,建都临安,运河也成为沟通中原主要渠道,因此而倍加重视:"宋孝宗淳熙八年,浚行至镇江运河,时都临安,尤以漕渠为先务也。"⑧当时的运河,"自临安北郭务至镇江江口闸,六百四十一里"⑨。"由杭州府之武林驿,又北历湖州府德清县东三十里,凡百二十里而达嘉兴府崇德县。又东北历桐乡县北八里,凡八十里而经(嘉兴)府城西,绕城而北,又六十里而接南直苏州府吴江县之运河,此两浙之运道也。"⑩明清时期的运河有多条途径,运河在各地的路径各不相同:

运河在嘉兴府,"由杭州府达崇德、桐乡县界,东流经府西南二十七里之檇李亭。又东流十八里,经学绣塔。又东五里,经白

---

① 《史记》卷6《秦始皇本纪第六》。
② 《读史方舆纪要》卷89《浙江一》。
③ 至元《嘉禾志》卷5《河港》。
④ 《读史方舆纪要》卷89《浙江一》。
⑤ 《东雅堂昌黎集注》卷19《书序·送陆歙州傪序》。
⑥ (宋)宋祁《新唐书》卷165《列传第九十·权德舆》。
⑦ 洪武《无锡县志》卷2《山川第二》。
⑧ 《读史方舆纪要》卷89《浙江一》。
⑨ 《宋史》卷97《河渠志第五十·河渠七·东南诸水下》。
⑩ 《读史方舆纪要》卷89《浙江一》。

龙潭。又转而北，绕府城下，为月河。与秀水合，乃出杉青闸，受穆溪水，为北漕渠。又北二十五里为王江泾。又东三里为闻家湖。又东北十里接苏州府吴江县界"。

运河在崇德县境，"由湖州府德清县界流入境，穿县濠北出，受左右诸泾之水，经石门塘，与桐乡县分界"。

运河在桐乡县，由崇德县石门塘，西北流二十里而经皂林铺，渐折而东二十里，为斗门，又北二十里而至嘉兴府。

运河在湖州府，"苕溪、余不溪之水，分流合注而为运河。东北经南浔镇，又东至江南吴江县之震泽镇，至平望镇而合于嘉兴之运河"。

运河在德清县，"自杭州府流入界，又北入嘉兴府崇德县境……即杭州官塘也。又北五里即唐栖镇，繇湖州出东迁，经敢山漾，趋五林港，为往来之通道"。

杭州府运河"其源有三：一自城西北三里西湖坝，上承西湖之水；一自城东北三里德胜坝，上承上塘河之水，俱汇于府北六里之江涨桥；又余杭塘河之水，亦由江涨桥西出，以会于运河。出北新关桥，至塘栖镇，接石门县界，此公私经行之道也……凡阔二十余丈。其最阔处，有三里漾、十二里漾之名，今亦谓之新开运河，亦名北关河"。

除了上述浙西运河，过钱塘江至会稽，运河的修筑也由来有自，从越国时期的"山阴故水道"，到马臻太守的镜湖，再到贺循兴修的西陵运道，使得江南运河经由钱塘江而达会稽。其在绍兴府境内，"自西兴渡历萧山县，而东接钱清江，长五十里。又东径府城，长五十五里。复自城西东南出，又东而入上虞县，接曹娥江，长一百里。自府城而南，至蒿坝，长八十里，则为嵊县之运河矣。盖运河纵广俱二百里。宋绍兴初，以余姚县言运道浅涩，诏自都泗堰至曹娥塔桥，发卒修浚。此即宋时漕渠故址也。今道出府西北十里,谓之官漤。其余大抵仍旧道云"。①

（2）东钱湖

在鄞县东二十五里,唐天宝二年县令陆南金"开广之"。原在鄮县之西,故也称西湖。《宋史》记载:"东钱湖容受七十二溪,方圆广阔八百顷,傍山为固,迭石为塘八十里。自唐天宝三年县令陆南金开广之,国朝天禧元年郡守李夷庚重修之。中有四闸、七堰,凡遇旱涝,开闸放水,溉田五十万亩"②。宝庆《四明志》记载最详:"(东钱湖在鄞县)县东二十五里,一名万金湖,以其为利重也;在唐曰西湖,盖鄮县未徙时,湖在县治之西也。天宝三年县令陆南金开广之,皇朝屡浚治。周回八十里,受七十二溪之流,四岸凡七堰,曰钱堰,曰大堰,曰莫枝堰,曰高湫堰,曰栗木堰,曰平湖堰,曰梅湖堰。水入则蓄,雨不时则启闸而放之。鄞、定海七乡之田资其灌溉"③。

东钱湖湖面开阔,灌溉农田范围很大,《宋史》"方圆广阔八百顷……溉田五十万亩";《明一统志》"周回八十里,溉田八百顷"④,一顷一百亩,八百顷即八万亩;《清一统志》"溉田五百顷","周八百顷"⑤;宝庆《四明志》"周回八十里"⑥,"其长八十

---

① 以上据《读史方舆纪要》卷 89 至 94《浙江》。

② 《宋史》卷 97《河渠志第五十·河渠七·东南诸水下》。

③ 《宝庆四明志》卷 12《鄞县志卷一》。

④ 《明一统志》卷 46《宁波府》。

⑤ 《清一统志》卷 224《宁波府》。

⑥ 《宝庆四明志》卷 12《鄞县志卷一》"东钱湖"。

里,灌田一百万余顷"①,"湖面开为十万亩,灌田一百万余亩"②;
"湖面阔十万亩,周回八十里,受七十二溪之水所归水盛可潴旱
干则放凡湖下之田受灌溉者百万余顷"③。各家记载颇不相同。
但灌溉范围大,受益农田众多,"鄞、定海七乡之田资其灌溉",湖
中又出产鱼虾菱藕,"湖上四望渔户可以日获锱铢之利",经济效
益明显,因此被称为"万金湖"。从建湖之时起,湖面多遭湮塞,
"葵、荇、莼、蒲、荷、芡滋蔓不除,湖辄堙"。因此,历代多有疏浚:
"天禧中,守臣李夷庚因旧废址增基坚固,自此七乡之民虽甚旱
而无凶年忧。庆历八年,县令王安石重清湖界。嘉祐中,始置碶
闸。至治平元年,复修六堤。立陆南金、李夷庚之祠于堤旁。岁
久废坏。至绍兴十六年,邑民怀思旧德,复修祠宇,塑神像,皆有
遗迹及碑刻可考"④;"淳熙四年皇子魏王镇州,请于朝,大浚
之。"魏王奏疏记载了历次修缮及当时整治的情况:

> 明州被山带海,山高于田,田高于海,水有所泄。每岁
> 不苦水而苦旱,前古因山形有不合处,筑为长短塘,受涧谷
> 之水七十有二,号东钱湖,亦号万金湖。唐天宝中鄞县宰陆
> 南金益浚而广之,其长八十里,灌田一百万余顷。至本朝天
> 禧中,守臣李夷庚因旧废址增基坚固,自此七乡之民虽甚旱
> 而无凶年忧。庆历八年,县令王安石重清湖界。嘉祐中,始

---

① 《宝庆四明志》卷 12《鄞县志卷一》"东钱湖"魏王淳熙四年二月七
日奏疏。

② 《宝庆四明志》卷 12《鄞县志卷一》"东钱湖"嘉定七年提刑程覃
札子。

③ 《宝庆四明志》卷 12《鄞县志卷一》"东钱湖"宝庆二年太守胡榘
札子。

④ 《宝庆四明志》卷 12《鄞县志卷一》"东钱湖"魏王淳熙四年二月七
日奏疏。

置碶闸。至治平元年，复修六堤。立陆南金、李夷庚之祠于堤旁。岁久废坏。至绍兴十六年，邑民怀思旧德，复修祠宇，塑神像，皆有遗迹及碑刻可考。惟是自治平元年至今百有余年，湖浸埋废，芰荇生之至二万余亩，潴水不多，旧年于湖内取水灌注田亩，一岁凡三次，今止放得一次，不能偏及，郡人病之。乾道五年，守臣张津具奏，乞开芰荇。得旨依奏。赵伯圭踵其后，遣知县事杨布量步亩，许徒庸当，用钱一十六万五千八百八十八贯，米二万七千六百四十八石，工役至大，费用不赀，以故中辍，皆有案牍可考。自臣到任，恭承前后所降诏书，指挥兴修水利。今年四月，据知鄞县事姚祐乞开宋湖，委长史莫济、司马陈延年相视基址，询访湖边父老以及士大夫，皆以为当开。遂委官量步亩实数，具奏以闻。在法，农田水利并以食利众户共力修治，合是民间出财。陛下圣慈爱念黎庶，为之出内帑会子五万贯，义仓米一万石。臣仰体圣意，凡用竹木，支犒赏，般运芰荇，并用本州岛钱，以佐其费。缘是地界阔远，分作四隅，差官董役，复选择土人有心力者相与办，集令莫济，陈延年往来监视，计开荇二万一千二百一十三亩三角一十六步，至十月三十日已遂毕事，他般运已开芰荇，增广塘岸，或集在山坳，更须月余，方得净尽。民间见百余年积第一日扫除，无不引手加额，称颂圣德。

此后，又多做修浚，"嘉定七年，提刑程覃摄守捐缗钱，置田收租，欲岁给浚治之费，朝廷许其尽复旧址"。具体措施是，以田租雇请民夫，清理荇草淤塞，并"立为定则"。"一年会计，可以运二万余船。若能去二万余船荇，则可潴二万余船水，年年开浚，水利日广，十数年之后，必可复见旧湖基址。"其奏疏记载此次修缮情况：

庆元为郡，濒海近江，并无陂塘，全仗东钱湖及广德湖、它山水飞溉田亩，广德湖久已成田饷水军，不敢复议；它山之水涨则般堰入江、钱，悉分以枝港，通舟阴田，每岁四季，须当淘沙开淤，始能无碍。所用租雇人夫，一岁当一百贯。又本府见行用钱一千二百余贯，置田四十亩，委乡官收掌，将丞提督，递年充雇夫之用，更不扰民。惟有东钱湖为民利甚博，湖面开为十万亩，灌田一百万余亩。尔后茭葑湮塞，向者部守控告朝廷，陈乞钱一十六万有余贯，米二万七千有余石，雇役民夫，开浚茭葑，未蒙允可。魏王判庆元日，复行申奏，蒙圣旨出内帑五万缗，义仓米一万石，本府均官民户有田之家出人夫器具，又差彼水军同共般葑，积于湖中，候有水，方行般载。暨有水之时，欺罔官司，将葑复行平摊在湖，徒费钱米，无补纤毫。其时茭葑尚少。今乃不然，民间因茭葑之涨塞，并皆计嘱请佃，或恃强侵占为己业，种荷坏田。今则湖中之水通利如线，夏初阙雨，尽开湖闸，灌田无多。幸而朝廷所祷即应，遂得成熟。士庶陈述利害，覃同通判亲往相视，明委湮塞，若欲科率民户有田之家、亩头出钱，则骚扰尤甚；复差水军，非徒无补水利，且妨教阅。覃区区管见，不可求速效，当磨以岁月，合置田一千亩，每亩常熟价直三十二贯，官会计钱三万二千贯，每岁得谷二千四百余石，如义仓例，轮委近乡等户才力最高者掌管，分在近湖寺院安顿，每岁农隙之时，许民间剖取淤葑，计船之小大，论取葑遥近，至取葑之多寡，立为定则，酬以谷子。一年会计，可以运二万余船。若能去二万余船葑，则可潴二万余船水，年年开浚，水利日广，十数年之后，必可复见旧湖基址，诸乡之田虽旱无忧。若或坐视，不早为之计，它时庆元之田俱无水利可恃，则与斥天山田等耳。利害晓然，不敢繁述。覃备员摄郡,撙节浮用,谨备上项三万二千贯付近乡等户,一面置田,条画规式,置立级榜,但其间除月波寺、隐学寺、嘉泽庙、钱堰四处,旧有荷池,许留栽种,见委县丞县尉置桩针立界至应留外,余外盗种强占,或有已垦成田,并合开揭如。仍前盗种强占,不论官民户,定行处治重责。覃窃虑所立规模,本年置田,来年收谷,农隙兴工,后年田家方得其利,如是,则来年阙雨,农家岂不被害,覃今再备钱三千余缗,籴谷二千余石,一面收买淤葑。庶几,向后可以仿此施行。事大体重,若非朝廷勅赐玉玺,他日必有复萌侵占者妄行陈乞更改。伏望特系抚眷行下本府,常切遵守,不许妄将上件谷子别有移用,如违,许民越诉,照常平余法施行。伏候指挥九月十九日奉圣旨依所申事理施行。其月波寺、隐学寺、嘉泽庙、钱堰四处荷池亦仰一体尽行开拆,仍悬榜禁戢,今后不许复有侵占,如或违戾,仰本府遣人根勘具情犯,申尚书省内命官取旨铚责,其官民户定重罪施行。①

而实际上占湖垦田并不仅仅是东钱湖的单独现象,尤其是南宋时期,两浙人口增加,而赋税不减,于是向湖要田的现象便屡禁不止。当时,东钱湖用以清淤的田租被挪作他用,于是只能请朝廷拨款,用以疏浚整治:"后来有司奉行不□,田租侵移他用,湖益湮。"

宝庆二年,尚书胡榘任明州太守,针对东钱湖的淤塞状况,"请于朝,得度牒百道,米一万五千石,又浚之"。鉴于此前疏浚后往往有民夫将葑草偷偷还填湖中,使得疏浚工程事倍功半,胡榘在此次疏浚中有新创意,即将疏浚出来的淤泥葑草筑成长堤,

---

① 《宝庆四明志》卷12《鄞县志卷一》"东钱湖"《嘉定七年提刑程覃札子》。

既解决了葑草的堆积问题，也可方便湖内交通。其奏疏记载当时情况：

> 窃见本府负郭，膏腴连亘，阡陌劝农之政莫急水利。鄞县七乡，岁不告旱，所资以为灌溉之利者，惟东钱湖。湖面阔十万亩，周回八十里，受七十二溪之水所归。水盛可潴，旱干则放。凡湖下之田受灌溉者百万余顷，年来葑葑障塞，官司失于开淘，以致水面日狭，积水浸少。今年春夏之交，偶阙雨泽，委鄞县丞常从事前去开闸，放水下田，据称止放一二版，而湖水所存已无几。若因循度日，不行经理，深虑浸致湮淤，坐失水利，委实未便。契勘昨来提刑程覃来摄郡事，尝创立开湖，一局拨府钱三万二千缗，欲买田一千亩，岁收租谷二千四百余石，募民岁取葑葑二万船，可添潴水二万船，迟以十数年，东湖之葑可以尽去。然自置局之后，有司坐视，不曾举行。已买之田，岁收租谷，未免将作应付修路之用，未买之钱，见存留于库，不曾买田。今湖面葑葑日生月长，无有穷巳，根株滋蔓，日吞水地。昨因士民有请，辄即躬亲前往相视，继委通判蔡奉议重行检踏。据蔡奉议申，五月二十六日躬亲前去。是日，自钱堰挐舟，先登二灵山一览，尽见积葑充塞，殆十之八九。惟上水下水与梅湖三节粗存水面，既已得其大略。乃急易舟前迈，令舟人以竿刺水，步步考较根株之下虚实，相半最深渺处不过数尺，惟是葑积岁久，势虽浮上，根实附下，其间又杂茭苇，彼此丽属，重以荷荇莼蒲之类，生生无穷异类同党。其近山岸处积湮更甚，亦有因而为塍，渐成畎亩者。及询问父老审订事宜，皆云：东湖自魏王临镇之时，申请浚治一次，今逾四十年，有司未尝过而问焉。失今不治，加以数年葑葑根盘，水不可入。虽重施人力，亦终无补，会稽之鉴湖，盖司监也。倘蒙有司申

请开浚，则湖下两县田业可以岁享灌溉之泽，湖上四望渔户可以日获锱铢之利，号令一出，其谁不然？且魏王开湖之始，役兼资于兵民，功具举于表里，故事立就，其后有司非不念此，而或废于卤莽，或牵于事力，或坐视不治，或粗举无益，因循积累，至于今极矣。至于所用日时，必须于农事之隙八九月之交，水势稍退，兴工并手，则民有余力，官无竣期，或伸或缩，惟吾所命，实为至便。今条具到用工次第下项

一今开浚东湖，以兴水利，势须先去茭葑，并其根株，然后放干湖水，以去淤泥，庶几，开浚既深，可潴水泽，但工役颇大，未易轻举。今当以序而为之，然役水军则用生券，或募民夫，则用雇直，契勘昨来魏王开湖，因钱米不给，颇有扰民。今要当斟酌，使公私俱便，乃为至计。拟于八九月之间先用水军人船，以去茭葑；然后于十月内募湖下有田之家出工夫人力，以助有司，庶事可以办集。

一契勘，昨来魏王开湖规画，未遂尽善，颇有遗恨，所开茭葑积于湖旁，候有水，用船运去，泊至水生，用人船般运，乃多为欺罔，将茭葑平摊湖中，复至连塞水面，徒费钱米，无补纤毫。今者用工不可又蹈前辙，然湖际四山，少有可积葑去处，若即用舟般运，尤为重费。众议，今当聚茭葑淤泥，筑为一堤，可以尽除茭葑之根株，可以便民旅之往来，但昨者丞议，欲自月波寺筑至二灵山，横绝渡湖，延袤八百余丈，功役尤大，不可轻为。今者之议，欲自郡家山筑至杨家山头，才三四百丈，工役减半，可以举行。

一东湖植荷，民徼微利，所至皆是，未免妨禾。或者乃持荷可养水之说，而不受淤泥。曾不知水浅则荷盛，水深则荷衰，理之必然所易晓者。昨程提刑尝申请，不许民户种

荷,巳蒙朝廷行下,尽令屏除,今未十年,荷荡巳占三之一,
芰莕因占三之二。今若浚湖,势须尽行屏去,自后不许种植
荷莲,仍乞朝廷检会,巳降指挥施行,如或违犯,许人陈首,
遣人根勘,具情犯,申尚书省内命官取旨重罪施行。

一今浚湖必当放水,先须修整诸处石闸,放运河之水以
入于江,然后放东湖之水以入于河,河水潴蓄稍多,庶几湖
田之民来春不失灌溉之利。

右件开湖事系列在前,本府除巳置开湖局,委通判蔡奉
议暂充提督官外,望朝廷给降度牒一百道,支拨常平义仓米
二万石,下本府添贴开浚东湖支费。东湖画图内巳贴说筑
堤之路,与前此不同,并于风水无妨,谨具申尚书省伏候指
挥。九月二十一日奉圣旨,并依所申,令浙东提举司于常平
义仓米内支拨一万五千石,及令封椿库支拨度牒一百道付
本府,每道作八百贯文变卖,并充开湖使用。务要如法开
浚,经久流通,毋致积泥,再有湮塞。仍仰本府常切觉察,严
立赏榜。今后如有官民户、寺观复行侵占,并种植荷莲,违
戾之人,许人陈首,即仰将犯人送狱根勘,具情节申尚书省
命官取指挥重行镌黜,余人定行决配,仍具巳开掘次第,及
用工役钱米账,状申并下提领封椿库所浙东提举司各证应
施行。[①]

到了明朝,东钱湖又经过多次修浚,明太祖立国之初,“设营
田司,专掌水利”,对农田水利尤其重视,东钱湖也因此得到了开
浚,“浚鄞县东钱湖,灌田数万顷”[②]。此后,又经历多次疏浚。

---

① 《宝庆四明志》卷 12《鄞县志卷一》“东钱湖”,《宝庆二年太守胡榘
札子》。

② 《钦定续通志》卷 152《食货略》。

明洪武二十四年,"本县耆民陈进建言,水利差官来董其事,令七乡食利之家出力淘浚"①。宣德年间,有官宦占湖为田,被民举报,官府加以制止:"王士华以参政家居,因田其中。七乡之民陈之,监司遂得中止。"②嘉靖九年,"宁波卫屯军又请为屯田,鄞县知县黄仁山用父老严诋言,勘覆不行"③。清顺治年间,"以诸生陆宇火鼎条陈,禁止侵湖为田"④。

（3）会昌湖

在温州府永嘉县,唐会昌中郡守韦庸所浚,分为南湖、西湖,中有韦公堤。但弘治《温州府志》根据东晋谢灵运《于南山往北山经湖中瞻眺》诗,认为"是湖汉晋间已有,岁久吞食三溪急流壅塞,至唐,韦守特重凿而疏之耳"⑤。《读史方舆纪要》也有相同判断:"起于汉晋间,至唐会昌四年,太守韦庸重浚治之,因名。"⑥温州在东晋时设郡,可能这时候已经开挖湖泊;后经唐会昌年间重新开浚,后世因此称为会昌湖。雍正《浙江通志》认为唐代会昌年间是重新疏浚:"会昌湖……唐会昌四年刺史韦庸重浚,因名。又分为南湖西湖,总谓之会昌湖也。"⑦其中西湖紧贴城郭,南湖则连通瑞安县:"西湖出永宁水门,外为永泰桥,受三溪水,弥漫于城外",是一个紧贴郡城的湖泊;南湖位于城南,南端连接瑞安县城,长度与今温瑞塘河相当,湖面非常开阔,"南

---

①　成化《宁波郡志》卷 2《河防志》"东钱湖"。

②　嘉靖《宁波府志》卷 5《山川》"东钱湖"。

③　嘉靖《宁波府志》卷 5《山川》"东钱湖"。

④　雍正《浙江通志》卷 56《水利五·宁波府》。

⑤　弘治《温州府志》卷 4《水》。

⑥　《读史方舆纪要》卷 94《浙江六》。

⑦　雍正《浙江通志》卷 61《水利十·温州府》。

湖，出瑞安水门，外为南郭水，西接永泰桥下西湖"①。

（4）阳陂湖

在富阳县北十里。贞观十二年县令郝砆开，以蓄水，并造东西两闸，"延袤六里许，其水溉田万余顷"。《咸淳临安志》载，阳陂湖"在县北十里，周十六里，可溉田万亩……贞观十二年县令郝砆开"，"阳陂塘溉田一万余顷阔九顷。"②《读史方舆纪要》记载"阳陂湖县北十里。唐贞观十二年县令郝某因旧址开湖，并造水闸"，指出此湖是"因旧址开湖"。富阳旧名富春，秦代时即已经设县，故此湖可能唐代之前已经开浚，到了唐太宗贞观十二年，由县令郝砆"因旧址开湖"③。唐初开湖以后，曾经多次修缮，武则天登封元年、唐德宗贞元年间都曾做过修浚："南六十步有堤，登封元年县令李浚所筑；东有海，西至于笕浦，以捍水患，正（贞）元七年郑果又增修之。"④到了明代，湖面被大量垦占，"明洪武二十六年，知县卢仁丈量湖面，计六百三十五亩，则民地科税。嗣后，以湖属官，蠲免科税，民多请佃，沿堤湖为荡，取芙蓉菱芡以种之，潴水畜鱼。后因兵变，堤为捕鱼者所决，湖遂涸。国朝康熙五年，知县徐启业委县丞赵崧修筑，仍得溉田，民不苦旱。二十二年知县钱晋锡重修浚"。马骅《阳陂湖堤闸记》记载了当时的修建情况：

> 吾里有阳陂湖者，唐贞观间邑令郝砆所开，以蓄水也。并造东西两闸，延袤六里许，其水溉田万余顷。登封间，邑令李浚以水不障则难积，乃为之筑堤；贞元间，郑果以堤不

---

① 弘治《温州府志》卷4《水》。

② 《咸淳临安志》卷35《志二十·山川十四》。

③ （清）顾祖禹《读史方舆纪要》卷90《浙江二·杭州府》。

④ 《咸淳临安志》卷34《山川十三·湖下》。

高则易泻，又为之增益，由是岁虽旱不为患。明初，邑令卢
仁丈其中之淤者六百余亩，民多请佃，今所谓湖田是也。里
人以害稼，力争，乃蓄水如故。嗣后数百年来，遇旱辄涸。
岁月既久，渐成污莱，余目击而心伤之。康熙五年，偕邵子
旭如请于邑令徐侯启业，详究委邑丞赵崧勘堤之形势而修
焉，度田宅役，远者计亩输值，近者出工挑浚。漏者塞之，低
者增之，缺者培之。余不敢惮劳，躬亲劝督，不阅月而告竣。
自后，堤既坚固，湖水满盈，旱不为灾田，成膏腴。时有占为
己业者，徐侯报究，给示勒石禁止，并放水捕鱼。之害今又
二十年，向之塞者，增者，培者，倾圮如故；东西两闸或坍或
漏，虽暂修葺，终非经久之策。乙丑春，余以其事达于今令
钱侯，侯单骑诣湖上，周行相视，呼旁湖之父老，谕以修之之
法，闸低者加之，使高堤；狭者筑之，使广；湖浅者浚之，使
深。佃户出工，产户输值，计亩不足，则设法捐助，速奏厥
成，且请命近湖之老成者、管摄堤闸，防盗水，过畜践。详示
占佃而永禁之。①

但据《读史方舆纪要》，阳陂湖在当时已经湮塞过半，"今多
堙废"②，可知在康熙初年时阳陂湖大半已经被垦占。

（5）夏盖湖

夏盖湖在上虞县西北四十里，因为处于夏盖山南，因名为夏
盖湖。雍正《浙江通志》："上虞陂湖甚多，惟夏盖则为湖甚广，为
利甚大，为一邑水利之最。"③夏盖湖最初修建于唐长庆二年，
"开以溉田，湖周一百五里，中有镜潭及九墩十二山，又有三十六

---

① 雍正《浙江通志》卷53《水利二杭州府》。
② （清）顾祖禹《读史方舆纪要》卷90《浙江二·杭州府》。
③ 雍正《浙江通志》卷57《水利六·绍兴府》。

沟,为引水灌田之道"①。从唐代开始,两浙的府县所在地普遍对湖塘陂泽进行开挖疏浚,以提高城市的防涝抗旱能力,同时也能为城市提供水源、为农田提供灌溉所需。夏盖湖的作用,类似于镜湖之与会稽、南湖之与余杭,对当地的农田灌溉有极大作用:"上虞、余姚所管陂湖三十余所,而夏盖湖最大,周回一百五里,自来荫注上虞县新兴等五乡,及余姚县兰风乡。此六乡皆濒海,土平而水易泄,田以亩计无虑数十万,惟藉一湖灌溉之利。"②但从宋代开始,占湖垦田的现象也开始大量出现,"宋熙宁中,湖渐废。元祐四年修复,政和中,复废为田。绍兴二年,还为湖"③。到了元代,湖面侵占更加严重,"元元贞间,傍湖之民辄于高处填为田,至数十亩。至正十二年,县尹林希元定垦田数,余悉为湖。十六年,或乘间窃种,尹李睿复之。十八年,或献于长枪军,县尹韩谏言于督军郎中刘仁本,已之"。明初朝廷重视水利,夏盖湖也得以部分恢复,"明洪武六年,知府唐铎悉复古规,令教授王俨作记,志其本末"④。

夏盖湖除了农田灌溉,还有渔泽之利,"兼有菱芡芙蕖鱼虾之利,俗称日产黄金方寸"⑤。当时的诗人有下述描述:"一日孤帆风正长,万里晴色满湖苍。天青鸥鹭都如雪,秋尽蒹葭未及霜。渔户半依舴作舍,人家多借水为乡。故园物候应相似,蟹稻田田橘柚黄。"⑥到了清代,湖面逐渐被垦占,昔日的大湖也变为

---

① (清)顾祖禹《读史方舆纪要》卷90《浙江二·杭州府》。

② (宋)陈槖《上传崧卿太守书》,雍正《浙江通志》卷57《水利六·绍兴府》。

③ (清)顾祖禹《读史方舆纪要》卷92《浙江四·绍兴府》。

④ 雍正《浙江通志》卷57《水利六·绍兴府》。

⑤ 雍正《浙江通志》卷57《水利六·绍兴府》。

⑥ 《甬上耆旧诗》卷21《过夏盖湖》。

广袤田畴。

（6）它山堰

雍正《浙江通志》："它山堰，在鄞县西南五十里。先是，四明山水注于江，与海潮接，咸不可溉田。唐太和七年，令王元伟迭石为堰于两山间，阔四十二丈，级三十有六，冶铁灌之。渠与江截为二，渠流入城市，缭乡村，以灌七乡田数千顷。"[①]它山堰建于唐太和七年，由当时的县令王元暐主持建造，《元丰九域志》记载："它山堰，县令王元暐置，溉田八百顷。今县民祀之"[②]；"它山堰，县西南五十里。先是，四明山水注于江，与海潮接，咸不可食，不可溉田。唐太和中，鄞令王公元暐始迭石为堰于两山间，阔四十二丈，级三十有六，冶铁灌之。渠与江截为二。"[③]《四明续志》也说："它山堰，唐太和中鄞令王元暐所创也。"[④]兴建之初，"迭石为堰，冶铁而锢之"[⑤]，这大概是记载中最早完全以整石材料砌作的堤坝，这之前可能已经使用，但没有见于记载。如丽水通济堰建于南朝萧梁年间，其堰堤采用所谓的"竹筱坝"，即以竹笼填石、榥柱固塘的做法；通济堰大约在南宋开禧元年才由参知政事何澹出资，改"竹筱坝"为石砌结构，克服了木筱坝易漂、易朽的缺点。而据资料显示，五代时武肃王钱镠修建捍海塘，也是采取"造竹络，积巨石，植以大木"[⑥]的做法，显然，这是一种之前或在当时比较盛行的堤塘建筑技术。因为作为主体建筑材料的卵石相对取用方便，两浙溪流众多，圆石随处可取

---

① 雍正《浙江通志》卷56《水利五·宁波府》。

② 《元丰九域志》卷5《两浙路》。

③ 《宝庆四明志》卷12《鄞县志卷一·叙水》"它山堰"。

④ 《开庆四明续志》卷3《水利》。

⑤ 《四明它山水利备览》卷1《序》。

⑥ 《咸淳临安志》卷31《山川十·捍海塘》。

用;而大型的条石取材很不容易,尤其是大型的工程,石材用量巨大,这也给建造材料的采办带来困难。故在南宋以前,很少有用方整石材砌作堤塘的,尤其是在海塘的建造中,由于用量太大,故采用方整石材可能要迟至明代,"至明始易以石"①。

它山堰建成以后,"上溪下江,溪流入河,分注鄞西七乡,贯于城之日月湖,以饮以溉,利民博矣"②。即使是大旱年节,农田也可以仰仗河水灌溉,不必靠天吃饭,"天之旱涝有不可,必此水岁可恃以为常。田事仰之,实为霖雨"③。《四明它山水利备览》记载:

> 迭石为堰,冶铁而锢之,截断江潮,而溪之清甘始得以贯城市、浇田畴,于是潴为二湖,筑为三塌,疏为百港,化七乡之泻卤而为膏腴,虽凶年,公私不病,人饱粒食,官收租赋,岁岁所获,为利无穷,可谓功施国、德施民矣。④

据说,它山堰建成以后,西乡之田灌溉主要由其承担,与原来承担防涝防洪作用的广德湖在功能上有所重叠,因此也导致了广德湖的废湖为田,"唐大和中县令王元暐为它山石堰,横截大江,抑朝宗奔猛之势,溪江遂分上下之流,悬绝数丈,水始回环,汇于七乡,以及于城郭。江沱海浦,晋时潮汐之所往来,皆澄馥清甘,分支别派,触冈阜则止,然后民田厌于水矣。故自大中以后,始有废湖之议,知其有以易之也。不然,一方之人岂其轻举如是,历代建请不可悉数,至政和,卒成之。迨今逾五十年,亢

---

① 雍正《浙江通志》卷 64《海塘三》。
② 《开庆四明续志》卷 3《水利》。
③ 《四明它山水利备览》卷上《序》。
④ 《四明它山水利备览》卷上《序》。

阳大旱不为少矣，公私无粒米之耗"①。可见它山堰对周围农田水利的灌溉作用确实很大。

南宋淳祐年间郡人魏岘曾编著《四明它山水利备览》，详细介绍它山堰的环境、堰堤、灌溉等，叙述最详：

> 它山之水源自越山，委蛇绵历几二百里，縣上虞县分水岭百余里，然后历大小皎、密岩、樟邨、桓邨、平水邨，此其大派也。又一派出仗锡山，并合众山之流，会于大礏。至于它山溪，通大江，潮汐上下，清甘之流酾泄出海，泻卤之水冲接入礏，来则沟浍皆盈，去则河港俱涸，田不可稼，人渴于饮。唐太和七年，邑令王侯元暐相地之宜，以此为水道，所历喉襟之处，规而作堰，截断咸汐，导大溪之流，自堰之上，北入于溪百余丈，折而东之，经新安，历洞桥，此前港也。自镇都入惠明桥，至仲夏二水，至新堰面合流。经北渡、栎社、新桥入南城甬水门，潴为二湖，曰日，曰月。畅为支渠，脉络城市，以饮以灌。出西城望京门，由望春桥接大雷林邨之水，直抵西渡。其间支分派别，流贯诸港，灌溉七乡，田数千顷。天之旱涝有不可，必此水岁可恃以为常。田事仰之，实为霖雨。自唐逮今四百十有六年，民食之所资，官赋之所出，家饮清泉，舟通物货，公私所赖，为利无穷。先贤堰是，而以此水锡吾邦人，所以为生民立命也。

> 置堰：……历览山川，相地高下，见大溪之南沿流皆下，其北则皆平地，至是始有小山虎踞岸傍，以其无山相接，故谓它山。南岸之山势亦俯瞰，如饮江之虹，二山夹流，钤锁两岸。其南有小屿二，屹然中流，有捍防之势，人目为强。堰其北、小山之西，支港入溪，则七乡水道襟喉之地，因遂堰

---

① 《宝庆四明志》卷12《鄞县志卷一·叙水》"广德湖·东钱湖辩"。

焉。由是，溪江中分，咸卤不至，清甘之流输贯诸港入城市，绕村落，七乡之田皆赖灌溉。

堰规制作：它山，乃众流胥会之地，每岁至秋，万山之间洪水暴涨，湍激迅疾，极目如大海。侯之为堰也，规其高下之宜，涝则七分水入于江，三分入溪，以泄暴流；旱则七分入溪，三分入江，以供灌溉。堰脊横阔四十有二丈，覆以石版，为片八十有半；左右石级各三十六，岁久沙淤其东，仅见八九；西则皆隐于沙。堰身中擎以巨木，形如屋宇。每遇溪涨湍急，则有沙随实其中，俗谓护堤沙。水平，沙去，其空如初，土人以杖试之，信然。堰低昂适宜，广狭中度，精致牢密，功侔鬼神，与其佗堰埭杂用土石竹木砖筏稍久辄坏者不同，常时，大溪之水从堰流入江下，历石级，状如喷雪，声如震雷。耆老相传，立堰之时，深山绝壑极大之木，人所不能致者，皆因水涨，乘流忽至，其神矣乎。

梅梁：梅梁在堰江沙中，鄞志谓：梅子真，旧隐大梅山，梅木其上，为会稽禹祠之梁，其下在它山堰，亦谓之梅梁。禹祠之梁，张僧繇图龙于其上，风雨夜或飞入鉴湖，与龙斗，人见梁上水淋漓而萍藻满焉，始骇异之，乃以铁索锁于柱。它山堰之梁，其大逾抱，半没沙中，不知其短长。横枕堰址，潮过则见，其脊偃然如龙卧江沙中，数百年不朽。暴流湍激，俨然不动，有草一丛生于上，四时常青，耆老传以为龙物，亦圣物镇填者耶。

三埧：……虑暴流之无所泄，遂为三埧，以启闭蓄泄。涝则酾暴流以出江，旱则取淡潮以入河，平时则为河港之表。耆老谓：侯自堰口浮三瓢，听其所至而立焉。由堰之东十有五里为乌金埧（俗谓上水埧），又东三里为积渎埧（俗谓下水埧），又东二十七里为春行埧（俗谓石埧），此小溪镇入南城甬水门河渠也,皆随地之宜而为之。四明乌金堨久废,嘉定辛巳岘请于朝,重建。详见郡志及乌金堨志。①

唐代以后,它山堰多有修缮完善,"堤防浚导,岁以为常"②,"宋建隆间堰损,水不入渠,节度使钱亿增筑全固。建中靖国改元,监船场唐意见水洒泄,乃尽塞支流,稍浚上源,因以其土室补堰隙。越一岁,复洇,签幕张必强、鄞令龚行修修之。嘉定七年,提刑程覃摄守,买田收租,岁给役夫之费,督以邑丞。十四年,泉使魏岘委里人按渠堰碶闸之堙废者,重加修筑,涝则七分归江,三分入溪;旱则七分入溪,三分归江。明嘉靖十四年,知县沈继美用石版监亘堰口者,半高于旧堰一尺许,以故水之入溪者如故,民更称便"③。进入近代以来,它山堰虽经多次整修,但还基本保持原来的风貌,是目前省内保存状况非常不错且所存不多的古代水利设施。

(7)长安堰

在海宁县长安镇,始建于唐。长安乃舟车往来、南北冲要之地,《清一统志》说"长安堰在海宁州西北长安镇,宋时建,元至正七年复置新堰于旧堰之西。今名长安坝,旁有三闸"④。《咸淳临安志》记载:"长安三闸在海宁县"西北二十五里,相传始于唐。(北宋)绍圣间鲍提刑累沙罗木为之,重置斗门二,后坏于兵火。绍圣八年吴运使易以石埭。(南宋)绍熙二年张提举重修";三闸前后排列,各相隔百步:"自下闸九十余步至中闸,又八十余步至上闸";由于杭州地势较高,海宁地势相对低平,水闸的设置,

---

① 《四明它山水利备览》卷上《序》。
② 《宝庆四明志》卷12《鄞县志卷一·叙水》"它山堰"。
③ 雍正《浙江通志》卷56《水利五·宁波府》。
④ 《清一统志》卷217《杭州府》。

主要在于控制水势，平衡水流，"盖由杭而西，水益走下，故置闸以限之"。因为地位重要，南宋时派兵驻扎，以加强管理："闸兵旧额百二十人"。为了防止枯水季节水源的缺乏，宋徽宗崇宁二年在三闸边上修建"两澳"，作为长安闸的储水库："有旨易闸旁民田，以浚两澳，环以堤。上澳九十八亩，下澳百三十二亩，水多则蓄于两澳，旱则决以注闸。"①

此后，历代多有修建，"至正十年，庸田使司汪佥事命本州岛达噜噶齐丹珠尔、知州张光祖修三闸，以柏木为之，上置铁环，遇旱则闭，水则开焉。明天顺间知府胡浚重修"②。清顺治二年，巡抚萧起元复行修筑，康熙十四年，居民呈请修坝，巡抚陈秉直委杭嘉两知府确勘修筑。③

（8）千秋堰

千秋堰在余杭县南二里，唐会昌二年建，后废。吴越王复置。宋咸平中又废。南宋景德四年县令章得一复修筑，"以其屡兴屡毁，欲其悠久，故名千秋堰"④。因为是重修，故在当时又被称为"新堰斗门"。政和中，县令孙延寿以陡门涨沙易于冲决，筑土以塞之。宣和间，又修缮西函、斗门。⑤

千秋堰的作用主要是防洪，兼有灌溉功能，《清一统志》："千秋堰在余杭县东南二里，唐会昌中建，后废，宋景德中令章得一复置，以防苕溪泛溢。"可见"防苕溪泛溢"是千秋堰兴建的主要原因。《咸淳临安志》：

---

① 《咸淳临安志》卷三十九《志二十四·山川十八·堰》。
② 成化《杭州府志》卷27《水利》。
③ 雍正《浙江通志》卷53《水利二·杭州府》。
④ 成化《杭州府志》卷28《水利》"千秋堰"。
⑤ 《咸淳临安志》卷39《志二十四·山川十八·堰》"千秋堰"。

（余杭）县之东南，惟安乐一乡地势下，而田亩广，常患天目湍水暴至，故昔人开湖以杀水势，筑塘堤以防其溢，又于溪之南岸作大斗门二，小函二，溪水涨，则下板以防水入。溪水退，坝中水高，则启板以泄之。[①]

可见兴建千秋堰主要为了防洪，"筑塘堤以防其溢"，而筑斗门则是为了防内涝，"溪水涨，则下板以防水入"，"溪水退，坝中水高，则启板以泄之"。同时千秋堰也具有灌溉功能，干旱时节，截取苕溪水源，用以灌溉农田：

旱则修千秋堰，以遏溪流，令水自斗门入南渠河，以灌安乐乡之田。

按照《咸淳临安志》的说法，千秋堰的选择也颇有讲究：

自县至钱塘界，溪流皆深阔不可为堰，独千秋堰有滩，水浅可施人力，斗门当安乐上流，水势亦顺。

千秋堰的防洪功能，不仅仅关系到安乐乡的农田，也对钱塘县的相邻地区如崇化、钦德、招德等乡的防洪有着重要影响，故自建成后，多经修缮，钦德、招德两乡负责修建所用的木材竹子等相关建材的供应：

新堰上下最当冲激，方其决也，首害安乐乡田，而邻邑钱塘崇化乡田次之，钦德、招德二乡田又次之，故每加修缮，则安乐与钱塘崇化之人并力为之，而责筱木于钦德招德两乡。

但好景不长，此后由于余杭、钱塘两地对修缮缺乏责任落实，千秋堰的保存状况也并不乐观：

---

① 《咸淳临安志》卷39《志二十四·山川十八·堰》"千秋堰"。

其后,钱塘之人惮于远役,又以安乐乡居水患之冲,恃其必葺,漫不加省。安乐之人力既不给,因陋就寡,岁月浸久,故堰易弊。

而后代不合理的改造,也对千秋堰的作用大打折扣,如"政和中,(县)令孙延寿以斗门涨沙,易冲决,筑土以防"。把斗门堵塞,也就是排除了千秋堰的引水、排水功能,使得其只有防洪功能,一遇干旱季节,问题就由此出现:

今既废斗门,则此堰亦废矣。绍兴初大旱,南渠河至断流,邑人颇思新堰斗门之利。①

从宋徽宗政和年间堵塞斗门,千秋堰的水利灌溉功能即基本丧失,并逐渐演变为单一的防洪堤作用,自宋代以后千秋堰已经被废弃,光绪《杭州府志》说:"政和中塞,至今人思其利。"②实际上明代时千秋堰已经只存遗址了,嘉靖《余杭县志》载,千秋堰"上下最为激冲,今税务巷数十步乃其古迹也"③。

(9)杭州西湖

在杭州府城西面。周回三十里。旧名钱塘湖、钱湖、明圣湖,北魏郦道元《水经注》记载:"县南江侧有明圣湖,父老传言,湖有金牛,古见之,神化不测,湖取名焉。"④从唐代开始,西湖就是著名的游览胜地,到了南宋建都临安,西湖更成为天下名湖。《咸淳临安志》:

---

① 以上均据《咸淳临安志》卷39《志二十四·山川十八·堰》"千秋堰"。

② 光绪《杭州府志》卷55《水利三》。

③ 光绪《杭州府志》卷55《水利三》"千秋堰"转引。

④ 《水经注》卷40《浙江水》。

自唐及国朝,号游观胜地。及中兴以来,衣冠之集,舟车之舍,民物阜蕃,宫室巨丽,尤非昔比。

对西湖有记载的整治疏浚大约是从唐朝开始。唐长庆年间白居易来任杭州刺史,开始浚治西湖,"刺史白文公居易又筑堤捍湖,钟泄其水,溉田千顷"①。疏浚后的西湖,增加了蓄水量,使得沿湖、沿河农田得以旱涝保收,白居易《钱唐湖石记》说:

钱唐湖,一名上湖,周回三十里,北有石函,南有笕。凡放水溉田,每减一寸,可溉十五余顷;每一复时,可溉五十余顷。大抵此州春多雨、夏秋多旱,若堤防如法,蓄泄及时,即濒湖千余顷田,无凶年矣。

除了灌溉沿湖农田,疏浚后的西湖还能灌溉运河沿岸的农田:

自钱塘至盐官界,应溉夹官河田须放湖水入河,从河入田,准盐铁使旧法,又须先量河水浅深待溉田,毕却还原水尺寸,往往旱甚则湖水不充,今年修筑湖堤,高加数尺,水亦随加,即不害足矣。②

西湖水除了农田灌溉,最早是作为城市日常用水获得记载的:

先是,城中以斥卤,苦于无水。唐刺史李邺侯泌引湖水入城,为六井,以便民汲。③

《宋史河渠志》也说:"杭近海,患水泉咸苦,唐刺史李泌始导

---

① 《咸淳临安志》卷 32《山川十一》"西湖"。

② 以上引自(唐)白居易《钱唐湖石记》,见《白氏长庆集》卷 68《碑志序记表赞论衡书》。

③ 《咸淳临安志》卷 32《山川十一》"西湖"。

西湖，作六井，民以足用。"①除了供应城内居民用水，西湖水也作为城市水网的储水库，供给市内诸河，平衡城市用水，"杭城全藉西湖之水达城内之河，上通江干，下通湖市"。

此后的西湖，历经各代疏浚整治。《咸淳临安志》记载："岁久浚治不时，往往湮塞。钱氏始置撩湖兵士千人；至国朝大中祥符初，郡守王济增置斗门，以白公旧记刻石湖上焉。天禧四年郡守王钦若奏以为祝圣放生池，禁采捕。及庆历初，守郑戬发属县丁数万人，尽辟豪族、僧寺规占之地，仁宗嘉之，降诏奖谕，仍命岁常修导。"元祐五年苏轼任杭州太守上奏朝廷，要求疏浚西湖：

> 臣闻天下所在陂湖河渠之利，废兴成败，皆若有数。惟圣人在上，则兴利除害，易成而难废。昔西汉之末，翟方进为丞相，始决坏汝南鸿隙陂，父老怨之，歌曰："坏陂谁？翟子威。饭我豆，羹芋魁。反乎覆，陂当复。谁言者？两黄鹄。"盖民心之所欲而托之天，以为有神下告我也。孙皓时，吴郡上言临平湖自汉末草秽壅塞，今忽开通，长老相传："此湖开，天下平"。皓以为已瑞，已而，晋武帝平吴。由此观之，陂湖河渠之类，久废复开，事关兴运。虽天道难知，而民心所欲，天必从之。

> 杭州之有西湖，如人之有眉目，盖不可废也。唐长庆中，白居易为刺史。方是时，湖溉田千余顷。及钱氏有国，置撩湖兵士千人，日夜开浚。自国初以来，稍废不治，水涸草生，渐成葑田。熙宁中，臣通判本州，则湖之葑合盖十二三耳。至今才十六七年之间，遂湮塞其半。父老皆言十年以来，水浅葑横，如云翳空，倏忽便满。更二十年，无西湖矣。使杭州而无西湖，如人去其眉目，岂复为人乎？

---

① 《宋史》卷96《河渠志第四十九·河渠六·东南诸水上》。

　　臣愚无知，窃谓西湖有不可废者五。天禧中，故相王钦若，始奏以西湖为放生池，禁捕鱼鸟，为人主祈福。自是以来，每岁四月八日，郡人数万，会于湖上，所活羽毛鳞介以百万数，皆西北向稽首仰祝千万岁寿。若一旦湮塞，使蛟龙鱼鳖，同为涸辙之鲋。臣子坐观，亦何心哉！此西湖之不可废者一也。

　　杭之为州，本江海故地，水泉咸苦，居民零落，自唐李泌始引湖水作六井，然后民足于水，井邑日富，百万生聚，待此而后食。今湖狭水浅，六井渐坏，若二十年之后，尽为葑田，则举城之人，复饮咸苦，其势必自耗散。此西湖之不可废者二也。

　　白居易作《西湖石函记》云："放水溉田，每减一寸，可灌十五顷；每一伏时，可灌五十顷，若蓄泄及时，则濒河千顷，可无凶岁。"今虽不及千顷，而下湖数十里间，茭菱谷米，所获不赀。此西湖之不可废者，三也。

　　西湖深阔，则运河可以取足于湖水。若湖水不足，则必取足于江潮，潮之所过，泥沙浑浊，一石五斗。不出三岁，辄调兵夫十余万功开浚，而河行市井中，盖十余里，吏卒搔扰，泥水狼籍，为居民莫大之患。此西湖之不可废者，四也。

　　天下酒官之盛，未有如杭者也，岁课二十余万缗。而水泉之用，仰给于湖，若湖渐浅狭，水不应沟，则当劳人远取山泉，岁不下二十万功。此西湖之不可废者，五也。

　　臣以侍从，出膺宠寄，目睹西湖有必废之渐，有五不可废之忧，岂得苟安岁月，不任其责。辄已差官打量湖上葑田，计二十五万余丈，度用夫二十余万功。近者伏蒙皇帝陛下、太皇太后陛下以本路饥馑，特宽转运司上供额斛五十余万石，出粜常平米亦数十万石，约敕诸路，不取五谷力胜税钱，东南之民，所活不可胜计。今又特赐本路度牒三百，而杭独得百道。臣谨以圣意增价召人，中米减价出卖以济饥民，而增减耗折之余，尚得钱米约共一万余贯石。臣辄以此钱米募民开湖，度可得十万功。自今月二十八日兴功，农民父老纵观太息，以谓二圣既捐利与民，活此一方；而又以其余、兴久废无穷之利，使数千人得食其力，以度此凶岁。盖有泣下者。臣伏见民情如此，而钱米有限，所募未广；葑合之地，尚存太半。若来者不嗣，则前功复弃，深可痛惜。若更得度牒百道，则一举募民，除去净尽，不复遗患矣。

伏望皇帝陛下、太皇太后陛下少赐详览，察臣所论西湖五不可废之状，利害较然，特出圣断，别赐臣度牒五十道，仍敕转运、提刑司，于前来所赐诸州度牒二百道内，契勘赈济。支用不尽者，更拨五十道价钱与臣，通成一百道，使臣得尽力毕志，半年之间，目见西湖复唐之旧，环三十里际山为岸。则农民父老与羽毛鳞介，同咏圣泽，无有穷已。臣不胜大愿。[1]

通过整治，清除淤塞，刈除葑草，恢复了开阔的湖面，《宋史》记载，苏轼"请降度牒，减价出卖，募民开治。禁自今不得请射、侵占、种植及窃葑为界，以新旧菱荡课利钱送钱塘县收掌，谓之开湖司公使库，以备逐年顾人开葑撩浅，县尉以管句开湖司公事系衔。轼既开湖，因积葑草为堤，相去数里，横跨南北两山，夹道植柳林，希牓曰苏公堤，行人便之"[2]。

南宋建都临安，西湖整治成为常态，"绍兴十九年，以西湖近来秽浊湮塞，诏郡守汤鹏举措置。遂用工开撩，及修砌六井、阴

---

① （宋）苏轼《杭州乞度牒开西湖状》，《东坡全集》卷 57《奏议六首》。
② 《宋史》卷 97《河渠志第五十·河渠七·东南诸水下》。

窦、水口,增置斗门闸板,量度水势,通放入井。且条具事宜"。乾道五年,安抚周淙上奏朝廷,建议整治撩湖军兵、疏浚西湖,其奏文说:

> 臣窃惟西湖所贵深阔,而引水入城中诸井,尤在涓洁。累降指挥禁止抛弃粪土、栽植茭菱,及澣衣洗马,秽污湖水。罪赏固已严备。旧招军兵二百人,专一撩湖,委钱塘尉主管。后来废阙,见存者止三十五名,而有力之家又复请佃湖面,转令人户租赁,栽种茭菱,因缘包占增叠,堤岸日益填塞,深虑岁久西湖愈狭,水源不通。臣近已重修诸井沟口了毕,今欲增置撩湖军兵一百人,修葺寨屋,置造舟船,就委钱塘县尉并本府壕寨官一员,于衔位内带主管开湖事,专一管辖军兵开撩,不许人户请佃种植茭菱,及因而包占增叠堤岸,或有违戾,许人告捉,以违制论。

朝廷采纳了建议,西湖也得到了进一步治理。淳祐丁未,杭州大旱,"水尽涸,诏郡守赵与𥳑开浚,仍奉朝命,自六井至钱塘门上船亭、西林桥、北山第一桥、高桥、苏堤、三塔、南新路、柳洲寺前,凡菱荷芰荡,一切薙去之"。[①]

元代时,西湖缺乏整治,"元时不事浚湖,沿边泥淤之处没为茭田荷荡,属于豪民,湖西一带葑草蔓合,侵塞湖面,如野陂然"。明清时期,西湖得到了持续疏浚:"明景泰七年六月,镇守浙江兵部尚书孙原贞筑修西湖二闸",其《请修西湖二闸奏》说:

> 杭州西湖旧有二闸蓄泄水利,近者闸圮,湖淤积,有葑滩,往往势豪之人占据。水塞不通,居民不便,而一应鱼课累年渔户赔纳。臣近阅志内载苏轼、周淙、赵与𥳑开浚,凡

菱河茭荡悉薙去之，杭民获利。迩岁豪势之徒日逐堆栈，塍围包占，种植菱藕，蓄养鲜鱼，时遇旱干，湖已先涸，旁田既无灌溉之利，而运河亦遂淤浅，公私舟船往来不通。近与镇守太监阮随询之父老，合词陈情，仍旧置闸蓄泄水利，革民圈占，使湖得深广，周通六井，支流运河，旁溉田亩，且无渔户赔课之扰。已令有司勘复所占池荡，并令偿官。而筑修二闸势不可缓，尝与随勤赈济之余，尚存米榖，可备木石之费，及时僦工，俾令修筑。乞敕有司，于农隙之时，量工开浚。禁止豪右不许侵占湖利，则一郡军民永远便利矣。①

成化十年，郡守胡浚曾作疏浚，"稍辟外湖"②。弘治十二年，御史吴一贯修筑石堰。李旻《西湖复石堰记》记载：

武林诸山之水汇为西湖，西北际山，东至钱塘涌金两门之城下，濒湖数千百家，为稼为圃为池，以蓄鱼，皆湖是资。穷民用钓弋网罟之类。衣食于湖者，不可胜计。余波所及，为六井，为清湖河，达于运河城外。并湖之田千顷，赖以灌溉。湖所利济如此。白乐天通石函，苏子瞻筑石堰，所以钟其源而节其流，用意深矣。石函之流细，故曰减水一寸，可溉田十五顷。每一复时，可及五十顷，此蓄泄之节度，而溉田之方矣。若石堰，则所堰有一定之则，日夜常流，其余入于运河，虽有霖雨暴涨，不使骤溢，以为濒湖之害。无余，则蓄而流之，且以待石函之泄。函与堰不可偏废也。后之人不深维其意，坏堰而易之以板，由是守者得以为奸，涨溢乃靳而不启，旱则启而竭之，或因而取货焉。为湖之病数十年于兹矣。弘治丁巳，监察御史吴君一贯巡按浙江，以兴利除

---

① 雍正《浙江通志》卷 52《水利·杭州府》"西湖"。
② （明）田汝成《西湖游览志》卷 1《西湖总叙》。

害为已任，欲复其旧。适安福胡君道以进士来知钱塘县事，遂以委之胡君，询之乡老，相与求之故迹地势，测水平，定其高卑之准，鸠工琢石，不日告成。濒河上下之人，一旦获享旧日之利而除其害，莫不欢欣鼓舞，叹颂功德。堰成，请书其事于石，以示久远。予郡人也，乐为斯民道之，是为记。[①]

正德三年，郡守杨孟瑛力排群议，"于是年六月兴工，为银二万三千六百七两，斥毁田荡三千四百八十一亩，除豁额粮九百三十余石，以废寺及新垦田粮补之。自是西湖始复唐宋之旧"。杨孟瑛《开湖议》记载：

> 杭州地脉发自天目群山，飞骞驻于钱塘江，湖夹抱之间，山停水聚，元气融结，故堪舆之书有云：势来形止，是为全气。形止气蓄，化生万物。又云：外气横形，内气止生。故杭州为人物之都会，财赋之奥区。而前贤建立城郭，南跨吴山，北兜武林，左带长江，右临湖曲，所以全形势而周脉络，钟灵毓秀于其中。若西湖占塞，则形胜破损，生殖不繁。杭城东北二隅，皆凿壕堑，南倚山岭，独城西一隅，濒湖为势，殆天堑也。是以涌金门不设月城，实系外险。若西湖占塞，则塍术绵连，容奸资寇，折冲御侮之便何藉焉。唐宋以来，城中之水皆藉湖水充之，今甘井甚多，固不全仰六井、南井也，然实湖水为之本源，阴相输灌。若西湖占塞，水脉不通，则一城将复卤饮矣。况前贤兴利以便民，而臣等不能纂已成之业，非为政之体也。五代以前，江潮直入运河，无复遮捍。钱氏有国，乃置龙山、浙江二闸，启闭以时，故泥水不入。宋初，倾废，遂淤塞，频年挑浚。苏轼重修堰闸，阻截江潮不放入城，而城中诸河专用湖水，为一郡官民之利。若西

---

① 雍正《浙江通志》卷52《水利·杭州府》。

湖占塞,则运河枯涩,所谓南柴北米,官商往来,上下阻滞,而阛阓贸易苦于担负之劳,生计亦窘矣。杭州西南山多田少,穀米蔬粟之需,全赖东北。其上塘濒河田地,自仁和至海宁何止千顷,皆藉湖水以救亢旱。若西湖占塞,则上塘之民缓急无所仰赖矣。此五者,西湖有无利害明甚。但坏旧有之,业以伤民心,怨讟将起。而臣等不敢顾忌者,以所利于民者,甚大也。①

嘉靖十八年七月,浙江巡按御史傅凤翔请禁包占西湖,遏绝水利。嘉靖四十五年九月,巡按浙江御史庞尚鹏禁占塞西湖。天启年间,钱塘县令沈匡济率众疏浚。其《清湖八议》说:

西湖为一郡灵气,攸钟人文之秀,发土田之沃肥,靡不阴赖于斯。取润金水,克制火龙,尤非谬说。迩者祝融肆虐,所在为墟。将来沾溉无资,千顷失望,实为杭民剥肤之患。宁止苏公之五不可废哉。故湖之宜清不宜占,宜浚不宜塞。与清浚之宜,速不宜迟,不待智者而后知也。惟是断在必清,而要非可易言。清断在必浚,而要非可易言。浚何也,与其易言清,而俄清俄止,何如溯其源而穷其流,酌量其因革,而使影射盘踞者必难遂其吞噬之谋。与其易言浚,而俄浚俄寝,何如储其资而计其工,裁定其方略,而使积污筑塞者立可收。夫廓清之绩,此属卑县管辖以内,必不敢避劳怨,坐视其化为桑田也。而议论欲一规画,欲定时日,欲宽钱锱,欲裕弗勤始怠终,弗此傅彼咻,弗朝令夕改,窃以为,兼兹数者,始克有济。谨将一得之愚,列欵上请,仰候采择。参舆论之同定画一之策,庶不致筑舍无成,一请亲勘,一收佃帖,一核实数,一酌祠墓,一审桃运,一陈肤议,一运积土,

---

① 雍正《浙江通志》卷 52《水利·杭州府》。

一考工程。①

清顺治九年,左布政使张儒秀立为禁约奸民占为私产者,勒令还官。雍正二年,"奉旨疏浚西湖,盐驿道王钧捐赀助浚,照旧址清出开通水源,凡湖中沙草淤浅之处,悉疏浚深通。其旧堤坍塌者,即将所挑沙草帮筑坚固。其上流沙土填塞于赤山埠毛家埠丁家山金沙滩四处,建筑石闸,以时启闭。至四年冬告成。"总督李卫《重浚西湖碑记》记载了此项工程:

> 雍正二年甲辰,天子诏亲藩重臣循行畿辅察水利之当兴治者,于时奏事者及浙之西湖,天子曰:俞咨尔封疆,勤乃修理,率事于官,役力于民,颁给廪钱,无滋樱于百姓。议成。动需帑金四万二千有奇。会泽州王副使任两浙转运盐驿使,因举浚湖事属之。副使曰:民之事,君之事也。予受君恩深,每愿有所报劾,请如所直,独成其事。事闻,制曰:可。于是命有司集民夫,聚舴艋,齐畚锸,募者如云。贫民因力资生,动以万计。凡沙之滩者汰去之,泉之壅者疏决之。葑之固结而蔓延者艾刈而别除之。日勤旬劳,越岁乃成。于斯时也,湖天一碧,廓如镜如,憩于中亭,御风泠然,鸟鸣于山,鱼儵于渊,老稚来观,相与嬉游于晹荡之天。其间宸游之宫,天章之亭,阙者补,圮者修,巍然焕然。水光云影,高下掩映。五年冬,奉命改为佛寺,供圣祖仁皇帝神御。凡昔日游豫之地,俾臣民咸得瞻仰焉。又城中坊衢鳞接,聚千族,通百货,实凭于河。湖水既浚,河可次及。于是迹其源流,通其经历,泾者,浍者,沚者,使之转注以循脉络,非特利舟楫,亦可以消炀灾,其所利者溥哉。是举也,合前所直费,尚余五千两,乃置田亩俾官,计其岁入,揭为岁修长利。

副使可谓详于治事矣。余出抚浙，亲承圣训，率事惟勤，纳人于忠，如副使之殚心竭力、忠以奉公、勤以利民，是谓称职，其人可书。厚积蓄以为灌溉，长使水旱有备，其事可书。苏白以降，作者几人？犹多废格。今则发自宸衷，由京畿及海甸，百废具举，时又宜书。以是三者，因副使之请，乃特书。天子命，且志其岁月，使史家有如迁固之书、河渠志沟洫者，或有取于是文。①

（10）紫溪渠

在於潜县南三十里，唐贞元十八年县令杜泳开筑。溉田四十三顷五十亩。又凿渠三十里，以通舟楫。②《咸淳临安志》载，紫溪渠"溉田四十三顷五十亩"，"唐正元十八年县令杜泳开三十余里，深五尺，阔二丈，始通舟楫"。③

（11）湘湖

在萧山县西二里，周围八十里。原本为民田，四面环山，田亩皆低洼。每当霪雨时节，"山水四溢，则荡为一壑"，民众深受其害。北宋政和年间，县令杨时根据地形开筑湖陂，用以灌溉周围农田，"因而为湖，于山麓缺处凿堤障水"，"民皆以渔贩为业，遂无恶岁"。自开凿以来，也屡屡遭受侵占的问题，"奸豪往往欲侵据为田，有司以其病民，严为之禁"。此后也历经修缮，"成化中，邑令朱栻复为修浚，民被其泽"。④

（12）淮河

在宁海县治东北，"县东一百步桃源桥北，经桐山罗坑凑黄

---

① 雍正《浙江通志》卷52《水利·杭州府》。
② 王应麟《玉海》卷22《地理·河渠》。
③ 《咸淳临安志》卷36《山川十五》。
④ 《清一统志》卷226《绍兴府》。

塍三十里入海",做通海运河作用。但开浚以后,由于地形低洼,并没有达到通江达海,"以通百货"的目的。而一旦大雨不止,河水泛滥,周围也容易成为泽国,可见是一个不太成功的水利工程案例。《赤城志》有详细记载:"五代后周显德三年,县令祖孝杰采用水工黄允德建议:谓县北地坦夷,宜凿渠通海,引舟入梁,以通百货。遂叶田七顷,发民丁六万浚之。既而渠成,视其势,反卑于县。虽距海一舍,而为堰者九重。以两山水暴涨,啮荡堰闸,遂止不浚。"到了北宋元祐年间,提刑罗适还曾试图修浚,也是劳而无功,"北宋元祐六年,罗提刑适重浚之,亦无成,今故道存焉"。①

(13)包奏堰、新堰

俱在新城县(今富阳新登)北八里,唐永淳间,太师杜棱创置,主要引作城市用水,"疏导而注之城壕";到干旱时节,则用以农田浇灌,"岁旱,则均之田亩"。宋庆元二年,邑令刘景修重新修缮,但不久又损坏,"水涝辄坏"。元至元二十四年,新城县尹刘弼实地勘查,"视度地宜",构筑木框架,垒砌块石堤坝,"于是编木累石,高塍坚坝",堰堤筑成了,考虑到春汛时节洪水凶猛,采取了许多效应措施:"虑春涨之湍悍汹涌,则壅其流而堰不支也,乃隆其两旁,洼其中流,以抑其浩荡之势";"虑水溢出喷薄久,则陷其趾而塍不固也,乃联木为牌,置之下堰,以杀其势。"这次修缮还扩大了堰渠的灌溉范围,并引渠水入村、入城,既灌溉田亩,又用作城市水源:"堰既成,而沟尚壅塞,前邑丞张世荣尝开许村一沟,县尹刘公召其乡老,使之依山凿渠,疏通水道,一自堰下流至沙塾边,东流入于许村,西流入于杜墓坂;一自闻家山,下承田内堰至凤翥桥,东流入于周家埭,以至吴公埭,遂及小庄

---

① 《嘉定赤城志》卷25《山水门七·水》。

坂;西流入于官塘坂,与朱家澳合至白塔坂,遂及城下。"①

（14）吴公堤

吴公堤即春江堤,在富阳县南,临江,自笕浦至观山三百余丈。唐登封元年县令李浚开筑,"以捍水患"。贞元七年,县令郑杲又增修之,岁久堤圮。明正统四年,知县吴堂重筑,"率父老遍历江浒,验里分肥瘠,限以丈尺多寡,得使人平力均"。知县吴堂并亲自规划,以木桩为基础、砌块石为堤坝,"复亲授方略,定立三级。下承以桩,上迭以石,布置得宜,事易工省"。由于堤坝坚固,民获安居,感其德政,"遂以名堤"。陈观《吴公堤记》记述其事:

> 富春居杭上流,背山面江,下通钱塘,潮汐往来;上接衢婺睦歙,诸水会流。每天风悍涛,奔溃激射,号为险绝。刌自观山起至笕浦桥止,东西三百余丈,适当邑城之南,其捍潮御浪,惟筑堤为可备。前代兴废未暇究论。自唐万岁登封六年,县令李浚所筑者,去旧城一百步许,迨今数百余岁,而雨洗风淘,堤因以坏。渐逼城居,为患不小,民日以忧。宣德乙卯,侯始来治兹邑,顾兹颓圮,慨然兴怀,乃请于上官,得允。会岁歉未遑也。正统四年秋谷既登,遂专力修筑。经始于是年十月八日,率父老遍历江浒,验里分肥瘠,限以丈尺多寡,得使人平力均。于是夫匠云集,桩石山积。复亲授方略,定立三级。下承以桩,上迭以石,布置得宜,事易工省。不再阅月,厥工告成,上坚下固,俨若天造。竣事之日,里父老子弟以侯姓易堤之名,复征予记云。

---

① 雍正《浙江通志》卷53《水利二·杭州府》。

（15）健阳塘

在宁海县健跳所城外，为浙东沿海海塘建设的主要案例，是一处海塘与斗门结合的堤塘设施。除了防海堤塘，中间还设立陡门，以利于塘内河水汛期排涝，即所谓的"中设陡门，则未尝不资蓄泄也"。据称健阳塘初建于唐代，由僧怀玉兴筑，堤塘长"五百丈余"，规模不小。南宋时曾经做过修缮，"陡门柱刻云：宋端平元年重建"。由于健阳塘是防海塘，海潮汹涌，经常冲坏堤塘，历代多有修筑："明成化间（海塘）决，副使杨瑄重筑；嘉靖间总兵戚继光重修；万历十九年秋（海塘）决，知县曹学程修，主簿李子美筑。"明成化间海道副使杨瑄重筑，嘉靖间副总兵戚继光重修。万历十九年知县曹学程修，主簿李子美筑。雍正《浙江通志》："健阳塘……为防海之塘……而中设陡门，则未尝不资蓄泄也。"[1]

（16）太湖溇港

在湖州府治东北，通太湖，旧传有七十二港。《三吴水考》有具体溇港的名称："太湖南七十二溇，曰牛家港、曰槐家港、曰西丁家港、曰吴溇、曰南路字港、曰薛家港、曰方港、曰张港、曰叶港、曰曹家港、曰蒋家港、曰丁家港、曰五界亭港、曰双石桥港、曰陆家港、曰西丘庙港、曰更楼港、曰捞芜港、曰小杨港、曰王家溪港、曰徐杨港、曰五齐港、曰南盛港、曰沈家港、曰张家港、曰通浦、曰大庙港、曰郎家港、曰新开港、曰汤家扇港、曰庙亭港、曰乌梅港、曰寰联港、曰鹭鸶港、曰时家港、曰罗家港、曰练树港、曰麦家港、曰鸦鹊港、曰赵家港、曰白浦港、曰破车港、曰百婆亭港、曰打铁港、曰西朱家港、曰东朱家港、曰叶家港、曰张其港、曰甘泉港、曰宋家港、曰雪落洪、曰戗洪、曰吴家泾、曰西潘奇港、曰东潘

---

① 均见雍正《浙江通志》卷58《水利七·台州府》。

奇港、曰西鬼字港、曰坍阙口、曰方港、曰直渎、曰茅柴港、曰韭溪，与直港、乌桥、杨家、黄沙、上横、新泾、后浜、孙田八港，共七十二。"而《石柱记笺释》记载有位于湖州的溇港，即位于乌程县的有三十六港，位于长兴的有三十四港，名称、数目都有所不同："乌程县水总潴之地，为太湖泻水之口。小梅以东凡八，西金港、顾家港、官渎港、张家港、宣家港、杨渎港、泥桥港、寺桥港；大钱以东凡二十八，计家港、汤溇、沈溇、和尚溇、罗溇、大溇、新泾溇、潘溇、诸溇、张港溇、幻湖溇、西金溇、东金溇、许溇、杨溇、谢溇、义高溇、陈溇、薄溇、五浦溇、蒋溇、钱溇、新浦溇、石桥溇、盛溇、宋溇、乔溇、胡溇。""长兴沿湖水口凡三十有四，斯圻港、响水涧、金村港、苏家港、上周港、长大港、夹浦港、谢庄港、丁家港、鸡笼港、大陈渎、杭渎港、石屑港、莫家港、卢渎港、金鸡港、新塘港、徐家港、百步港、竹筱港、殷渎港、杨家浦、福缘港、石渎港、新开港、花桥港、坍溪港、芦圻港、白茅港、窦渎港、泾山港、小陈渎、蔡浦港、小梅港。"

宋程大昌《修湖溇记》记载："湖溇三十有六，其九属吴江，其二十七属乌程。惟计家港近溪而阔，独不置闸。绍兴二年，知州事王回修之。又改二十七溇名，曰丰登、稔熟、康宁、安乐、瑞庆、福禧、和裕、阜通、惠泽、吉利、泰兴、富足……"明代沈启《水利考》则说："长兴荆溪以下，泄入太湖之港，凡三十有四，旧传七十有二。"可见不论是溇港的数目，或是溇港的名称，历史上的记载很不一致。明代曾在水部任职的伍余福在其《三吴水利论》中说："诸溇界乌程、长兴之间，岐而视之，乌程三十九，长兴三十四。总而计之，共七十有三，其图画、所载名号，古今不同。访之父老，亦罕有知其详者。今大半湮塞。"沈启《水利考》也说"古今称谓不同，不可考"。

这些溇港一般都建有堰闸，根据不同的气候情况，以时启闭。最早据说建于春秋战国时期，但五代吴越时期曾经做过系统整治："吴越钱氏时，港各有闸，年久湮废。"《十国春秋》记载：

> （梁贞明年间）置都水营使，以主水事。募卒为都，号曰"撩浅军"，亦谓之"撩清"。命于太湖旁置撩清卒四部，凡七八千人，常为田事。治河筑堤：一路径下吴淞江；一路自急水港下淀山湖，入海。居民旱则运水种田，涝则引水出田。①

《石柱记笺释》引谈钥《吴兴志》："太湖有沿湖之堤，多为溇，溇有斗门，制以巨木，甚固。门各有闸版，旱则闭之，以防溪水之走泄。有东北风，亦闭之，以防湖水之暴涨。"《三吴水考》也记载了溇港堰闸的情况："甃石为堰，筑土为坝，仅阔寻丈，以备节宣。遇北风，太湖外泛，则塞以捍之；遇霖雨，西水内溢，则启以泄之。或春开秋闭，或大蓄小泄，各以其时，为治田计。古人所谓堰石以备旱涝者是也。"②

这些溇港堰闸，在宋代时已经颇多湮塞，谈钥《吴兴志》记载："予观苏东坡水利奏议云，太湖受诸州之水，先治吴江南岸菱葑芦苇之积，则水东泻而无壅滞之患，诸州利矣。今吴江菱苇屯结尤甚，皆成圩田，其长桥诸洞，湮塞殆尽。近来十水九淹，不可救捍。后之治水者，宜究心当先务也。"明代开始设专门官员，以负责巡查、修建各路溇港，"成化十年，添设治农通判，李智渐皆修治，民多赖之"③。

（17）杭州六井

在杭州府城，初建于唐，是当时城内的主要饮用水来源。历

---

① 《十国春秋》卷78《吴越二·武肃王世家下》。
② （明）张内蕴、周大韶《三吴水考》卷3《太湖》。
③ 《吴中水利全书》卷19徐献忠《沿湖溇港考》。

代多有修整。《宋史》记载:"杭近海,患水泉咸苦,唐刺史李泌始导西湖作六井,民以足用。"①六井之名,分别为相国井、西井、金牛池、方井、白龟池、小方井。苏轼《六井记》记载其大略情况:

> 六井其最大者在古清湖,为相国井;其西为西井;少西而北为金牛池;又北而西附城为方井;为白龟池;又北而东至钱塘县治之南为小方井。而金牛之废久矣。至嘉祐中,太守沈公文通又于六井之南、绝河而东至美俗坊为南井,出涌金门并湖而北有水闸三,注以石沟,贯城而东者,南井与相国、方井之所从出也。若西井,则相国之派别者也。而白龟池、小方井皆为匿沟湖底,无所用闸,此六井之大略也。②

《咸淳临安志》记载有详细位置:

> 相国井:在甘泉坊侧;
> 西井:一名化成井,在李相国祠前;
> 金牛井:今废;
> 方井:俗呼四眼井,在三省激赏酒库西;
> 白龟池:此水不可汲饮,止可防虞;
> 小方井:俗呼六眼井,在钱塘门内装府前。

《咸淳临安志》并记载:"自相国井而下六井,始唐刺史李邺侯,以郡城水泉恶,引湖水以便民汲。白乐天复加开浚。国朝嘉祐中,沈礼部遘字文通为守日,金牛井已废,乃作南井。熙宁中,陈密学襄重浚治,且迁方井,东坡为倅,记其事,刻石相国井亭上。及元祐中出守,南井亦已废,遂更为规置,并他井,皆致力焉。"苏轼这次修缮,用陶质水管替代原来的竹管,辅以石质水

---

① 《宋史》卷96《河渠志第四十九·河渠六·东南诸水上》。
② (宋)苏轼《东坡全集》卷35《记十三首》"钱塘六井记"。

槽,使得输水管的坚固度大大提高,"(原)以竹为管,易致废坏。遂擘画用瓦筒盛以石槽,底盖坚厚,锢捍周密",并在偏远地方增加水井二处,使城内百姓取水更方便,"创为二井,皆自来去井最远难得水处,西湖甘水殆遍一城"。其"乞僧子珪师号状"记载了苏轼当时请僧子珪修缮六井的事况:

> 勘会杭州平陆,本江海故地,惟附山乃有甘泉,其余井皆咸苦。唐刺史李泌始引西湖水作六井,其后白居易亦治湖浚井,以足民用。嘉祐中,知州沈遘增置一大井,在美俗坊,今谓之沈公井,最得要地。四远取汲,而创始灭裂,水尝不应。至熙宁中,六井与沈公井例皆废坏,知州陈襄选差僧仲文、子珪、如正、思坦四人,董治其事。修浚既毕,岁适大旱,民足于水,为利甚博。臣为通判,亲见其事,经今十八年,沈公井复坏,终岁枯涸。居民去水远者,率以七八钱买水一斛,而军营尤以为苦。臣寻访求,熙宁中修井四僧,而三人已亡,独子珪在,年已七十,精力不衰。问沈公井复坏之由,子珪云:熙宁中虽已修浚,然不免以竹为管,易致废坏。遂擘画用瓦筒盛以石槽,底盖坚厚,锢捍周密,水既足用,永无坏理。又于六井中控引余波至仁和门外,及威果雄节等指挥五营之间,创为二井,皆自来去井最远难得水处,西湖甘水殆遍一城,军民相庆。若非子珪心力才干,无缘成就。缘子珪先已蒙恩赐紫,欲乞特赐一师号,曰惠迁,以旌其能。取《易》所谓"井居其所而迁"之义,从之。邦人遂以师号为井名。

南宋时期多有修缮,乾道年间,知府周淙又作重修:"乾道四年,周安抚淙重修诸井,时坡所刻记已废,乃复刻诸石,且识其后"。《咸淳临安志》记载了当时六井的保存、修缮情况:

今又百有余年，所谓惠迁井者，石泐流壅泥不可食久矣，顷尝修治，乃反以木为管，苟简特甚，无几时，辄坏。湖水既不应，民居秽恶之流复浸淫其间。咸淳六年，安抚潜说友乃更作石筒，袤一千七百尺，深广倍旧，外捍内锢，益坚缜，然后水大。至每五十尺穴而封之，以备淘浣。且于水所从分之处，浚海子口，以澄其源。井之上覆以巨石，为四川，以便民汲。南为沟，以达于金文桥之河，俾船水以售者取焉。撤亭而新之，极闳敞。旁为神祠，置守者，使无敢污慢。又别为沟，疏恶水行于路之北，所以为井虑者备矣。①

(18)长安堰

在武义县西二里湖山潭，由三堰组成：山堰、中堰、曹堰。由唐代光化元年乡民任留创建，溉田万余亩。宋庆元四年，邑人高世修、叶之茂重修。姚偲《重筑长安堰记》记载：

> 熟溪之列而为畎为浍者四十有二，其末则长安堰也，其利为最溥。水出书台山之南，来经其下，北穴通衢，至法云精合之东，支分派别，溉我稻田者百万顷亩，绵延十余里。而机缄翁张则系一堤之成亏，或雨骤水溢，屡摧以坏，农民咸率以为苦，谋诸士民，得高氏世修、叶氏之茂，与之商确，井井有条目。慨然自任，谓：址不深，则易蠡漏；石不巨，则易颓圮。无以泄其涨，则又将溃冒冲突。是皆深究于利害，与予意适，相孚合一。切定其规模，而后从事。越二月而堤成。石齿鳞鳞，如墉如栉。虹卧云横，几八十丈。是堰之创，虽自唐之光化，而是堰之固，实自今日始。②

---

① 以上据《咸淳临安志》卷 32《山川十一》。
② 雍正《浙江通志》卷 59《水利八·金华府》。

（19）绿苗堰、好溪堰

俱在丽水县（今莲都区）东十五里，唐郡守段成式兴建[1]。同治《丽水县志》称为绿苗渠、好溪渠，绿苗渠"分上下，上渠自水东历后村、卢步、前山等处如好溪，溉田二顷；下渠自水东经卢步、山后入大溪，溉田二顷余"。好溪渠"在县东二十里灵鹫山下，垒石为堰，障缙云溪水入渠，西流至浪荡口风水坝，析为东北二渠，灌田六十余顷。创于唐刺史段成式，后莫考其兴废。嘉靖元年山水坏堰，渠噎"，嘉靖十五年县令孙存修复。清顺治、嘉庆年间在修。[2]

这时期修建的水利设施还有：

花屿湖：在慈溪县东南十里，原有小塘潴水，唐贞元十年刺史任侗劝民修筑，形成广阔湖面，"计十七顷四十余亩，溉田六千余亩"。湖中有小屿，修筑堤塘以通往来，湖面遂分为东、西两湖。湖中"多鱼及莼菱，民资以为利"。南宋嘉祐年间，主簿成立修筑，增置堤坝、碶碶。[3]

杜白二湖：在慈溪县西北六十里，由杜湖、白洋湖两湖组成。杜湖湖面广三千七百余亩，"鸣鹤一乡之田仰灌溉焉"，原来就有湖陂，唐贞元年间，刺史任侗据之加以拓展、修浚。南宋庆元初年，主簿周常又作修缮，"开筑湖岸，修治碶闸，沾利尤溥"[4]。白洋湖湖面广一千七百亩，唐景龙中余姚县令张辟强修筑[5]。明万历年间知县顾言再作修缮，"开杜白二湖，以兴民利"[6]。

---

① 雍正《浙江通志》卷61《水利十·处州府》。
② 同治《丽水县志》卷3《水利》"好溪渠""绿苗渠"。
③ 《清一统志》卷224《宁波府》。
④ 成化《宁波郡志》卷2《河防志》。
⑤ 《宝庆四明志》卷16《慈溪县志第一》。
⑥ 雍正《江南通志》卷142《人物志·宦绩》。

小江湖：在鄞县西南三十五里，唐开元中县令王元暐兴建。溉田八百顷。①

仲夏堰：在鄞县西南十里，溉田数千顷，太和六年刺史于季友筑。②

慈湖：在慈溪县东北一里，旧名普济湖，湖面广一百五十亩。唐开元间县令房管开凿之，以溉民田。③

越王山堰：在绍兴府北三十里。唐贞元二年观察使皇甫政修筑，"凿山，以蓄泄水利"④。又称玉山斗门。《嘉泰会稽志》载，"玉山，在县北三十三里，旧经云：唐贞元元年，浙东观察使皇甫政凿此山，为斗门八间，泄水入江"，并说明"按《唐书地志》，山阴县北三十里有越王山堰，皇甫政凿山，以蓄泄水利，与旧经相合，即此"。⑤ 雍正《浙江通志》："（玉山陡门闸）在府城东北三十三里，唐贞元元年观察使皇甫政建。明弘治间郡守曾□重修"⑥。清康熙六十一年知府俞卿重建。

朱储斗门：在山阴县（今绍兴越城区）东北二十里，唐贞元初，观察使皇甫政凿玉山、朱储为二斗门，以蓄水。后筑塘，湮废。景德三年，知山阴县大理丞段裴改造。嘉祐三年，知县李茂先、县尉翁仲通"更以石，治斗门八间，覆以行阁"。"阁之中为亭，以即塘北之水。东西距江一百一十五里，溉田二千一百一十九顷。凡所及者一十五乡。"⑦

---

① 《新唐书》卷41《志第三十一·地理志》。
② 《新唐书》卷41《志第三十一·地理志》。
③ 《宝庆四明志》卷16《慈溪县志第一》"普济湖"。
④ 《新唐书》卷41《志第三十一·地理志》。
⑤ 《嘉泰会稽志》卷9《山》。
⑥ 雍正《浙江通志》卷57《水利六·绍兴府》。
⑦ 《嘉泰会稽志》卷4《斗门》。

新泾斗门:在山阴县西北四十六里,唐太和七年,浙东观察使陆亘始置。①

曹娥堰:在会稽县东南七十二里,原有曹娥埭,"唐光启二年钱镠破韩公汶于曹娥埭,与朱褒战,进屯丰山。后埭遂为堰"②。南宋时,县令曾亮再作修缮,增置斗门。③

北湖:在余杭县北五里,唐宝历年间县令归珧开筑。塘高一丈,上广一丈五尺,下广二丈。溉田四千余顷。④

官塘堰:在新城县(今桐庐新登)北五里城郭乡,唐永淳元年兴建⑤。官塘堰溉田有九澳:东山澳、西山澳、中澳、朱家澳、亭子澳、丁路澳、袁都宅澳、真堰澳、板澳。宋庆元间县令刘景修重浚。

古泾:在海盐县西境,有三百一所,唐长庆年间县令李谔新建,以御水旱,也可"通小舟"⑥。

蒲帆塘:在乌程县(今吴兴区)北二里,唐刺史杨汉公兴建。

菱湖:在归安县东南四十二里,又名陵波塘。唐宝历年间刺史崔元亮兴建⑦。因种植菱角而名,"其地宜菱,故名"⑧。元代时,湖州路达噜噶齐赵金有《过菱湖诗》,记述当时菱湖的情况,可以参考:"去去余不路,遨游一问津。村孤船作市,地绝水为邻。菱藕官租足,鱼虾野馔新。众山遥映带,相对碧嶙峋。"⑨

---

① 《嘉泰会稽志》卷 4《斗门》。
② 《嘉泰会稽志》卷 4《斗门》。
③ 《清一统志》卷 226《绍兴府》。
④ 雍正《浙江通志》卷 53《水利二·杭州府》。
⑤ 《新唐书》卷 41《志第三十一·地理志》。
⑥ 至元《嘉禾志》卷 5《浦溆》。
⑦ 《新唐书》卷 41《志第三十一·地理志》。
⑧ 雍正《浙江通志》卷 55《水利四·湖州府》。
⑨ 雍正《浙江通志》卷 12《山川四·湖州府》。

吴兴塘：在县东二十三里，太守沈嘉攸之所建，灌田二千余顷。① 雍正《浙江通志》说："横塘，在（湖州）府治南一里，在城者谓之横塘，城外谓之荻塘。"也称吴兴塘，"一名吴兴塘，太守沈嘉之所建，灌田二千余顷。《吴兴掌故》：唐开元中乌程令严谋达重开荻塘"②。

连云塘、洪城塘、保稼塘：连云塘在归安东南七十五里，即琏市塘。又有洪城、保稼二塘，俱唐刺史崔元亮筑。③

长兴西湖：在长兴县西南十五里，最初建于春秋末吴王阖闾时期。进入唐代，曾经多次兴修，"复建"。唐贞元十三年刺史于頔复建。塘高一丈五尺，周七十里。溉田三千顷，"人赖其利。旧有水门二十四，引方山泉注之"。元和元年县令权达以方山泉为豪家所堰，斥去塘中田，决其堰，民赖之。咸通元年潘虔为县令，重修方山泉，以兴水利。④

石鼓堰：在安吉州北十七里，唐圣历元年县令钳耳知命所兴建。《吴兴备志》："石鼓堰长一十四里，阔五十步。在县北一十七里。其源出天目山，可溉田百顷，唐圣历元年县令钳耳知命所造。"⑤

连云塘、洪城塘、保稼塘：连云塘在归安东南七十五里，即琏市塘。又有洪城、保稼二塘，俱唐刺史崔元亮筑。⑥

---

① 《元和郡县志》卷 26《江南道一》。
② 雍正《浙江通志》卷 55《水利四·湖州府》。
③ 《清一统志》卷 222《湖州府》。
④ 雍正《浙江通志》卷 55《水利四·湖州府》。
⑤ （明）董斯张《吴兴备志》卷 15《岩泽征第十一》："石鼓堰长一十四里，阔五十步。在县北一十七里。其源出天目山，可溉田百顷，唐圣历元年县令钳耳知命所造。"
⑥ 《清一统志》卷 222《湖州府》。

鸡鸣湖：在慈溪县金川乡，又名仙鸡湖，唐刺史仁侗修筑。《宝庆四明志》记载"今废为田"，说明早在南宋时此湖已废，成为田畴。①

云湖：在慈溪县金川乡，唐刺史仁侗修筑②。《宝庆四明志》"今废为田"，可见南宋时此湖被占为田畴。③

赵河：在奉化县北二十五里，唐元和十二年县令赵察开，灌溉长寿乡民田凡八百余顷，"邑人德之，因以名河"④。光绪《奉化县志》说："自常浦至王重两堰，皆赵河也"⑤，其下游"流至江口，入剡溪"⑥。

白杜河：在奉化县东二十五里，唐元和间县令赵察兴建，灌溉民田四百余顷。⑦

土塄堰：在奉化县东八里，唐天祐三年奉化县开国子郑准所筑。⑧ 堰左有祠。⑨

铜山碶：在奉化县北二十四都，唐乾宁年间建。⑩ 光绪《奉化县志》说："县东北三十四里，唐乾宁中建碶二。前碶在铜山南，后碶在铜山北，灌田数千亩。明嘉靖间里人李恕等因旧址更筑。"⑪

---

① 《宝庆四明志》卷16《慈溪县志第一》。
② 《宝庆四明志》卷16《慈溪县志第一》。
③ 《宝庆四明志》卷16《慈溪县志第一》。
④ 《宝庆四明志》卷14《奉化县志第一》。
⑤ 光绪《奉化县志》卷6《水利》。
⑥ 《清一统志》卷224《宁波府》。
⑦ 《宝庆四明志》卷14《奉化县志第一》
⑧ 雍正《浙江通志》卷56《水利五·宁波府》。
⑨ 光绪《奉化县志》卷6《水利》。
⑩ 雍正《浙江通志》卷56《水利五·宁波府》。
⑪ 光绪《奉化县志》卷6《水利》。

新河：在绍兴府城西北二里，唐元和十年越州刺史、浙东观察使孟简修浚。①《新唐书·地理志》载，山阴县"五里有新河，西北十里有运道塘，皆元和十年观察使孟简开"。②

中塘：中塘即运道塘，自府城迎恩门起通达萧山县，唐元和十年观察使孟简开浚。《新唐书·地理志》载，山阴县"西北十里有运道塘，……元和十年观察使孟简开"。③ 此后历代多有修缮。南宋嘉定十四年，郡守汪纲又增筑。明弘治年间，知县李良重修，"甃以石"。万历年间，主事孙如法捐资修筑十余里，"亦甃以石"。清康熙间邑庠生余国瑞同僧人集忠"捐资倡修，远近乐翰万余金，阅八年而功成"⑤。

界塘：在山阴县西四十七里，唐垂拱二年始筑，"为堤五十里，阔九尺"。因为此处位于与萧山县分界处，"故曰界塘"。⑥

双河闸、洋浦闸：俱在余姚上林乡二都漾塘，南曰双河，北曰洋浦。唐景龙元年创建。宋乾道、庆元间皆曾修治，明永乐初复为石闸。清初时被废。⑦

都督堰：在东阳县乘骢乡，又名社陂堰。堰长七百余丈，灌溉田亩百余顷。由唐代容州刺史厉丈才所创建。因为厉丈才曾任都督，乡民感恩其兴建堰堤，故"以其官名堰"。后被冲毁，堰渠堵塞不通。元至元二年，县尹张希颜修复之。明代时，县令缪樗再修。清顺治年间，邑庠生汤鼎会同厉柏堂等"开浚，复

---

① 雍正《浙江通志》卷 15《山川·绍兴府》。
② 《新唐书》卷 41《志第三十一·地理志》。
③ 《新唐书》卷 41《志第三十一·地理志》。
⑤ 雍正《浙江通志》卷 15《山川·绍兴府》。
⑥ 《嘉泰会稽志》卷 10《水》。
⑦ 雍正《浙江通志》卷 15《山川·绍兴府》。

通"。①

录事塘、下泥塘、郑家坞塘、外塘、赤草塘、岭下塘、下清塘、新塘、西公塘、霹雳塘、上塘、上三塘、三柄塘、万家塘、神塘（又名胜塘）：俱在西安县（今衢县）西临江乡，唐开元五年，因风雷摧山，溪流堰塞，汇成湖塘，可以灌溉附近农田二百顷。②

建德西湖：在建德县西南和义门外，"广袤五百四十二仗，中有宝华洲"。唐咸通中刺史侯温兴建，宋靖康元年知州凌唐佐向朝廷申请充作放生池。南宋景定年间，知州钱可则重修湖堤。③《严州续志》记载，"西湖：在城南，祝圣放生在焉。景定二年秋七月暴雨，仁安山洪流迸出，决湖趋江，湖涸遂芜。今侯钱可则亟以冬隙堤之。明年正月，祝尧之日，放生于湖，如常年，碧波溶溶，鳞介咸遂，邦人乐其有爱君之心焉"④。明嘉靖间分守参政张子弘、知府张任重修，万历间知府陈文焕累石成堤，榜曰来贤湖。⑤

寿昌西湖：在寿昌县西一里，湖面广二百四十步。唐景福二年县令戴筠兴建，引其水以灌东郭之田。⑥

石紫河埭：即西河埭，在瑞安城西半里。雍正《浙江通志》："初建邑即有此埭。"瑞安建于唐武德年间，说明此埭或为唐代所建，"为永嘉、瑞安水利之要，一失其防，水尽入江"。宋乾道二年水灾后增筑。⑦

---

① 雍正《浙江通志》卷59《水利八·金华府》。
② 雍正《浙江通志》卷59《水利八·衢州府》。
③ 光绪《严州府志》卷4《疆域·水利》。
④ 《景定严州续志》卷4《水》"西湖"。
⑤ 雍正《浙江通志》卷60《水利九·严州府》。
⑥ 光绪《严州府志》卷4《疆域·水利》。
⑦ 雍正《浙江通志》卷61《水利十·温州府》。

马仪堰、新墅堰：在遂安县西南十里，"旧传吴越时邑人王尚书邹率师过故里，役卒浚马仪余流，曰新墅"，灌溉民田一千八十亩。[①] 马仪堰、新墅堰"旧本二堰，知县梁居善合为一"[②]。

据粗略统计，这时期新建的水利工程中，属于隋代的有一项，唐代四十六项，五代吴越的有二项。显然，吴越在两浙经营多年，而其兴建的水利设施如此之少，也是值得进一步探讨的问题。是记载缺乏，还是因循唐代以来的设施而缺乏新的开发？欲解释尚需收集更多史料。

6. 宋元时期的水利建设

两宋时期是浙江水利建设继唐代以后又一个高峰时期。从文献记载来看，北宋时期的水利建设较之前代已经有长足的进步，水利建设更加普及。从相关方志反映的情况看，水利建设往往不仅仅局限在府治、县治的所在地，已经普及到乡镇一级。无论是水利技术水平，还是水利建设普及程度，两宋时期的两浙水利建设都已经达到了新的高度。

水利建设得到进一步普及。两宋时期水利建设普及度已经较高，尤其是在相对发达的区域，水利网络的覆盖已经非常全面。海盐县在北宋嘉祐元年由县令李维几兴建的"乡底堰三十余所"，"以灌十乡农田"。[③] 这种由数十个小型堰闸组成的水利网络统筹建设，用以覆盖并不太大的农田范围，在此前还不多见。而在浙东的山区，由于田亩多位于山间坡地，故水利设施因地制宜，趋向于小型化，如於潜县"容塘、徐博家前塘、皂角塘、祐

---

① 雍正《浙江通志》卷 60《水利九·严州府》。
② 光绪《严州府志》卷 4《疆域·水利》。
③ 至元《嘉禾志》卷 5《堰闸·海盐县》。

塘、温塘、徐太家前塘、浪后塘、墓后塘、余三家塘、徐五十一家前塘……承接白塔源等处水，流接荫田一百八十五亩"①；又如"戴四捺、石牛水捺、小坑水捺、吴家捺、何长坞捺、小坑捺、桥头捺、卉岭村捺、徐家捺、徐家前捺、高坻捺、大石捺、湖老坞捺、桥下捺、坞口水捺、村前水捺、支候村捺、桥头捺、炭灶坞捺、柳瓜口坑捺、东山捺、广陵岸捺、乌山下捺、低溪水捺、嗒口捺、板如岭捺、高桥捺、塘头捺……已上二十八捺承接千秋岭山坑水，上流下接，荫田七百六亩"②。近十处、二十处小型堤塘组成梯级水塘，用以灌溉小面积的山间农田，这种现象已经在当时很普遍。一些堰堤的兴建，只为灌溉数十亩农田，如富阳"涌泉堰，溉田五十余亩"；"风溪堰，溉田四十余亩；梓堰，溉田二百余亩；大公堰，溉田三十余亩；后步堰，溉田二十余亩"③；等等。一个堰堤，大者溉田上百亩，小的仅溉田二十余亩，显示两宋时期水利建设更加因地制宜，水利工程趋向细微化，普及程度已经非常高。

城市水利得到进一步提升。这时期，城市水利的建设也日益纳入正轨。杭州的市内运河，大约兴建于唐，但北宋时才成熟定型。这些市内运河由于受潮水带来的泥沙等影响，经常会淤积，由此需要不时地疏浚，宋元丰三年"赐米三万石，开苏、杭州运河浅淀"④；苏东坡任杭州知府时，曾兴建堰闸来治理淤塞问题，并利用西湖水冲刷运河："运河在城中者，日受潮水沙泥浑浊，一汛一淤；比屋之民委弃草壤，因循填塞。元祐四年知杭州，苏轼浚茆山、盐桥二河，分受江潮及西湖水。造堰闸，以时启闭，

---

① 咸淳临安志卷 35《志二十·山川十四》。
② 咸淳临安志卷 35《志二十·山川十四》。
③ 《咸淳临安志》卷 39《志二十四·山川十八》。
④ 《续资治通鉴长编》卷 306《神宗》。

民甚便之。"①苏轼在杭州另一项著名的工作就是疏浚西湖,并把淤泥堆积"葑草为堤",形成著名的苏堤:"取葑田积之湖中,为长堤,以通南北,则葑田去而行者便矣……堤成,南北径十三里,植芙蓉杨柳于其上,望之如画图,杭人名曰苏公堤。"②当时疏浚的市河,往往既有行舟的功能,又可兼及农田灌溉,如奉化州的新河,元延祐七年知州马称德开浚,"立堰埭三处,潴水灌田数十万亩。又通舟楫,以便商贾往来"③。

地方官普遍重视水利建设。宋室南渡,政治经济中心建立到了杭州,东南区域也由之得到进一步开发,农田水利建设进一步得到普及,当时的地方官员多在任职的府县范围内,推广农田水利,开展一系列的水利建设。南宋开庆、宝祐年间任职明州的吴潜,即在明州一带兴建了多处水利设施:"大使丞相(指吴潜)兴水利者遍乎四境。"④"宋宝祐间,丞相吴潜于郡城平桥南立水则,书平字于石,视字之出没为启闭注泄之准。"⑤鄞州江塘、开庆碶等一批水利设施都是吴潜任职时及之后兴建或倡议修建。如江塘"在(鄞县)鄞塘乡二十八都,宋郡守吴潜增筑";"北渡堰,在(鄞县)县西南三十五里,宋守吴潜所创";开庆碶"旧名雀巢,在鄞县手界乡"⑥,"宋开庆元年判府吴潜重建";"练木碶,在(鄞县)县南三十五里,宋宝祐间郡守吴潜建";保丰碶"开庆元年判郡吴潜于其右创为五柱四门";管山河,在慈溪县东南五里,"宋宝祐五年丞相吴潜以钱市民田,垦河五里,长七百丈有奇,阔三

---

① 《宋史》卷96《河渠志第四十九·河渠六·东南诸水上》。
② (清)徐乾学《资治通鉴后编》卷89《宋纪八十九》。
③ 雍正《浙江通志》卷五56《水利五·宁波府》"新河"。
④ 《开庆四明续志》卷3《水利》"开庆碶","大使丞相"即指吴潜。
⑤ 《开庆四明续志》卷3《水利》。
⑥ 《开庆四明续志》卷3《水利》"开庆碶"。

丈六尺,深一丈六尺,水由是达于茅针碶,鄞、慈、定皆利焉"①;
黄泥塸碶"宝祐五年判府吴潜委县丞罗公镇竟其事"等等。志书
中记载吴潜兴建修建的水利项目有近十处,既有河道疏浚,也有
碶闸修建,而且这些水利设施往往项目不大,但以其"丞相""郡
守"之职,亲力为之,"兴水利者遍乎四境",可见当时对水利建设
从朝廷至地方都相当重视。嘉兴太守赵善悉,在其任上整治了
一系列的河道堰闸,疏浚了海盐县海盐塘河、招宝塘河、乌坵塘
河、陶泾塘河等嘉兴境内的主要航道。其在北宋修建的乡底堰
三十余所的基础上,又增加兴建,"增筑乡底堰八十一所",使得
原有的水利规模更大,设施更加细化。据粗略统计,南宋时浙江
境内兴建的水利设施数量较之前代而言是最多的,很多县都有
十数个水利的初建项目,这在之前是从来没有的,其中不乏大型
的水利项目。一方面说明两宋时期社会生产力的发展,同时也
显示这一时期对水利的重视也达到了一个新的高度。当时学者
认为:"夫稼,民之命也;水,稼之命也。"②南宋时期思想家陈亮
也说:"衣则成人,水则成田。"③这都体现了南宋时期对农田水
利建设的普遍重视,而这种重视反映在水利建设上,就是水利项
目的更加普及。

民间出资兴修水利开始大量出现。这时期,由于水利建设
的普及,民间、乡间也集合乡人力量,开展水利建设。实际上在
宋代以前,记载中的大部分水利建设,多依靠朝廷、官府兴建,很
少有以民间为主进行水利建设的。省内记载中较早以民间之力
兴建水利的,当推汉代时的华信建海塘。据说华信因为家族比
较富有,因此主持兴建海塘,刘道真《钱唐记》记载:"防海塘,去

① 成化《宁波郡志》卷 2《河防志》。
② 《历代名臣奏议》卷 253《水利》"青田县主簿陈耆卿上疏"。
③ (宋)陈亮《龙川集》卷 4《问答》。

邑一里,郡议曹华信家富,立此塘,以防海水。"①《钱唐记》并记录了当时修建海塘时的传奇过程:"始,开募有能致一斛土者,即与钱一千;旬月之间,来者云集;塘未成而不复取,于是载土石者皆弃而去,塘以之成。故改名钱塘焉。"②不过,当时的所谓海塘,可能仅仅是位于西湖(据说当时称为钱湖)东侧的浅滩处,所筑的堤塘规模可能不大。据史料记载,在明确注明建于唐代之前的两浙水利项目共有超过百项,但明确记载由民间主持或出资修建的不足五项,除了前述提到的华信建海塘以外,还有以下几处:

健阳塘:在健跳所城外,唐僧怀玉筑堤五百丈余。③

花屿湖:花屿湖在慈溪县东南十里,旧有小塘,潴水,唐贞元十年刺史任侗劝民修筑。④

长安堰:在武义县西二里湖山潭,由三堰组成,上堰、中堰、曹堰,唐光化元年乡民任留建,溉田万余亩。宋庆元四年邑人高世修,叶之茂重修。⑤

花屿湖由民间出资出力,官府"劝筑";其他两处都是不假官府资助,由民间兴筑。这种主要由民间自助兴建水利工程的情况大概由唐代开始出现,但数量不多,大约占当时水利兴建项目总数的百分之五⑥。

由民间主持兴修水利现象的大量出现,大约在北宋时期。

---

① 《太平御览》卷472《人事部》。《元和郡县志》认为华信是汉代人:"华信,汉时为郡议曹",见《元和郡县志》卷26《江南道·钱塘县》。

② 见郦道元《水经注》卷40《浙江水》引《钱唐记》。

③ 雍正《浙江通志》卷59《水利七·台州府》。

④ 《清一统志》卷224《宁波府》。

⑤ 雍正《浙江通志》卷59《水利八·金华府》。

⑥ 此数据根据雍正《浙江通志·水利志》统计。

从记载来看,北宋时以民间士绅出资修建水利项目的情况开始增多,如位于温州的黄塘八埭,建于北宋宣和年间,属于"阻咸蓄淡"的沿海水利工程,作用是阻隔咸潮、留存山区下来的清洁水源。该项目覆盖周围"二十余里",工程量不小,但却不假官府资助,自主修建:"里人叶尉达创斗门闸板,岁久腐,咸潮冲淤二十余里,田无灌溉,乡人病之,乃为埭。"①黄岩县民杜思齐在南宋开禧年间开凿新河,同样以一己之力,据万历《黄岩县志》载:"新河:在县北五里……宋开禧二年里人杜思齐开凿。"奉化县的蒋家碶、刘大河碶,又名王家碶,俱在奉化县北三十三都,北宋熙宁间邑人王元章之祖创建,建炎二年王元章重修。位于杭州永和乡的永和塘,当仁和海宁二县之间,"宋绍定己丑邑士范武捐财,以助修筑塘";慈溪县的砖桥闸、颜家闸、黄沙闸三闸,都由宋隐士潘昌捐资建造。有的是官员捐出个人积蓄,助修水利,如慈溪县的黄泥埭碶,由南宋时浙东提举季镛"捐二千缗,助民为之"。由于水利工程一般都不是小项目,需要一定的财力与物力,且受益方也多为范围内的民众,故此前的水利工程多为官方修建,较少有民间或个人出资。从宋代开始,水利的修建更加普及,由于从朝廷到地方,都开始重视水利的作用,意识到水利对农业生产的重要性,认为"灌溉之利,农事大本"②,认为"修利堤防,国家之岁事"③。在当时,"水利被视为国家大事。因此,宋代也是兴修水利有较大成就的朝代。国家统筹规划水利事务,一方面修复整治旧有河流渠道,一方面修筑新堤堰塘扩大灌溉面积"④。随之而来的是,由民间出资或集资修建水利设施的现象也开始

---

① 雍正《浙江通志》卷 61《水利十·温州府》。
② 《宋史》卷 95《河渠志第四十八·河渠五》。
③ 《宋大诏令集》卷 182。
④ 叶坦《王安石水利思想探微》,《生产力研究》1990 年第 4 期。

接踵出现。虽然这种现象在明清时期非常普遍,但在两宋尤其是北宋时期,这无疑是一个新现象。

兴建水则以调控水位。这时期,沿海的明州、温州、台州等地还普遍建起了水则。水则的作用是监测水位,调控水量,以控制各沿海、沿河碶闸的启闭。遇到洪水泛滥,涨水淹没水则标志点,即开启沿江沿海各碶闸放水,以避免农田被洪水淹没受灾;一旦水位回落到水则标志点下方,即关闭碶闸闸门,避免水量流失导致干旱缺水。在当时的发展状态下,水则系统可以说是一种比较科学的水文监测控制系统。如位于温州城内的"永嘉水则",建于北宋元祐三年,是省内有明确纪年的较早建造的水则。此外,在两宋时期,省内多地都建立水则,以监控调节城市水位。其中,位于绍兴鉴湖的水则据说早在东汉年间即已经存在,并有多处保存下来。包括位于宁波的明州水则,也是留存不多的实例。

明州水则,又称平水则,在明州(宁波)城西南隅,"月湖之尾,去郡治数十步"。此地为诸水交汇之处,"水自它山来者由长春门而入,自林村石塘来者由望京门而入,皆会兹湖",南宋时担任过丞相的郡守吴潜于开庆元年(1259 年)在此设立水则,以控制、调节郡城的概闸启闭:"旁有石桥,名曰平桥。宋宝祐间丞相吴潜于郡城平桥南立水则,书'平'字于石。视字之出没为启闭注泄之准。"吴潜《建平水则记》说明了建立水闸的缘由:

> 四明郡阻山控海,海派于江,其势卑;达于湖,其势高。水自高而卑,复纳于海,则田无所灌注。于是限以碶闸,水溢,则启;涸,则闭。是故碶闸、四明水利之命脉;而时其启闭者,四明碶闸之精神。考其为启闭之则,曰平水尺。往往以入水三尺为平,夫地形在水之下者,不能皆平;水面在地之上者,未尝不平。余三年积劳于诸碶……偏度水势,而大

书平字于上。方暴雨急涨，水没平字，戒吏卒请于郡丞，启钥；若四泽适均，水沾平字，钥如故。都鄙旱涝之宜，求其平，于此而已。故置水则于平桥下，而以平字为准。后之来者，勿替兹哉。①

但吴潜建水则之前，明州可能已经有水则设施，据《宝庆四明志》：

大石桥碶：(鄞)县东城外一里，童、育两山之水本自此入江，岁久淤塞，亦图志之所不载。淳祐二年(1242)郡守陈垲亲访古迹，得断石沙碛中，此地良是。遂即桥下作平水石堰，而于浦口置闸，立桥。内可以泄水，外可以捍潮。②

淳祐二年较之开庆元年(1259年)早十余年，其所建的平水则，是在"亲访古迹，得断石沙碛中"的基础上修建的，可见在此之前，水则已经存在。《明一统志》记载："胡榘，宝庆中知庆元府，措置有方，于水利尤尽心。立水则，刊平字于石，为启闭之准，民皆德之"③。宝庆(1225—1227年)较之淳祐又更早一些。显然，吴潜由于在当时官位、名声更大，所以其修建的水则碑也名头更响。

浙江境内最早用水则调控水位的，可能不是温州的永嘉水则，而是属于绍兴鉴湖的水则。《嘉泰会稽志》记载，镜湖"湖下之水启闭……有石牌，以则之"。鉴湖的水则牌不止一处，由所在地委员管理，根据水位高低情况，决定闸门启闭：

一在五云门外小凌桥之东，令春夏水则深一尺有七寸，

---

① 雍正《浙江通志》卷56《水利五·宁波府》。
② 《宝庆四明志》卷12《鄞县志卷一》。
③ 《明一统志》卷46《宁波府》。

秋冬水则深一尺有二寸,会稽主之;一在常喜门外、跨湖桥之南,令春夏水则高三尺有五寸,秋冬水则高二尺有九寸,山阴主之……凡水如则,乃固斗门以蓄之;其或过,则然后开斗门以泄之。自永和迄我宋几千年,民蒙其利。①

《嘉泰会稽志》认为鉴湖的水则早在东汉永和年间开凿镜湖时就已经存在,到南宋时已经有近千年的历史了,"自永和迄我宋几千年"。镜湖的水则是否永和年间即已有之,还需要进一步的史料佐证。但大约在北宋宣和年间,位于浙西②的许多府县都已经设立了水则,以控制水位情况。《吴中水利全书》记载,宣和二年两浙提举常平赵霖,曾经"立浙西诸水则石碑,凡各陂湖泾浜河渠,自来蓄水灌田通舟,官为按核,打量丈尺,并地名四至,并镌之石"③。

除了浙西在宣和年间普遍设立水则石碑,如前所述,温州的永嘉水则,设立时间要更早一些。永嘉水则"在谯楼前,五福桥西北第二间石柱上,云永嘉水则。至平字诸乡合宜";水位以"平"字为准,水位超过"平"字,就需要开闸放水,如水位低于"平"字,则需要闭闸蓄水:"平字上高七寸,合开斗门;平字下低三寸,合闭斗门。"永嘉水则建造时间较早,"宋元祐三年立"④。元祐初年,其大背景即是在熙宁年间王安石变法,提倡水利建设,影响所及,两浙的水利项目许多是在这时期兴建。由此观之,明州的水则有可能也是这时期所初建,但需要进一步的加以考证。

---

① 《嘉泰会稽志》卷13《镜湖》。

② 北宋的"浙西",约指的是杭州、秀州(嘉兴)、湖州、平江府(苏州,包括松江一带)、常州、润州(镇江)六府,参见《元丰九域志》卷5《两浙路》。

③ (明)张国维《吴中水利全书》卷10《水治》。

④ 弘治《温州府志》卷5《水利》"水则"。

此外,南宋时期,楼钥在瑞安、范成大在丽水,都曾设置水则:

> 瑞安县穗丰石桥亦刻水则,淳熙戊申楼守钥立。①

> (范成大乾道年间)作通济堰,搜访故迹,迭石筑防,置堤闸,立水则,溉灌有序。②

实际上水则仅仅是观测水位的标尺牌,要发挥其积极的作用,还需要与碶闸结合,实时观察水位,调控碶闸,才能发挥最大作用。《宝庆四明志》:

> 碶闸之设,必启闭得宜,则涝有所泄,旱有所潴,水常为吾之利。其或当启而闭,当闭而启,则害亦如之。四明前此水患,至民居沈灶旱稼生虫者,无他,惜水太过。诸碶不尽放故也。……郡守陈垲谓:旱涝丰歉,在天者固不可必,若人事所当修,岂容不尽其力。遂置平水尺,朝夕度水增减,以为启闭。地形高下不等,水之深浅亦然。大概郡城河滨之水,常以三尺为平,余可类推。过平以上,则当泄。中间数夕暴雨,水骤长至四尺有奇,守夜听雨声、日视水则,时当启闸,率分遣官吏四出斟酌尺寸,为放水分数。亦或尽板一决,城中三喉昼夜使之通流。是年虽积涝,谷粟蔬果一无所伤,岁以稔告。③

海塘建设开始普及。两浙的海塘建设,从唐代时开始逐渐重视,但当时多为零星建造,也未曾普及。两宋时期,海塘建设进入建设高潮。这时期,两浙范围普遍修筑海塘,以防"咸潮盘

---

① 弘治《温州府志》卷5《水利》"水则"。
② (明)王鏊《姑苏志》卷51《人物九·名臣》。
③ 《宝庆四明志》卷12《鄞县志卷一》。

溢之患"。从北边的海盐县(含平湖)一直到南翼的平阳县(含苍南),海塘建设都有布局。尤其是钱塘江两岸,海塘修筑最早、最频繁,其中,会稽修筑最早,杭州府、嘉兴府次之。浙东的明州、台州、温州沿海,主要是两宋时期开始陆续有所兴建。由于两宋时期人口增多,对土地的需求也在增加,以前沿海一带的盐碱滩涂逐渐成为垦种的目标,于是,从明州、台州到温州,在这时期普遍在沿海一带建设了堤塘,兴建碶闸,以"阻咸蓄淡",由此开辟了大片近海耕地。同时疏通港汊,一方面可以阻截海潮的内侵,避免土地的盐碱化;另一方面干旱来临,还可以储存淡水不至于流失,所谓"涝至则泄,旱则潴以灌输"①。比较典型的,就是北宋元祐年间提刑罗适在台州兴修的水利。罗适筑堤塘,造函闸,这些水利工程对温黄平原的农业生产起到了重要作用。据史料记载,罗适之前,黄岩温岭一带的近海平原,受海潮冲击,土地盐碱化严重,不利于稼穑,时人所谓的"负山濒海,形如仰釜;雨则众流奔趋,顿成湖荡;稍旱,即诸原隔绝,辄成斥卤"②。元祐年间罗适任提点两浙刑狱,即开始对温黄平原展开了一系列的水利整治。其中兴建堰闸十一处,阻绝海潮;开浚官河九十里,并支河、小泾等数百条,以灌溉农田。《嘉定赤城志》记载,官河"陆程九十里,广一百五十步;又别为九河各二十里支;为九百三十六泾,以丈记者七十五万分;为二百余埭,其名不可殚纪。绵亘灵山、驯雉、飞凫、繁昌、太平、仁风、三童、永宁八乡,溉田七十一万有奇。旧建闸一十有一,以时启闭"③。通过罗适对黄太平原

---

① (元)袁桷《清容居士集》卷25《碑》。

② (明)周志伟《请开河疏》,雍正《浙江通志》卷59《水利七·台州府》。

③ 嘉定《赤城志》24《山水门六》。

的一系列整治改造,使得原来的盐碱滩地,成为台州的主要粮仓①。后人曾对此评论:"罗适开河置闸,地始可耕。"②越州、明州、温州地区也先后在滨海一带兴建了一系列海塘、碶闸,使得近海平原耕地增加,农业生产迅速发展,也促进了相关地区社会经济的发展。如绍兴府余姚县的"东部塘",北宋庆历年间兴建,"绵亘八乡,其袤百四十里"。因为海潮冲击,导致沿海民田被淹,甚至冲坏民舍,"荡析田畴,漂溺室庐"。自修建东部海塘以后,使得上千亩滩涂改造成为良田,并免除役税,教民耕种,获得良好收成:"俾民蠲役经营海涂,开垦旷土,总之得田千六百亩有奇。"③再如温州平阳的万全塘,"自县北至瑞安飞云渡三十五里",塘内原来为海湾滩涂,"世相传为海涨之地"④。从宋代开始,对海湾一带开始兴筑堤塘,到了南宋初年,堤塘进一步加强,"宋绍兴中,里人徐几为倡,铺石其上"⑤。此后,官府派员修建新的堤塘,沿飞云江筑堤,包围大片滩涂,形成了濒海耕地,"向为斥卤者,兹皆为沃壤"。

钱塘江浙西海塘分布在杭州郡城、盐官县、海盐县等地,其

---

① 朱熹在《修闸奏状》说:"水利修则黄岩可无水旱之灾,黄岩熟则台州可无饥馑之苦。"见光绪《黄岩县志》卷3《地理志·水利》。

② （明）周志伟《请开河疏》,雍正《浙江通志》卷59《水利七·台州府》。嘉定《赤城志》也认为台州黄太平原的水利主要由罗适规划建设:"其区画之详,昉于元祐中罗提刑适,广于淳熙中勾提举昌泰,既而李谦、李大性踵将使指,又重修焉";"古来为埭凡二百所,足以荫民田七十余万亩,元祐间,罗公适持节本路,因其埭之大者建置诸闸,今之黄望、石湫、永丰、周洋皆其遗迹也。"

③ 《嘉泰会稽志》卷10《水》"堤塘"。

④ （明）蔡芳《平阳万全海堤记》,民国《平阳县志》卷7《建置志·水利》"万全塘"。

⑤ 弘治《温州府志》卷5《水利·平阳县》"万全塘"。

中,郡城附近海塘从五代开始修建频繁,宋代时愈加重视;而盐官、海盐的海塘从唐初兴建,并在南宋时多加修建。

钱塘江由于入海处特殊的喇叭口形状,使得潮水来势特别凶猛,往往造成岸线崩塌、土地流失,对沿岸地区的农田构成严重的威胁。有时候几十里地方、整个乡镇都被潮水淹没、冲走①。故浙江(钱塘江)两岸是最早开始兴建捍海塘的地方。比较有名的记载是刘道真《钱唐记》:"防海塘,去邑一里,郡议曹华信家富,立此塘,以防海水。"②据《元和郡县志》:"华信,汉时为郡议曹"③,可见,位于钱塘县东侧的海塘最早建于汉代。《钱唐记》并记录了当时修建海塘的过程:

> 始,开募有能致一斛土者,即与钱一千,旬月之间,来者云集;塘未成而不复取,于是载土石者皆弃而去,塘以之成。故改名钱塘焉。④

但前人根据秦时即有"钱唐"之名而判断可能早在秦代时即已有建筑海塘的历史:

> 按:《史记》秦始皇过丹阳至钱唐,则秦时已有之,非始于华信明矣。自汉已来,江潮为患,筑塘捍之,今云筑塘以

---

① 嘉定十一年"海水泛涨,湍激横冲沙岸,每一溃裂尝数十丈,日复一日浸入卤地,芦州港渎荡为一壑",又"数年以来,水失故道,早晚两潮,奔冲向北,遂致县南四十余里尽沦为海"(《宋史》卷九十七《河渠志·第五十·河渠七·東南诸水下》)。(明)张宁《重筑障海塘记》说:"宋嘉定中,潮汐冲盐官平野二十余里,史谓海失故道……成化十三年二月,海宁县潮水横溢,冲圮堤塘,逼荡城邑。转盼曳趾,顷一决数仞,祠庙庐舍器物沦陷略尽。"(翟均廉《海塘录》卷22《艺文五·序》)历史上类似事例很多。

② 《太平御览》卷272《人事部》。

③ 《元和郡县志》卷26《江南道·钱塘县》。

④ 见郦道元《水经注》卷40《浙江水》引《钱唐记》。

备钱湖之水事,无稽证考之。《释文》云:唐,途也;钱,古籛姓;岂秦汉间有姓籛者居江干,或筑塘以捍海,遂以起名,如富阳孙洲之类是也。①

由此看来,早期沿江干而居者"筑塘以捍海",或在秦时已经存在,并因此而名之曰"钱唐",也是有可能的。但比较系统的海塘建设还是要从唐代开始。当时浙西的海塘建设主要在盐官一带,长庆年间(821年—824年)白居易任杭州刺史,也还没有对府城周边的海塘作大规模修建。尽管当时的海患不断:

> 唐大历八年(773年),大风潮溢,垫溺无算。咸通二年(861年),潮水复冲击,奔逸入城。刺史崔彦曾乃开外沙、中沙、里沙三沙河以决之,曰沙河塘……光化三年(900年),浙江又溢,坏民居。②

但由于海塘修建工程量较大,且海潮一日二次冲击,确实有一定难度,"人力未及施也",当时白居易曾经写文告祷于江神,以祈求神灵祐祜,但并没有在府城一带兴建海塘。③

到了五代吴越时期,由于钱氏在杭州立足,对城市的拓展有了进一步的要求,又因为州治介于西湖与钱塘江之间,地形促狭,于是海塘的兴建就开始变得分外迫切,大规模的海塘建设也由此展开:"梁开平四年八月,钱武肃王始筑捍江塘在候潮通江门之外,潮水昼夜冲激,版筑不就,因命强弩数百以射潮头,又致祷于胥山祠,仍为诗一章,函钥置海门山,既而潮水避钱塘,东击西陵,遂造竹络,积巨石,植以大木。堤岸既成,久之,乃为城邑

---

① (明)田汝成《西湖游览志》卷20《北山分脉城内胜迹》。
② 《读史方舆纪要》卷90《浙江二》。
③ 《咸淳临安志》卷31《山川十·捍海塘》。

聚落,凡今之平陆,皆昔时江也。"①武肃王钱镠采取"造竹络,积巨石,植以大木。隄岸既成,久之乃为城邑聚落,凡今之平陆,皆昔时江也"。堤岸的筑成,也为郡城杭州拓展了相当的城市空间,以前的江边滩涂,变成了城市聚落。

两宋时期,府城一带的海塘修筑愈加频繁:

> 宋大中祥符五年,潮抵郡城,发运使李溥请立木积石以捍之,不就。乃用咸纶议,实薪土以捍潮波,七年功成,环亘可七里。天圣四年,方谨请修江岸二斗门。景祐四年,转运使张夏置捍江兵,采石修塘,立为石堤十二里,塘始无患。庆历六年,漕臣杜杞复筑钱塘堤,起官浦,至沙泾,以捍风涛。又俞献卿知杭州,凿西岩作堤,长六十里。皇祐中,漕臣田瑜叠石数万,为龙山堤。政和六年,兵部尚书张阁言:臣昨守杭州,闻钱塘江自元丰六年泛溢后,潮汐浸淫,比年水势稍改,自海门过赭山,即回薄岩门、白石一带北岸,坏民田及盐亭监地。东西三十余里,南北二十余里。江东距仁和监,止及三里。北趣赤岸麓口二十里。运河正出临平下塘,西入苏秀。若失障御,恐他日数十里膏腴平陆,皆溃于江。下塘田庐,莫能自保。运河中绝,有害漕运。诏亟修筑。七年,知杭州李偃言:汤村岩门、白石等处,并钱塘江通大海,日夜两潮,渐致侵啮。乞依六和寺岸,用石砌叠,从之。

南宋时建都临安,防海潮变得分外迫切,海塘修建也比较频繁:

> 绍兴末,以石岸倾毁,诏有司修治。乾道九年,复修筑

---

① 《咸淳临安志》卷31《山川十·捍海塘》。

庙子湾一带石岩。自是屡命有司修葺。淳熙元年,江堤再
决。嘉熙二年复决。守臣赵与权乃于近江处所,先筑土塘,
于内更筑石塘,水复其故。嘉定十年,江潮大溢,复修
治之。①

盐官、海盐一带的海塘兴修较早,据《新唐书》记载:"开元元
年重筑",可见其始筑年代要早于唐代,并在唐初时做了比较系
统的"重筑"与兴建,范围包括从杭州府的钱塘县、盐官县至吴郡
的海盐县、华亭县②。据说海塘"阔二丈,高一丈"③。当时,位于
钱塘江两岸的盐官、会稽一带地势低平,海潮容易涌入,对当地
农田损害尤甚,故两地的海塘工程的迫切性也显得日益突出,史
料显示当时的海塘修建主要集中在会稽、盐官一带。《新唐书·
地理志》:盐官"有捍海塘,堤长百二十四里,开元元年重筑"④;
会稽"东北四十里有防海塘,自上虞江抵山阴百余里,以畜水溉
田。开元十年(县)令李俊之增修,大历十年(浙东)观察使皇甫

① 以上据《读史方舆纪要》,并参见《咸淳临安志》卷31《山川十·捍
海塘》。

② 《至元嘉禾志》卷五:"(松江府)旧瀚海塘,在府东南……西南抵海
盐界,东北抵松江,长一百五十里";(海盐县)太平塘,旧名捍海塘,在县东
二里……西南至盐官县界,东北接华亭县界。"《清一统志》卷二百十七《杭
州府二》海塘:"在海宁、仁和两县境。唐书地理志:盐官县有捍海塘,堤长
(二)百二十四里,开元元年重筑。"《清一统志》卷二百二十《嘉兴府》:海塘
"在海盐县东半里平湖县东南三十四里,东与江苏松江府金山、西与杭
州府海宁州接界,长百五十余里,唐时刱筑,曰捍海塘"。《清一统志》卷五
十八《松江府》:松江"滨海旧有捍海塘,相传唐开元中创筑,东北自太仓
州宝山县,迤西南至浙江海盐县澉浦,亘三百三十里"。

③ 《咸淳临安志》卷38《山川十七》"盐官县"。

④ 《新唐书》卷41《志第三十一·地理志》。

温、太和六年(县)令李左次又增修之"①。唐代时会稽的地位较杭州为重要,但在海塘的修筑方面,两地不分上下,盐官"堤长百二十四里",会稽的海塘"自上虞江抵山阴百余里",两者规模相当。可见在唐代时,浙江(钱塘江)两岸修筑的海塘,规模、重要性是大致相当的,与明清时期特别重视浙西海塘有所不同。

盐官海塘自唐初修建以后,之后在相当时期内均未见修建记录,可能由于当时沿海一带居人不多,以致海患的影响也不大。《宋史》的修撰者就认为宋以前的盐官一带"旧无海患,县以盐灶颇盛,课利易登"②。进入南宋以后,海患增加,对海塘的修筑开始逐渐重视,尤其是嘉定十一年的一次海潮,"海水泛涨,湍激横冲,沙岸每一溃裂,尝数十丈,日复一日,浸入卤地,芦州港渎荡为一壑",卷走了大片的濒海田地,"县南四十余里尽沦为海"。嘉定十二年,有言官上奏朝廷,要求对之采取措施:"今闻潮势深入,逼近居民。万一春水骤涨,怒涛奔涌,海风佐之,则呼吸荡出,百里之民宁不俱葬鱼腹","乞下浙西诸司,条具筑捺之策,务使捍堤坚壮,土脉充实,不为怒潮所冲"。由此引起了朝廷的重视,并在嘉定十五年命浙西提举刘垕"专任其事",刘垕对此提出了应对建议:

> (盐官)县东接海盐,西距仁和,北抵崇德、德清,境连平江、嘉兴、湖州,南濒大海。(海岸)元与县治相去四十余里,数年以来水失故道,早晚两潮,奔冲向北,遂致县南四十余里尽沦为海。近县之南,元有捍海古塘,亘二十里。今东西两段并已沦毁,侵入县两旁又各三四里,止存中间古塘十余里。万一水势冲激不已,不惟盐官一县不可复存,而向北地

---

① 《新唐书》卷41《志第三十一·地理志》。
② 《宋史》卷97《河渠志·第五十·河渠七·东南诸水下》。

势卑下,所虑咸流入苏秀湖三州等处,则田亩不可种植,大为利害。详今日之患,大概有二:一曰陆地沦毁,二曰咸潮泛溢。陆地沦毁者,固无力可施。咸潮泛溢者,乃因捍海古塘冲损,遇大潮必盘越流注北向,宜筑土塘,以捍咸潮。所筑塘基趾,南北各有两处,在县东近南则为六十里咸塘,近北则为袁花塘;在县西近南亦曰咸塘,近北则为淡塘。亦尝验两处土色虚实,则袁花塘、淡塘差胜咸塘,且各近里未至,与海潮为敌势。当东就袁花塘、西就淡塘修筑,则可以御县东咸潮盘溢之患。其县西一带淡塘,连县治左右共五十余里,合先修筑。兼县南去海一里余,幸而古塘尚存,县治民居尽在其中,未可弃之度外,今将见管桩石,就古塘稍加工筑,迭一里许。为防护县治之计,其县东民户日筑六十里咸塘,万一又为海潮冲损,当计用桩木修筑袁花塘以捍之。

可见这次修筑,主要是在原有海塘的基础上修筑加固,"今将见管桩石,就古塘稍加工筑"。对离县治较远的崩塌沙岸,没有进行加固,"陆地沦毁者,固无力可施"。而修治的重点主要是在县治周边的袁花塘、淡塘、咸塘等,"就古塘稍加工筑,迭一里许"。这次的修筑工艺以土筑为主,并以木桩加固,"当计用桩木修筑……以捍之"。①

浙东钱塘江海塘

浙东钱塘江海塘主要分布于于越州(绍兴)地区,也涉及慈溪县海塘的一部分。从史料看,这一区域的海塘修建年代比较早,可能是省内海塘修建最早者之一,原因即是早期两浙的中

---

① 以上未标注者均见《宋史》卷 97《河渠志第五十·河渠七·东南诸水下》。

心，浙西在吴郡，浙东在会稽。加之会稽东汉年间兴建的鉴湖水利系统，可能涉及沿海一带的海塘整治，以达到"阻咸蓄淡"、"蓄水溉田"的功效，所以海塘的建设也可能早在东汉时已经涉及，但史书在这方面缺乏记载，故《嘉泰会稽志》称海塘建造"莫原所始"①，也是比较谨慎的判断。

钱塘江海塘在浙东的分布，从萧山县一直延伸至上虞，长达百五十里余。其中会稽、山阴一段建造时间最早，唐代初年即已存在；两翼的萧山、余姚、慈溪海塘，约建于两宋时期，"在萧山县东北浙江入海处者曰北海塘，西自县东北十里长山之尾，东接龛山之首，亘四十里"；"在山阴者曰后海塘……起自汤湾，迄黄家浦，共六千一百六十丈；在会稽者东自县东八十里上虞江口，西抵宋家溇山阴界，延亘百余里。"②会稽海塘在唐代时已经被官府所重视，并多经整修、改造。唐开元年间，郡守李俊之开始大规模的兴建，此后唐大历年间、太和年间都曾由官府主持修建，《新唐书》："（会稽）东北四十里有防海塘，自上虞江抵山阴百余里，以畜水溉田。开元十年（县）令李俊之增修，大历十年（浙东）观察使皇甫温、太和六年（县）令李左次又增修之"③。记载中提到的"以畜水溉田"，说明位于会稽的海塘，除了阻挡海潮冲击，还有积蓄淡水、灌溉农田的功用。显然，这部分的海塘与稍后修

---

① 《嘉泰会稽志》卷 10《水》"堤塘"。

② 《清一统志》卷 226《绍兴府》引《旧志》："（海塘）在萧山县东北，浙江入海处者曰北海塘，西自县东北十里长山之尾，东接龛山之首，亘四十里……；在山阴者曰后海塘，宋嘉定间郡守赵彦琰筑，起自汤湾，迄黄家浦，共六千一百六十丈；在会稽者东自县东八十里上虞江口，西抵宋家溇山阴界，延亘百余里；在上虞县西北者元大德中筑，明洪武四年易以石，长千三百丈；在余姚者宋庆历七年县令谢景初筑。"

③ 《新唐书》卷 41《志第三十一·地理志》。

建的玉山、朱储斗门一起,组成具有"阻咸蓄淡"、"以水溉田"的功能,实际上也是东汉年间建造的鉴湖灌溉体系的一部分。由此判断,会稽海塘的兴建可能要远早于唐代。《嘉泰会稽志》记载了玉山、朱储斗门的情况:

> 朱储斗门在县东北二十里,唐贞元初观察使皇甫政凿玉山、朱储为二斗门,以蓄水。

> 玉山斗门八间,曾南丰所谓朱储斗门是也。去湖最远,去海最近,地势斗下,泄水最速。

斗门具有"阻咸蓄淡"的功能,既能阻挡潮水冲击,旱季能"蓄淡",汛雨时节便于排涝,是与海塘一体的配套工程。

到了宋代,海塘的修筑得到进一步加强,因为"海水冒田,独为民病",所以历任地方官对之多有修缮,"或遇圮损,随即修筑"①。南宋绍兴年间、嘉定年间都曾做过修缮。绍兴三十二年十月至隆兴二年的修建工程,嘉泰《会稽志》有记载:

> 府城北水行四十里,有塘,曰防海。自李俊之、皇甫温、李左次躬自修之,莫原所始。皇朝改隶,巫山、咸凤二乡适直其地,为田八百顷,前志谓畜水以利灌溉,今泯然无迹。而海水冒田,独为民病,塘之外不能寻尺。其役始以绍兴三十二年十月,成以隆兴二年十月。②

南宋嘉定年间,潮水冲击堤岸,损毁民田、民舍,郡守赵彦倓请示朝廷,拨款修缮,历时一载,"裨修共六千一百二十丈,砌以石者三之一",并规定官员专职巡视海塘日常维护情况,"今后差注山阴尉职,添带巡修海塘,视成坏以加劝惩"。为了保证修缮

---

① 宝庆《会稽续志》卷4《水》"堤塘"。
② 《嘉泰会稽志》卷4《水》

经费,还专门设立庄田,其租税用以海塘修缮的费用:"所计五百七十八亩,山园水塘三百七十二亩,置庄于古博岭,藏其租,委官掌之,以备将来修筑费。"《会稽续志》记载:

> 清风、安昌两乡,实濒大海,有塘岸以御风潮。或遇圮损,随即修筑。若易为力,或浸不省……至嘉定六年,溃决余五千丈,冒民田,荡室庐……转徙者二万余户,斥卤渐坏者七万余亩。岁失两乡赋入以万石计者。(嘉定)四年,于兹守赵彦倓请于朝,颁降缗钱殆十万,米万六千余石,以益以留州钱千余万。仓司被旨督办……秋,兴役筑塘,及禅修共六千一百二十丈,砌以石者三之一。起汤湾,迄王家浦,以明年夏毕工。会诸暨县民杜思齐以造伪获罪家没入郡,又请买其田于安边,所计五百七十八亩,山园水塘三百七十二亩,置庄于古博岭,藏其租,委官掌之,以备将来修筑费。又请行下吏部,今后差注山阴尉职,添带巡修海塘,视成坏以加劝惩。[①]

余姚县的海塘建筑时间则略晚,大约在北宋庆历年间。时值推行新政,提倡"均公田"、"厚农桑",海塘就是在此大背景下修建。因为位居县之东侧,故名之为"东部塘",由余姚县令谢景初主持兴建,时任鄞县县令的王安石为之作记:

> 自云柯而西有堤二万八千尺截然,令海水之潮汐不得冒其旁田者,知县事谢君为之也。始堤之成,谢君以书属余,记其成之。始曰:使来者有考焉。得卒任完之,以不隳。谢君者,阳夏人,字师厚,景初其名。以文学世其家,其为县,不以材自负,而急其民之急。方作堤时,岁丁亥十一月

---

① 宝庆《会稽续志》卷 4《水》"堤塘"

也。能亲以身当风霜氛雾之毒，以勉民作，而除其蔺。又能令其民翕然皆雠趋之，而忘其役之劳，遂不逾时以有成功，其仁民之心效见于事，如此而犹自以为未也，又思有以告后之人，令嗣续而完之，以永其存善。夫仁人长虑却顾图民之蔺，如此其至，其不可以无传。为书其堤事，因并书其终始，而存之以告后之人。庆历八年秋记。

此后海塘损坏，有牛秘丞者再做修缮，改土塘为石堤："后有牛秘丞者，又尝为石堤，已，乃溃决。于是岁起六千夫，役二十日，费缗钱万有五千，修之。民疲而害日甚。"①到了南宋庆元二年，县令施宿又重加扩建，"增筑视旧倍蓰"，长约一百四十里，绵延八乡。著名学者楼钥为之记：

> 庆元二年，令施宿始因岁役，革具就实。既竣事，则图所以永其存。盖东之为云柯、梅川、上林，在承平时，尝有牛秘丞斫石为堤，岁久堤移，石亦淹没。命工求诸淤湩而具得之，爰相旧规，创意迭累，既壮其东偏矣。西之为兰风、东山，特当涛势冲突，徒恃土堤，惧不能久。则又计工采石，鼎新改筑，盖为费者八千缗，而西偏石堤复立焉。深惟厥终，俾民蠲役经营海涂，开垦旷土，总之得田千六百亩有奇。乃建置海堤庄用，其租入随时补葺，力不困下而堤益固。自是岁，省民夫十有二万。

浙东沿海海塘

浙东沿海海塘包括明州、台州、温州东部沿海海塘。从史料看，这一地区的海塘主要是在两宋时期开始建设。尤其是宋室

---

① 《嘉泰会稽志》卷10《水》"海堤"。

南渡以后,沿海一带普遍开始建设堤塘,兴建碶闸,开辟了许多近海耕地。宝庆《四明续志》记载明州府定海县(即今镇海县)有"旧海塘"、"新海塘"之名:"定海旧海塘田一千九十亩⋯⋯新塘田二百四十五亩三十步"①;旧海塘,也即后海塘,又称海石塘,在定海县东北五里,南宋淳熙十年县令唐叔翰始建。初为土塘,后被风潮冲激,"弗绩"。淳熙十六年,仿照杭州捍海塘,"迭石甃塘",南起招宝山,西北抵东管二都沙碛,长"六百二丈"。嘉定十五年,县令施廷臣、水军统制陈文又加增建。嘉靖《宁波府志》记载说:

> 定海县海石塘,在县东北五里大浃江东,出两山对峙,曰蛟门,曰虎蹲。出蛟门东北,连海洋,风潮冲激,少失堤防,则平田高地皆为咸潮所吞吐。宋淳熙十年,令唐叔翰与水军统制王彦举统领筑之,弗绩。十六年请于朝,效钱塘例,迭石甃塘,岸六百二丈五尺。东南起招宝山,西北抵东管二都沙碛。嘉定十五年,令施廷臣、水军统制陈又接连增甃五百二十丈,于石塘尽处再筑土塘三百六十丈以续之。建永赖、海晏二亭于塘之左右。

慈溪县海塘初建年代大约在北宋,位于县西北六十里,西自白洋浦,经向头山,东接定海县境,凡四十里。又有东海塘,在慈溪县东四十五里,长一百二十丈,阔三丈六尺,南北皆接定海县界。宝庆《四明续志》说:"东西海塘,自石人头山至瓜誓山九百七十四丈,自赡军库至龙尾山四百八十丈";"古有海塘闸柱,屹然中存。"自海塘建成后,原来的海湾滩涂,都成为丰产的良田:"已成畎亩者,禾黍菽麦弥望。"②

---

① 宝庆《四明续志》卷 4《田租总数》
② 宝庆《四明续志》卷 5《新建诸寨》。

台州海塘有规模的修建也主要是在宋代。如宁海县有健阳塘,在健跳所城外,是一处海塘与斗门结合的堤塘设施,除了防海堤塘,中间设立陡门,以利于内河河水汛期排涝,即所谓的"中设陡门,则未尝不资蓄泄也"①。建造年代较早,据说始建于唐代,由僧人怀玉募缘兴建,"筑堤五百余丈"②。宋代以前的海塘建造很少见于文献记载,其中很大的原因,可能是这些构筑活动范围都比较小,影响不彰,以至于史书有所阙如。到了宋代以后海塘修建的记载开始增多。除此之外,北宋元祐年间提刑罗适在台州兴修的水利,是这时期台州地区最重要的海塘建设工程。比较遗憾的是,虽然史书中对罗适兴建函闸、整治官河记载较多,但对其在海塘方面的兴建语焉不详。南宋时朱熹在整修黄岩诸闸时有《修闸奏状》,其中提到"旧有河泾堰闸,以时启闭,方得灌溉",这其中的堰,可能就包括防海堤塘。较朱熹稍后的台州人彭椿年在其《重修黄岩诸闸记》中,提到"古来为塸二百所,足以荫民田",这二百塸中,或也包括沿海堤塘;并进一步指出"元祐间,罗公适持节本路,因其塸之大者,建置诸闸"③。可见,这些"塸之大者"多位于河口海边,与常丰闸、清混闸等,组成了"筑塘以捍海""阻咸蓄淡"的堤塘函闸体系。除了常丰闸、清混闸,罗适修建的概闸共有十一处,"今之黄望、石湫、永丰、周洋皆其遗迹也"④。

其中的常丰、清浑二闸,是当时比较重要的海塘配套工程。二闸都位于原黄岩县东隅。《清一统志》:"常丰闸,在黄岩县东

① 雍正《浙江通志》卷58《水利七·台州府》

② 《清一统志》卷229《台州府》。

③ 光绪《黄岩县志》卷3《地理水利》"官河"。

④ 彭椿年《重修黄岩诸闸记》雍正《浙江通志》卷59《水利七·台州府》"常丰、清浑二闸"。

江河之间,河清江浊。宋元祐中,提刑罗适建清浑二闸,以防河水之泄、潮水之入。随潮大小,以时启闭,为舟楫往来之利。"①三闸自北宋元祐年间建成以后,历代多经修缮。"淳熙间,考亭先生朱公及西蜀勾公昌泰相继为常平使者",先后做了修缮②。其中,浙东提举勾昌泰修缮时,曾填平二闸,但在元代大德年间知州韩国宝却恢复了二闸,"舟楫往来,随潮大小,以司启闭",可见勾昌泰填平二闸之举显然缺乏周全考虑。《宋史》对之有记载:

> 淳熙十二年,浙东提举勾昌泰言:黄岩县旧有官河,自县前至温岭凡九十里,其支流九百三十六处,皆以溉田。元有五闸,久废不修。今欲建一闸,约费二万余缗,乞诏两浙运司,于窠名钱内支拨。
>
> 明年六月,昌泰复言:黄岩县东地名东浦,绍兴中开凿,置常丰闸,名为决水入江,其实县道欲令舟船取径通过,每船纳钱,以充官费。一日两潮,一潮一淤,才遇旱干,更无灌溉之备。已将此闸筑为平陆,乞戒自今,永不得开凿放入江湖,庶绝后患。③

此后不久,"李谦、李大性又重修焉","以永丰之闸又复废淤,从而新之"④。到了明嘉靖年间,黄岩县筑城,地形改变,二闸也逐渐被废弃:"明嘉靖壬子筑城,跨河而东,设陡门于河口,仅容水之往来,舟楫不通,二闸虽存无所用矣。"

---

① 《清一统志》卷 229《台州府》。

② 彭椿年《重修黄岩诸闸记》雍正《浙江通志》卷 59《水利七·台州府》"常丰、清浑二闸"。

③ 《宋史》卷 97《河渠志第五十·河渠七·东南诸水下》。

④ 雍正《浙江通志》卷 59《水利七·台州府》"常丰、清浑二闸"。

温州海塘主要分布于乐清、瑞安、平阳沿海，早期海塘多建于宋代，后期由于海岸线拓展，先期修建的海塘有些演变成内河塘。如平阳万全塘，在平阳县东北，"自县北至瑞安飞云渡三十五里"，塘内原来为海湾，"世相传为海涨之地"①，后沿飞云江筑堤，形成平畴，万历《温州府志》说："万全乡，负县郭，古为海，后筑塘为田"②。海塘原来由夯土筑成，稳定性较差，"旧破河为土塘，岁久颓圮"；后改为土石结合，稍有进步，"宋绍兴中，里人徐几为倡，铺石其上，功未成而□"③。但比较频繁的修建大约从南宋时开始：乾道二年"海溢塘坏"，朝廷派员"临视，塘内徙数百步"，"始用刚土杂石子筑之"④，但这次工程范围不大，"未大修筑也"⑤。此后，由官员捐资倡议、民间集资，对堤塘做了彻底改造，"淳熙间左司议蔡必胜以石更造，费二十余万缗，因即鸣山保安院为修塘司，出纳有籍"⑥。此次修缮较绍兴年间更进一步，原来是"铺石其上"，此次是"以石更造"，改土筑为石砌。当时除了左司议蔡必胜等出资"二十余万缗"，还要求塘内税户都来出资出力，"乃约里居税户随其厚薄，分力办事"，还专门成立了修缮、维护堤塘的机构"修塘司"，以保障堤塘的日常维护与不时修建。此次改造修缮基本奠定了万全塘的整体框架。

元明时期，万全塘曾被大规模拆除，嘉靖年间又整体修复。

---

①　(明)蔡芳《平阳万全海堤记》，民国《平阳县志》卷7《建置志·水利》"万全塘"。

②　万历《温州府志》卷1。

③　弘治《温州府志》卷五《水利·平阳县》"万全塘"。

④　(明)蔡芳《平阳万全海堤记》，民国《平阳县志》卷七《建置志·水利》"万全塘"。

⑤　民国《平阳县志》卷7《建置志·水利》"万全塘"。

⑥　雍正《浙江通志》卷61《水利十·温州府》。

"元初修塘司没入官塘,遂阙陷。大德九年,滕天骥督民修完。"元末时因为战乱,拆塘石而建县城,由此遭到严重破坏。明初因为沿海筑城,海塘石材再度成为被拆对象:"元末县筑城,塘石拆毁";"洪武八年增筑平阳城,塘石尽毁。""弘治巳酉(二年)王令博图复阙旧,功未成而去。(弘治)十三年壬戌,何节推鼎修筑完固。"①"正德间,大理寺正周敦摄县事,议筑石堤未果。""嘉靖二年,知县叶逢阳、县丞唐祐砌石为之,高寻有四尺,广倍之而有余,长一万二千余尺。"②这次的工程非常彻底,"仿浙江钱塘制",工程费用、工程材料所费不少,"费巨用宏"。虽然如此,知县叶逢阳、县丞唐祐仍旧以保障质量为前提,"以为不若是,无以善后贻永",费用不足,则"萃缗于亩"。于是,"规货食,计匠佣,揣遏迩,董事期。萃缗于亩,剜石于山,鸠工于良,责成于水利所及之乡"。堤塘建筑"仿浙江钱塘制",采用上下错缝砌法,以图牢固:"每地丈法,用长条石九十以为之经,短条石六十为之纬,纵横积叠,上下参错。复以乱石杂土傅其里,以为贴帮。"③除了砌作石塘,此次工程还兼顾塘河疏浚,以便雨季时排涝:"又率民馀力,疏通陡门陂浦,以备暴涝。"万全塘的建造,对于濒海平原的形成主要不可小视。以前的海湾滩地,由此逐渐成为粮仓,"向为斥卤者,兹皆为沃壤",对当地的社会经济发展具有重要作用。

除此之外,瑞安的沿海也筑有海塘,年代也不会晚于宋代。弘治《温州府志》记载:

---

① 以上未注明处见弘治《温州府志》卷5《水利·平阳县》"万全塘"。

② 民国《平阳县志》卷7《建置志·水利》"万全塘"。

③ (明)蔡芳《平阳万全海堤记》,民国《平阳县志》卷7《建置志·水利》"万全塘"。

瑞安县沿海圩岸塘,在清泉、崇泰二乡。又自城南越江,自东纤长二十里,至平阳县砂塘斗门,在南社乡。以备沿海飓风秋作、海涛淹没田禾之患,所系甚重,遇有坼塌,必加修筑,以捍障焉。洪武二十七年为为兴利除害事重筑。①

宋代兴建的水利项目如下。

(1)开庆碶

在鄞县县东十里手界乡,旧名雀巢碶。宋开庆元年"判府吴潜重建"②。其初建年代不详。据《四明续志》,开庆碶"旧名鹊巢,在鄞县手界乡镇甲,旧志所书已废为田",当时的志书记载已经废为农田,可见其最初建造年代或早于南宋。到了开庆年间丞相吴潜任明州郡守,其对兴修水利尤其重视,开庆碶由此也得以恢复:"开庆元年夏,大使丞相(指担任郡守的丞相吴潜)兴水利者徧乎四境,因思是碶滨江,不复则遏其福江以东之民,乃拨钱四万五千八百贯,米一百二十四石,委官创为之"。开庆碶建成以后,既可以阻截海水倒灌,以减少对滨江农田的损害。到了枯水季节,还可以储蓄上游河水,用以灌溉田亩,可谓一举多得,"既成,河流不复渗,海潮不复入矣。遂名曰开庆碶"③。到了清代,开庆碶又被废弃,"今复废焉"④。

(2)常丰闸

在海盐县北四十里,由闸门、闸堤等组成,"闸口阔一丈二尺,两块各高一丈六尺五寸"。两翼闸堤很长,被称为横塘,《至

---

① 弘治《温州府志》卷5《水利·瑞安县》。

② 雍正《浙江通志》卷56《水利五·宁波府》。

③ 《开庆四明续志》卷3《水利》"开庆碶"。

④ 雍正《宁波府志》卷7《山川上》。

元嘉禾志》记载："横塘在县北四十里，考证即常丰闸，北通南湖浒。"①

常丰闸最初建于北宋嘉祐元年，县令李维几植木为闸，并"置乡底堰三十余所"。元祐四年何执中为县令，将常丰闸由木质闸门"易以石"。淳熙十五年县令李直养盖闸屋、易闸板，"自是农被闸堰之利，频岁得稔"。常丰闸在南宋时颇受重视，当时朝廷曾下文对其进行修缮，《宋史》记载："淳熙九年，又命守臣赵善悉发一万工，修治海盐县常丰闸及八十一堰坝，务令高牢，以固护水势，遇旱可以潴积。"②

李维几"置乡底堰三十余所"、赵善悉修建的八十一堰，后代多有兴废，《至元嘉禾志》记载有八十一堰之名：

张泥庵、新朱泾、钱泾堰、周大堰、许家堰、徐泾堰、落汇堰、朱庄堰

右隶开济乡

干泾堰、钱家堰、丁汇堰、朱泾堰、练浦堰、淘泾堰、白塔堰、孔家堰

右隶永宁乡

徐泾堰、铁城堰、黄泥堰、高峯堰、大王堰、小华家堰、大华家堰、东吴市堰、西吴市堰

右隶长水乡

北横泾堰、彭村湖堰、楞巷堰、马家堰、滕家庙堰、倪家堰、麗家堰、杨家堰、卫港堰、六里堰、三里堰、孙家堰、汤家堰

右隶德政乡

---

① 《至元嘉禾志》卷5《浦淑》"横塘"。

② 《宋史》卷97《河渠志第五十·河渠七·东南诸水下》。

十八里堰、白马堰、李家堰、孙堰、沈驼堰、孙三堰、马廐堰

右隶武原乡

土山堰、小山泾堰、钟矶堰、湖口堰、小黄泥堰、代峰堰、清水墓堰、李塔堰、沈墓堰、东裴塔堰、西裴塔堰、立沈堰、马垛堰、杨渎堰、东闸堰、墓峰堰

右隶齐景乡

西闸堰、祇园堰、俞家堰、大芒塘堰、麦塔堰、西黄泥堰、朱洞堰、杨荡堰、俞家堰、夏角堰、姚星堰、翁庄堰、沈福庄堰、志公堰、大孙堰

右隶华亭乡

戴堰、冯奥堰、钱家堰、许洞堰、月河堰

右隶大易乡①

到了明清,其中的一些堰堤已被废止,雍正《浙江通志》记载的堰堤名称已不足三十处:

大王堰、板层堰、黄泥堰、小华家堰、西吴市堰、东吴市堰、铁城堰、徐泾堰、董泾堰、嵩峰堰、谈家堰、棠成堰(以上俱在海盐县长水乡);

孙家堰、沈家堰、六里堰、北横泾堰、彭村湖堰、八□港堰、马家堰、胜家庙堰、倪家堰、庞家堰、杨家堰、卫家堰、三里堰、汤冯堰(以上俱在海盐县德政乡)。②

而常丰闸也在宋代时因为有妨碍船只通航而一度被拆除:"后以舟楫通行不便,闸竟废。"③

---

① 《至元嘉禾志》卷5《浦溆》"常丰闸"。
② 《至元嘉禾志》卷5《浦溆》"常丰闸"。
③ 参见雍正《浙江通志》卷54《水利三·嘉兴府》"常丰闸"。

以常丰闸为代表的堰闸组群是当地的主要水利设施,对濒海平原的农田灌溉具有重要保障意义。堰闸的作用主要是储存水源,否则"水无所潴,一遇亢旱,动辄告灾"。《至元嘉禾志》:"海盐海奠其东,水无源流,独藉官塘一带以灌十乡之农田,十日不雨,车戽之声一动,则其涸可立而待。而又下通太湖、松江,水倾注而去,犹居高屋之上建瓴水也。是以堰闸之设,视他邑尤为急务。自宋嘉祐元年县令利瓦伊几植木为闸,及置乡底堰三十余所,后亦渐废。元祐四年河清源公执中为令,恐闸之木不可久,遂易以石。淳熙九年守臣赵善悉兴修水利,增筑乡底堰共八十一所,每岁二月筑堰,九月开通。淳熙十五年,县令李直养重盖闸屋,易闸板,自是农被闸堰之利,频岁得稔。后间废。"[1]《海盐县续图经》也说:"海盐据禾城之上游,环山滨海水无渟滀,惟藉官塘一带,以灌十乡之田。每十日不雨,车戽一动,则其水立涸,农田龟坼,是以堰闸之设,较他邑尤为急务。古人多置堰闸,以阻遏水势,每岁二月筑塞,九月始开,诚善政也。后人以舟楫阻滞,毁诸堰闸,以快目前之便,不知水无所潴,一遇亢旱,动辄告灾,此由堰闸之废弛故耳。"[2]

查光绪《海盐县志》其"堰闸"一栏已无常丰闸之名,可见常丰闸或早已被废止。

（3）双河堰

在慈溪县西北七十里鸣鹤乡,与余姚县上林乡接境。原有水闸,宋乾道九年,"里民于闸之左右,置堰以便舟楫"[3]。南宋

---

① 《至元嘉禾志》卷5《浦溆》"常丰闸"。

② 光绪《海盐县志》卷6《水利》"堰闸"引《续图经》。

③ 《清一统志》卷224《宁波府》"双河堰"。

开庆年间,"塞双河闸",并重修双河堰,元大德年间"义士童金重修"①。《开庆四明续志》:"双河旧有碶匣,在慈溪之鸣鹤,与越之余姚上林乡接境。上林居西而地势高,鸣鹤居东而地势下,久雨,上林之水东注,邻壤为壑,置闸以限之。然舟行,则闸启,而水之患如故。近岁,乡人曹氏于闸之左为双河,堰以便车船,意亦善矣。而舍堰而趋闸者则不可遏也,乡人病之。开庆元年五月,请于郡大使丞相(指吴潜),委制干赵若□莅其事。俾塞双河闸为实地,给钱一千贯。于双河堰之傍立屋,两间四挟,择巨木为车柱,埋石备缆,悉如诸大堰之制。已塞闸基之上,则为屋三间,以处堰丁。曹进士且措置,拨租余五十石,以供打造索缆之费焉。规模一定,自此永无浸冒之祸矣。"②

当时与双河堰同时建造的还有双河塘,也称潒塘,长六百余丈。光绪《慈溪县志》记载:"双河塘,鸣鹤乡与余姚之上林乡同一河,上林之水泛滥,则流入鸣鹤,每年苦涝。乾道元年里人曹阅捐钱二千缗倡率,乡豪益以二千缗,创建双河界塘六百余丈。自是截断西流,鸣鹤之田遂为膏腴。"③可见兴建双河堰、双河塘,其主要作用是阻截洪水,也利于两境的舟楫往来。

(4)云龙碶

在鄞县东南三十里手界乡,因为位于荻江上,故又名荻埭碶。宋熙宁间邑簿黄宁创筑,县令曹隋成之。成化《宁波郡志》说:"县东南一十五里,又名荻埭碶。襟江带河,疏蓄有备。"④云龙碶的作用主要在于内通溪流、外障江潮⑤;枯水时节可以截住

---

① 雍正《浙江通志》卷56《水利五·宁波府》。
② 《开庆四明续志》卷3《水利》"双河堰"。
③ 光绪《慈溪县志》卷10《水利》"双河塘"。
④ 成化《宁波郡志》卷3《河防考》。
⑤ 《甬上水利志》卷2《四乡河渠》"江东碶闸"。

山涧清流,用以灌溉农田,同时还有阻截海潮顺江而上侵蚀水田的功能;雨季洪涝时则开闸泄水,亦即所谓的"疏蓄有备"。明沈一贯《重修大石碶记》载,鄞县"倚于郡,其境中分于江。江西田仰溉于它山、桃源之泉,泉从四明山来,最远,故多腴;江东田仰溉于横溪、钱湖、小白诸泉,泉从金峨、福泉、太白山来,源近,故多瘠。入夏半月不雨,农病矣。雨三日不休,复涝。蓄泄之时,惟藉人力"。由此,鄞县一带,濒海临江去处多设碶闸,其中,云龙碶是许多碶闸中功效较著者,《重修大石碶记》记载,鄞县"三面滨江,酾为水门,以碶名者十余,而最著为云龙、为乌丰、为五乡,云龙南泄,乌丰西泄,皆入江;五乡东泄入小港,达海最捷"。元赵孟河《云龙碶记》:"鄞之东三十里,凡七碶,襟江带河,荻埭(即云龙碶)最巨。[1]"

云龙碶自北宋熙宁年间建成以后,历代多有修缮,元大德十一年,"县丞卢廷信重修,置上下梁,又建僧舍,俾之守理"[2]。明天顺五年郡守陆阜修治,"涉岁弗绩";天顺八年郡守张瓒续修完成,"民多获利"。[3]

据《甬上水利志》记载,云龙碶"长五丈、阔一丈二尺","由二十一都四图于五图合管",并常设有专门管理人员,拨出经费,用以支付管理费及日常维护,"额设碶夫一名,工食银三两六钱;闸板银二两八钱"。[4] 元赵孟河《云龙碶记》:

> 鄞之东三十里,凡七碶,襟江带河,荻埭最巨。创自邑簿黄公宁,而宰曹公隅成之。设僧舍而守。力大势危,惊涛

---

① 《甬上水利志》卷 2《四乡河渠》"明沈一贯《重修大石碶记》"。

② 《甬上水利志》卷 2《四乡河渠》"云龙碶"。

③ 成化《宁波郡志》卷 3《河防考》。

④ 《甬上水利志》卷 2《四乡河渠》"云龙碶"。

春薄。岁久仆且决。乡民病焉。岁丁未孟春，丞卢公廷信
以都水监募乡甲户治旧迹，昼运石，夜搬木，以筑。中固旁
坚，且置上下梁，虚其泄。越四月落成。余则卑僧理守舍。
是役也，视前制为壮。民忘其劳，身先之也。丞，真定人，性
简毅，莅政清以明省。若台檄下，率委廉能。卢将仕，善政
之多，兹复何述？然继黄曹凡几政，而废垲如昨，此时此役，
宁无汇成迹、上太史氏者乎？始述乡民之歌曰：

> 截荻江而潴兮，练云龙之碑兮！
>
> 可涝可疏，私有蓄兮公有输；
>
> 丞之德兮曷巳？民之思兮瞻以水。

(5)常丰、清浑二闸

在黄岩县东隅，宋元祐中提刑罗适建。《清一统志》："常丰
闸，在黄岩县东江河之间，河清江浊。宋元祐中，提刑罗适建清
浑二闸，以防河水之、潮水之入，随潮大小，以时启闭，为舟楫往
来之利。"[①]北宋元祐年间提刑罗适在台州兴修的常丰、清浑二
闸，对温黄平原的农业生产起到了重要作用。罗适之前，黄岩温
岭一带的近海平原，受海潮冲击，土地盐碱化严重，不利于稼穑，
时人所谓的"负山濒海，形如仰釜；雨则众流奔趋，顿成湖荡；稍
旱，即诸原隔绝，辄成斥卤"[②]。元祐年间罗适任提点两浙刑狱，
兴建堰闸十一处，阻绝海潮；开浚官河九十里，并支河、小泾等数
百条，以灌溉农田，常丰、清浑二闸即是其中之一，这些堰闸的建
成，对台州平原的兴盛、发展起到了重要作用。后人曾对此评论

---

① 《清一统志》卷 229《台州府》。

② （明）周志伟《请开河疏》，雍正《浙江通志》卷 59《水利七·台
州府》。

"罗适开河置闸,地始可耕"①。

自北宋元祐年间建成以后,历代多经修缮。南宋淳熙年间浙东提举勾昌泰曾做大修,并填平二闸,《宋史》有记载:

> 淳熙十二年,浙东提举勾昌泰言:黄岩县旧有官河,自县前至温岭凡九十里,其支流九百三十六处,皆以溉田。元有五闸,久废不修。今欲建一闸,约费二万余缗,乞诏两浙运司,于窠名钱内支拨。

> 明年六月,昌泰复言:黄岩县东地名东浦,绍兴中开凿,置常丰闸,名为决水入江,其实县道欲令舟船取径通过,每船纳钱,以充官费。一日两潮,一潮一淤,才遇旱干,更无灌溉之备。已将此闸筑为平陆,乞戒自今,永不得开凿放入江湖,庶绝后患。②

勾昌泰的改建,或由其缘由。但不久以后,知州韩国宝又恢复原样,可见罗适原建自有其合理之处,光绪《黄岩县志》记载:"元大德中,知州韩国宝重修,舟楫往来,随潮大小,以司启闭。"罗适建清浑闸,有其启闭程序:

> 河船将出,必先启清闸以出船;即闭清闸,而启混闸放船于江。江船将入,必先启混闸以入船;即闭混闸,而启清闸进船于河。所以防浑水之冲、清水之泄也。

到了明清二代,常丰闸多经修缮,"明嘉靖壬子筑城,跨河而东设斗门于河口,仅容水之往来,舟楫不通,二闸虽存,无所用矣"。清"康熙九年,阿总戎尔泰浚河,清见闸底细石,未几复

---

① (明)周志伟《请开河疏》,雍正《浙江通志》卷59《水利七·台州府》。

② 《宋史》卷97《河渠志第五十·河渠七·东南诸水下》。

淤";"乾隆丙子,刘令世宁重修"。①

(6)绣川湖

绣川湖在义乌县西一百五十步,周回九里有奇,灌民田一千五百余亩。因为风景秀丽,一直以来是当地的游览胜地,"山川花木,掩映如绣,故名"②;"群峰环列,粲如组绣,故名";"自宋至今,筑堤修闸,为游览之胜"③。其初次开浚年代不见记载,北宋大观三年,知县徐秉哲开始筑堤湖上,"以通往来"。可见此湖的形成应该远早于北宋。据雍正《浙江通志》引宋濂文章,判断该湖早在唐代时即已颇具名声:

> 乌伤有大泽,曰华川,唐武德间常置华川县,不久而废。今之所谓绣湖,即其地也。④

可见绣川湖在唐代时已经存在,当时被称为"华川",并因之而作为县名。但比较有规模的整治,可能是从北宋时期开始。南宋以降,绣川湖的治理更加频仍:"宋绍兴甲子,知县董燧请湖为放生池,尝一浚之。淳熙戊戌,县丞吴沃以春夏暴涨,而霪管不能宣泄,始更为闸,视盈缩而司启闭,仍架石桥其上,人因以吴公名之。开禧丙寅县丞胡衍、景定甲子知县林桂发复皆重浚。"⑤

进入明代,也曾多次疏浚、治理。景泰间,"重加浚治"。弘治九年,知县郑锡文募民浚治,"周回筑堤,间插桃柳。修石闸以

---

① 以上均见光绪《黄岩县志》卷3《地里·水利》"常丰、清浑二闸"。

② 《明一统志》卷42《金华府》。

③ 《清一统志》卷231《金华府》。

④ 雍正《浙江通志》卷17《山川九·金华府》。

⑤ (明)宋濂《重浚绣川湖记》,见雍正《浙江通志》卷57《水利八·金华府》"绣川湖"。

时启闭,积所浚土,树松其上,因名曰郑公墩"。嘉靖十二年,训导罗傅岩率领诸生"倩工筑湖之北岸"。嘉靖二十九年,知县汪道昆复修湖堤,创造石桥,周回植以松柳。万历间知县俞士章复令沿湖居民累石筑湖堤,以防侵占。崇祯九年,知县许直捐浚。崇祯十三年,知县熊人霖捐浚,建绣津桥。清康熙三十年,知县王廷曾捐资开浚。① 明代人王祎有诗,记绣川湖风光:

> 十里华川上,年来足胜游。
>
> 栈花林下寺,风柳驿边楼。
>
> 漠漠芙蓉浦,依依杜若洲。
>
> 平生身外事,未许付沙鸥。

宋濂《重浚绣川湖记》:绣川湖广袤九里三十步,旧设东西中三管,稽其户田之数,以均水利。其所溉凡八百九十五亩,复加疏沦之功,其利愈博。以亩计者,至一千五百而赢。东南各有斗门,酾以二渠。东渠循堤侧行,会于南,又折而东,疏为三,以达于田。然而众流行潢汚间,挟之入湖,其势易致填淤。在宋绍兴甲子,知县董燿请湖为放生池,尝一浚之。淳熙戊戌,县丞吴沃以春夏暴涨,而霤管不能宣泄,始更为闸,视盈缩而司启闭,仍架石桥其上,人因以吴公名之。开禧丙寅县丞胡衍、景定甲子知县林桂发复皆重浚。自后无继之者,一遇九阳为沴,水辄涸,田遂不稔。曲阜孔侯来为县之三年,政通人和,百废具兴。乃躬复湖滨,愀然而叹曰:无湖是无田也! 兹非县令之责乎! 归,与僚佐谋,集八乡二十八都之民,量地定徭;分乡授事,各植小帜,以别其界域;严示期约,责其成功。于是奋锸齐东,不戒而趋,劝相既

---

① 以上未注明者均见雍正《浙江通志》卷59《水利八·金华府》"绣川湖"。

频，功绪日就。湖之北，故为官道，水啮蚀且甚，因筑而广之。湖南沿堤亦有曲径，以通人行，居民侵塞且及湖百尺，皆斥而复之。杂蓺花柳，映带左右，复聚土为山于花岛之后。

（7）明州水则

又称平水则，在明州（宁波）城西南隅，"月湖之尾，去郡治数十步"。此地为诸水交汇之处，"水自它山来者由长春门而入，自林村石塘来者由望京门而入，皆会兹湖"。南宋郡守吴潜于开庆元年（1259年）在此设立水则，以控制、调节郡城的水闸："旁有石桥，名曰平桥。宋宝祐（1253－1258年）间丞相吴潜于郡城平桥南立水则，书'平'字于石。视字之出没为启闭注泄之准。"吴潜《建平水则记》说明了建立水闸的缘由：

> 四明郡阻山控海，海派于江，其势卑；达于湖，其势高。水自高而卑，复纳于海，则田无所灌注。于是限以碶闸，水溢，则启；涸，则闭。是故碶闸、四明水利之命脉；而时其启闭者，四明碶闸之精神。考其为启闭之则，曰平水尺。往往以入水三尺为平，夫地形在水之下者，不能皆平；水面在地之上者，未尝不平。余三年积劳于诸碶……偏度水势，而大书平字于上。方暴雨急涨，水没平字，戒吏卒请于郡巫，启钥；若四泽适均，水沾平字，钥如故。都鄙旱涝之宜，求其平，于此而已。故置水则于平桥下，而以平字为准。后之来者，勿替兹哉。①

但吴潜建水则之前，明州已经早有水则设施，据《宝庆四明志》：

---

① 雍正《浙江通志》卷56《水利五·宁波府》。

　　大石桥碶：(鄞)县东城外一里,童、育两山之水本自此入江,岁久湮塞,亦图志之所不载。淳祐二年(1242)郡守陈垲亲访古迹,得断石沙碛中,此地良是。遂即桥下作平水石堰,而于浦口置闸,立桥。内可以泄水,外可以捍潮。①

　　淳祐二年较之开庆元年(1259年)早十余年,其所建的平水则,是在"亲访古迹,得断石沙碛中"的基础上修建的,可见在此之前,水则已经存在。《明一统志》记载:"胡榘,宝庆中知庆元府,措置有方,于水利尤尽心。立水则,刊平字于石,为启闭之准,民皆德之。"②宝庆(1225—1227年)较之淳祐又更早一些。显然,吴潜由于在当时官位、名声更大,所以其修建的水则碑也名头更响。

　　浙江境内最早用水则调控水位的,当属绍兴鉴湖,《嘉泰会稽志》记载,镜湖"湖下之水启闭……有石牌,以则之"。鉴湖的水则牌不止一处,由所在地委员管理,根据水位高低情况,决定闸门启闭:

　　一在五云门外小凌桥之东,令春夏水则深一尺有七寸,秋冬水则深一尺有二寸,会稽主之;一在常喜门外、跨湖桥之南,令春夏水则高三尺有五寸,秋冬水则高二尺有九寸,山阴主之……凡水如则,乃固斗门以蓄之;其或过,则然后开斗门以泄之。自永和迄我宋几千年,民蒙其利。③

　　《嘉泰会稽志》认为鉴湖的水则早在东汉永和年间开凿镜湖时就已经存在,到南宋时已经有近千年的历史了,"自永和迄我宋几千年"。镜湖的水则是否永和年间早已有之,还需要进一步

---

①　《宝庆四明志》卷12《鄞县志卷一》。

②　《明一统志》卷46《宁波府》。

③　《嘉泰会稽志》卷13《镜湖》。

的史料佐证。但大约在北宋宣和年间,位于浙西的许多府县都已经设立了水则,以控制水位情况。《吴中水利全书》记载:"立浙西诸水则石碑。凡各陂湖泾浜河渠,自来蓄水灌田通舟,官为按核,打量丈尺,并地名四至,并镌之石。"①

除了浙西在宣和年间普遍设立水则石碑,位于温州的永嘉水则,设立时间要更早一些,永嘉水则"在谯楼前,五福桥西北第二间石柱上,云永嘉水则。至平字诸乡合宜"。水位以"平"字为准,水位超过"平"字,就需要开闸放水,如水位低于"平"字,则需要闭闸蓄水:"平字上高七寸,合开斗门;平字下低三寸,合闭斗门。"永嘉水则建造时间较早,"宋元祐三年立"②。北宋元祐初年,其大背景即是在熙宁年间王安石变法,提倡水利建设,影响所及,两浙的水利项目许多是在这时期兴建。由此观之,明州的水则或最早也是这时期所建,但需要进一步的加以确认。

此外,南宋时期,楼钥在瑞安、范成大在丽水,都曾设置水则:

> 瑞安县穗丰石桥亦刻水则,淳熙戊申楼守钥立。③

> (范成大乾道年间)作通济堰,搜访故迹,迭石筑防,置堤闼,立水则,溉灌有序。④

实际上水则仅仅是观测水位的标尺牌,要发挥其积极的作用,还需要与碶闸结合,才能发挥最大作用,《宝庆四明志》:

> 碶闸之设,必启闭得宜,则涝有所泄,旱有所潴,水常为吾之利。其或当启而闭,当闭而启,则害亦如之。四明前此

---

① (明)张国维《吴中水利全书》卷10《水治》。
② 弘治《温州府志》卷5《水利》"水则"。
③ 弘治《温州府志》卷5《水利》"水则"。
④ (明)王鏊《姑苏志》卷51《人物九·名臣》。

水患,至民居沈灶早稼生虫者,无他,惜水太过。诸碶不尽放故也。淳祐二年夏,霪雨不止,雨月余,人人皆忧,无可救疗,一饱坏于垂成矣。郡守陈垲谓:旱涝丰歉,在天者固不可必,若人事所当修,岂容不尽其力。遂置平水尺,朝夕度水增减,以为启闭。地形高下不等,水之深浅亦然。大概郡城河滨之水,常以三尺为平,余可类推。过平以上,则当泄。中间数夕暴雨,水骤长至四尺有奇,守夜听雨声、日视水则,时当启闸,率分遣官吏四出斟酌尺寸,为放水分数。亦或尽板一决,城中三喉昼夜使之通流。是年虽积涝,谷粟蔬果一无所伤,岁以稔告。所以然者,常年放水,田氓告之都保,都保告之县,县告之郡,往复行移,动是旬日,水之溢者已壑,稻之浸者已芽;今州郡一闻雨骤水泛,不待都保县道申到,放闸之人已遣行矣。防患未然,所宜书以示后。[1]

(8)孝行碶

孝行碶在新昌县县南一里,宋知县林安宅所开,"自虎队岭导流,入东洞门,绕南门而西,由大佛桥达于三溪碶,长十余里,溉田一万三千余亩,附郭居民皆仰给焉"。明正德、嘉靖年间,"水决虎队岭,碶源长渠或淤或坏,知县涂相、宋贤相继修之"。此后,一度失修,农田也缺乏保障,"后因水利不均,民莫肯修筑。碶就崩颓,田维仰赖雨泽"[2]。明万历三年,新昌大旱,知县田管到现场勘查,"视之,得其故,乃谕民协力修浚"[3]。万历五年,又招募民众增修,"相度碶源溪水比碶为低,因教民采木石,筑长(石拜)堰,溪水入碶。又沿碶加土坚筑,甃以石板",并于"大佛

---

① 《宝庆四明志》卷12《鄞县志卷一》。
② 民国《新昌县志》卷2《水利》"孝行碶"。
③ 雍正《浙江通志》卷57《水利六·绍兴府》"孝行碶"。

桥泄水之处设巨闸,以防旱涝;建窦瓴,以杜穿漏;立均水牌,以均灌溉"①。

孝行碑是新昌最重要的水利设施,对西乡的农田灌溉、民众生养有着攸关影响,"邑西封疆,直抵剡界,无虑数千亩,质厚而色正,耕者宜焉。然雨不时至,则抱瓮嗟叹而已",至北宋知县林安宅"凿渠与祥溪通,引流于山峡间,曲折而西,以灌溉之,于是旱魃之虐弗能及,而西鄙之民赖以生养无憾"②。因此,历代都曾对之修缮,民国《新昌县志》:"此碑为新邑水利最著,其在涂任后者,如曹天宪、宋贤、万鹏诸贤令,志稿皆注明修此碑。"

关于"碑"的名称来源,《民国志》也有解释:"新昌在万山中,地势欹仄。故无圩塘陂荡沟浍之类,止溪流三派。干合枝分,旧于水势注处凿沟分水,引以溉田,名曰碑渠。碑置一长堤领之,水利官亲董其事,农时则督田户通力修浚。灌溉以均,民利赖之。"③可见,碑与堤堰相同,"凿沟分水",更像拦水的堰堤,只是各地称呼不同而已。

（9）万全塘

万全塘在平阳县东北。"自县北至瑞安飞云渡三十五里",塘内原来为海湾,"世相传为海涨之地"④,后沿飞云江筑堤,形成平畴,万历《温州府志》载:"万全乡,负县郭,古为海,后筑塘为田。"⑤原来的土塘始筑年代较早,"旧破河为土塘,岁久颓圯"。有规模的兴建大约开始于宋代,"宋绍兴中,里人徐几为倡,铺石

① 民国《新昌县志》卷2《水利》"孝行碑"。
② (明)何鉴《孝行碑记》,民国《新昌县志》卷2《水利》"孝行碑"。
③ 民国《新昌县志》卷2《水利》"孝行碑"。
④ (明)蔡芳《平阳万全海堤记》,民国《平阳县志》卷七《建置志·水利》"万全塘"。
⑤ 万历《温州府志》卷1。

其上,功未成而□"①。乾道二年"海溢塘坏",朝廷派员"临视,塘内徙数百步","始用刚土杂石子筑之"②,但这次工程范围不大,"未大修筑也"③。此后,由官员捐资倡议、民间集资,对堤塘做了彻底改造,"淳熙间左司议蔡必胜以石更造,费二十余万缗,因即鸣山保安院为修塘司,出纳有籍"④。此次修缮较绍兴年间更进一步,原来是"铺石其上",此次是"以石更造",改土筑为石砌了。当时除了左司议蔡必胜等出资"二十余万缗",还要求塘内税户都来出资出力,"乃约里居税户随其厚薄,分力办事"。还专门成立了修缮、维护堤塘的机构"修塘司",以保障堤塘的日常维护与不时修建。大约此次改造修缮基本奠定了万全塘的整体框架。

元明时期,万全塘曾被大规模拆除,嘉靖年间又整体修复。"元初修塘司没入官塘,遂阙陷。大德九年,滕天骥督民修完"。元末时因为战乱,拆塘石而建县城,由此遭到严重破坏;明初因为沿海筑城,海塘石材再度成为被拆对象:"元末县筑城,塘石拆毁";"洪武八年增筑平阳城,塘石尽毁"。"弘治巳酉(二年)王令博图复阙旧,功未成而去。(弘治)十三年壬戌,何节推鼎修筑完固。"⑤"正德间,大理寺正周敦摄县事,议筑石堤未果。""嘉靖二年,知县叶逢阳、县丞唐祐砌石为之,高寻有四尺,广倍之而有余,长一万二千余尺。"⑥这次的工程非常彻底,"仿浙江钱塘

---

① 弘治《温州府志》卷 5《水利·平阳县》"万全塘"。

② (明)蔡芳《平阳万全海堤记》,民国《平阳县志》卷 7《建置志·水利》"万全塘"。

③ 民国《平阳县志》卷 7《建置志·水利》"万全塘"。

④ 雍正《浙江通志》卷 61《水利十·温州府》。

⑤ 以上未注明处见弘治《温州府志》卷 5《水利·平阳县》"万全塘"。

⑥ 民国《平阳县志》卷 7《建置志·水利》"万全塘"。

制"，工程费用、工程材料所费不少，"费巨用宏"。虽然如此，知县叶逢阳、县丞唐祐仍旧以保障质量为前提，"以为不若是，无以善后贻永"，费用不足，则"萃缗于亩"。于是"规货食，计匠佣，揣遏迩，董事期。萃缗于亩，剜石于山，鸠工于良，责成于水利所及之乡"。堤塘建筑"仿浙江钱塘制"，采用上下错缝砌法，以图牢固："每地丈法，用长条石九十以为之经，短条石六十为之纬，纵横积叠，上下参错。复以乱石杂土傅其里，以为贴帮。"①除了砌作石塘，此次工程还兼顾塘河疏浚，以便雨季时排涝，"又率民馀力，疏通陡门陂浦，以备暴涝"。邑人蔡芳并为之撰有碑记《平阳万全海堤记》。

万全塘的建造，对于濒海平原的形成主要不可小视。以前的海湾滩地，由此逐渐成为粮仓，"向为斥卤者，兹皆为沃壤"，对当地的社会经济发展具有重要作用。

（10）石室堰

石室堰在衢州府西安县十一都，是衢州府城主要的水利设施，"宋南渡时创为此堰，县丞张应麟董其事"②。"溉田二十万亩，为县境水利第一。"③石室堰建造之初，工程遇到困难，"三年工不就"，后遇山洪暴发，杂物阻塞江道，由此获得启发，"虽马自沉中流以死，自后，堰址始定"。此堰筑成以后，除了灌溉农田，还为府城居民供应清洁水源，"水不独为田畴灌溉之利，七十二沟之水汇于城南，而为城东南之大濠，复引濠入城，而为内河，盖一邑根本之关系"④。王玑在《开杨公河记》中记述了石室堰渠

---

① （明）蔡芳《平阳万全海堤记》，民国《平阳县志》卷7《建置志·水利》"万全塘"。

② 雍正《浙江通志》卷57《水利八·衢州府》。

③ 《清一统志》卷233《衢州府》。

④ 雍正《浙江通志》卷59《水利八·衢州府》"石室堰"。

水进入城壕的路径：

> 吾衢当浙上游，郡治据其冈南，迎石室堰之水。其水发源括苍，经流至烂柯山下，昔贤堰其水入沟，曰石室堰。分道灌注民田，至城南，逾魁星闸入濠，回遶城东，南北为池，与西溪之水四面交抱，共成城郭沟池之固。①

石室堰堰渠还曾作为运输通道，"堰中留一小口，既可以杀水势，亦可以放小篺……一切商贸，俱由堰沟至郡城南门盘坝入江，商民两便"②。

大约在堰事筑成的同时，县丞张应麟就订立了相关管理规定，如设立有堰长，负责堰渠的日常管理，并由堰夫从事堰渠的修缮维护，等等。康熙《衢州府志》："如筑堰，则每年照水利册，挨甲签田多者为堰长，堰夫则编定十六都，后遣童村居民，此从前成例。"相关堰规到了康熙年间又做了规定："康熙四十七年，又经督院梁批定在案，无复可更变，以挠成宪矣。"康熙《衢州府志》并说："第堰长最忌包充签点，必于正身，始无草率搭应，砌筑不厚，荆篁不加之弊。况包充之人，志在获利，即如遵禁，四月封堰，此时或霪雨水涨，田不需水，堰且没入水中，何从修筑"；"不特修筑事宜区划宜详，而堰上阻放木篺，与商人违禁越堰，皆宜相时立法。"③

石室堰筑成以后，历代多加修筑。明弘治年间，衢州知府沈杰曾对堰渠做了修缮，疏浚堰渠，引水入城，"浚河，引石室堰水

---

① 雍正《浙江通志》卷59《水利八·衢州府》"杨公河"。
② 康熙《衢州府志》卷10《水利图第十》"石室堰"。
③ 康熙《衢州府志》卷10《水利图第十》"石室堰"。

入濠","有利於民"①。隆庆年间,衢州知府韩邦宪又作修缮②。清康熙三十六年,知县陈鹏年修缮堰渠,并新定堰规:"照现在承水田亩,编为十甲,轮充堰长,每年自六月初一日封坝,禁止私放竹木,以防泄水,至八月初一日开堰。"③

康熙《衢州府志》:"衢州山高而水驶,故堰坝陂塘之筑,视他郡为尤急。而石室堰其最大者也。"此堰也是衢州地区较早的大型水利设施,对当地民生、经济影响颇大,"往,堰未筑时,县佐张公勤于其事,堰遂以成。至今百姓世赖焉"④。因此,历来被称为衢州"水利第一"⑤。

(11)杉青堰

一名杉青闸,在嘉兴市秀水县"县北四里"⑥,初建时间不详。北宋熙宁元年有明确修缮记载:"神宗熙宁元年十月,诏杭之长安、秀之杉青、常之望亭三堰监护使臣,并以管干河塘系衔,常同所属令佐巡视修固,以时启闭。"⑦杉青闸的主要作用是为控制调节大运河水位,使得运河水与周围水系保持平衡,避免运河水流失。《宋史》:"运河之浚,自北关至秀州杉青各有闸堰,自可潴水。惟沿河上塘有小堰数处,积久低陷,无以防遏水势。当以时加修治。兼沿河下岸泾港极多,其水入长水塘、海盐塘、华

① 《清一统志》卷233《衢州府》:"沈杰,长洲人,宏治中衢州知府,修雉堞,建窝铺……浚河,引石室堰水入濠,皆有利于民。"

② 《清一统志》卷233《衢州府》:"韩邦宪,高浮人,隆庆中知衢州府,筑石室堰以灌田。"

③ 雍正《浙江通志》卷57《水利八·衢州府》"石室堰"。

④ 康熙《衢州府志》卷10《水利图第十》。

⑤ 雍正《浙江通志》卷59《水利八·衢州府》"石室堰"。

⑥ 《至元嘉禾志》卷5《浦溆》"杉青堰"。

⑦ 《宋史》卷96《河渠志第四十九·河渠六·东南诸水上》。

亭塘,由六里堰下私港散漫,悉入江湖。以私港深、运河浅也,若修固,运河下岸一带泾港自无走泄。"①明代时杉青闸筑有三堰,用以平衡水位,《明史》:"(运河)入秀水界,逾陡门镇,北为分乡铺,稍东为绣塔。北由嘉兴城西转而北出杉青三闸,至王江泾镇。"②到了清代,杉青堰逐渐被废,光绪《嘉兴府志》"今堰久废"③。

这时期兴修的其他水利项目有:

北宋时期

庆春河:在富阳县东门内,东至观山,西至苋浦,置陡门二。宋宣和四年县令吴仿开筑。④ 原来作为县城的城壕,"即古县濠","后湮塞"。清代康熙元年知县朱永盛重浚,光绪年间知县庄殿华再作疏浚。⑤

元丰塘:在于潜县长安乡,宋元丰三年于潜县令崔通开建,"为邑人利,至今呼之为崔长官塘"。南宋庆元年间,县令邵文炳又作重浚。⑥

风棚碶:一名望碶。在宁波鄞县"县西南三十里光同乡,宋熙宁中县令虞大宁置"。

利家堰:一作李家堰。在慈溪县西南六十五里,障蓝溪之水。溪之东南曰洪庄保,其田二十余顷,常苦于旱。宋元祐间礼部郎中张宏筑堰开渠,"浚长沟二千七百余丈,接蓝溪,当溪之冲

---

① 《宋史》卷97《河渠志第五十·河渠七·东南诸水下》。

② 《明史》卷86《水利志第六十二·河渠四·运河下》。

③ 光绪《嘉兴府志》卷29《水利》。

④ 雍正《浙江通志》卷53《水利二·杭州府下》。

⑤ 光绪《富阳县志》卷9《地理上》。

⑥ 雍正《浙江通志》卷53《水利二·杭州府下》。

置堰以固之"，所引溪水，分别灌溉余姚、慈溪两地农田，"归三分于越之杨溪，至李家闸注于江；引七分于沟，以溉洪庄保之田"。此后洪水冲坏渠道，"后涝水冲激，所浚之沟漫为平壤，溪流尽归杨溪，而民无所赖矣"。① 大约清初时曾经修复，"修堰浚沟，始复其利"②。

黄庄堰：在奉化县东南十五里。北宋崇宁年间兴建。

大堰、聚堰：俱在奉化县南半里，北宋政和年间县令周因建。

蒋家碶、刘大河碶：俗名王家碶，俱在奉化县北三十三都，北宋熙宁间邑人王元章之祖建，建炎二年王元章重修。③

常浦碶：在奉化县北三十五都，北宋元祐年间，两浙提举舒亶兴建，并立碑石："两县三乡之所取济，常浦、进林互相接引，不可缺一。"④宝庆《四明志》："界于鄞县，两县三乡所仰之水利也。"⑤

刘大河碶：在奉化县北二十五里，北宋熙宁年间"邑人王元章之祖出力创建，其后浸废"。建炎二年王元章有请于县，再作修缮。⑥

朝宗碶：在象山县南十里，俗名大碶头。与百丈岸碶、胡家碶三处为合县水利攸关。北宋元祐六年知县叶授修建。南宋绍兴七年县令宋砥重修。⑦

湘湖：在萧山县西二里周八十里，溉田数千顷。北宋县令杨

---

① 雍正《宁波府志》卷7《山川上》。
② 雍正《浙江通志》卷56《水利五·宁波府》。
③ 以上见雍正《浙江通志》卷56《水利五·宁波府》。
④ 雍正《浙江通志》卷56《水利五·宁波府》
⑤ 《宝庆四明志》卷14《奉化县志卷一·渠堰碶闸》。
⑥ 《宝庆四明志》卷14《奉化县志卷一·渠堰碶闸》。
⑦ 雍正《浙江通志》卷56《水利五·宁波府》。

龟山兴建,分为南北两湖,南面称为上湘湖,北面称为下湘湖。灌溉崇化、由化、夏孝、昭明、长兴、赡养、新义、来苏八乡。①

　　汝仇湖:在余姚县西北四十里,周围三十里,"广千顷与,余支湖相通,南距山,北距海,堤其水,东南入后清江"②,是一座依山傍海的大湖。初建年代不详,至少北宋时期应该存在,南宋初期曾经做过疏浚,"绍兴二年得旨,复废为湖"。建有闸门六处,使"蓄泄无碍",《嘉泰会稽志》"有土门六所,湖内籍田七百余亩"③,可见当时湖面已经多被垦占。但清代时汝仇湖仍有疏浚整治,并发挥灌溉作用:"议准浙省上虞之夏盖湖、余姚之汝仇湖,关系水利,自应使之宽深容纳,庶旱涝有资,蓄泄无碍。"④

　　夏盖湖:在上虞县西北四十里,北枕大海。周一百五里,有三十六沟,引灌五乡十三万亩,兼有菱芡芙蕖鱼虾之利,俗谓日产黄金方寸。宋熙宁中县尉张渐废为田,元祐四年吏部郎中章篆奏复之。是当时上虞、余姚两县的重要水利设施,"上虞余姚所管陂湖三十余所,而夏盖湖最大,周围一百五里,自来荫注上虞县新兴等五乡及余姚县兰风乡,此六乡皆濒海,土平而水易泄,田以亩计无虑数十万,惟藉一湖灌溉之利"⑤。清代时此湖仍有疏浚整治,"议准浙省上虞之夏盖湖……关系水利,自应使之宽深容纳,庶旱涝有资,蓄泄无碍"⑥。

　　石湫闸:在黄岩县二十五都,俗呼委山闸,北宋元祐年间罗

----

① 雍正《浙江通志》卷 57《水利六·绍兴府》。
② 《清一统志》卷 226《绍兴府》。
③ 嘉泰《会稽志》卷 10《湖》。
④ 《清会典则例》卷 35《户部·田赋二》。
⑤ (宋)陈橐《上传崧卿太守书》,雍正《浙江通志》卷 265《艺文七·书》。
⑥ 《清会典则例》卷 35《户部·田赋二》。

适建。①

大溪：在宁海县西四十里，北宋元祐中提刑罗适敦促宁海县兴修，"元祐中罗提刑适檄县窒之，颇疏凿，使近邑。今去溪无半里，民以为便"②。

永丰闸：在太平县繁昌乡十都，宋元祐中提刑罗适建，"为闸两间，各广一丈六尺"，"中置劈水堆"③。淳熙中捉举句昌泰重建。元大德年间知县韩国宝修。④

黄望闸：在太平县繁昌乡八都，北宋元祐年间提刑罗适建，"阔一丈六尺"⑤。淳熙九年朱熹及句昌泰重修。

周洋闸：在太平县繁昌乡十一都，宋元祐年间提刑罗适建，"改闸两间，各阔一丈六尺。作四槽牌身，长四丈，中置劈水堆"⑥。朱文公及句龙昌泰修元韩国宝重建今圮

金清闸：在太平县繁昌乡八都，创建于宋元祐中提刑罗适。元大德中重修。⑦

东湖塘：在浦江县西南三十五里，旧名东湖。北宋天圣初年邑人钱侃建。大观二年，钱侃曾孙、工部尚书钱遹重修⑧。

椒湖塘：在浦江县"南三十五里通化乡"⑨，北宋政和元年尚书钱遹筑堤，"潴为巨浸，与东西湖并称为三湖，凡溉田十五

---

① 雍正《浙江通志》卷 59《水利七·台州府》。
② 嘉定《赤城志》卷 25《山水门七·水》。
③ 嘉庆《太平县志》卷 2《水利》。
④ 雍正《浙江通志》卷 58《水利七·台州府》。
⑤ 嘉庆《太平县志》卷 2《水利》。
⑥ 嘉庆《太平县志》卷 2《水利》。
⑦ 雍正《浙江通志》卷 58《水利七·台州府》。
⑧ 康熙《浦江县志》卷 1《舆地志山川》。
⑨ 康熙《浦江县志》卷 1《舆地志山川》。

里"①。

石澳碶：在建德县西三十五里慈顺乡徐村，"有旷地数十顷，无水不可耕"，北宋天圣年间，村民徐氏开山建渠道，引水灌田，"徐氏叟穴山三十丈，注水南下，遂为良田，刻石识崖上，盖宋天圣二年也"②。

黄洲埭：在永嘉县八都，北宋政和二年兴建，淳熙十五年、庆元二年分别重修。元代时重筑。③

赵公塘：在乐清县东、西两溪上。北宋县令管游建造。之后县令赵敦临开始把东、西两塘合并筑之，因名赵公塘。到了清代时，地形大变，堤塘变成衢路，道光《乐清县志》："今东塘之下率为民舍墙垣，西塘上下皆筑城。其外悉高岸。盖旧塘所谓通衢也。"④

黄塘八埭：在乐清县县东四十里，北宋宣和年间里人叶尉达创建斗门闸板，"岁久腐，咸潮冲淤二十余里，田无灌溉，乡人病之，乃为埭"。

白沙陡门、东山陡门、石马陵门：俱在乐清县二十八都。北宋治平间邑令焦乾之创筑。

昭仁埭：在瑞安县集善乡，北宋元丰间筑，崇宁间增修。后为闸。

桐浦埭：在瑞安县集善乡，通云峰、外桐、圆屿、丁岙、西岙等处山源二百余派，溉三都田。宋元丰年间兴建。

湖北埭：在瑞安县芳山乡，建炎三年王汝晖买地开凿。

济头埭：在瑞安县来暮乡，宋宣和年间建。建炎初年重修。

---

① 雍正《浙江通志》卷 59《水利八·金华府》。

② 景定《严州续志》卷 5《古迹》。

③ 弘治《温州府志》卷 5《水利》。

④ 道光《乐清县志》卷《水利》

苏埭：在瑞安县广化乡，宋建炎年间建。

石冈陡门：在瑞安县韩田、帆游、崇泰、清泉三乡，引山溪水流，为支河八十四，"咸趋石冈，溉田二千余顷"。宋元丰年间县令朱素重筑。

半浦陡门：在瑞安县集善乡，宋淳熙年间建。

桐浦陡门：在瑞安县集善乡，宋元丰间建。蓄水溉三都田。崇宁年间重修。

塔山陡门：在瑞安县集善乡，宋大中祥符年间建造。元丰元年里人何成泽重修。

南口陡门：在瑞安县广化乡，北宋宣和五年建。明弘治年间重修。①

胡公堤：在遂昌县南五十步，今名大堤。宋元祐年间龙图阁大学士张根兴建。

云水渠：在龙泉县北应奎坊，北宋靖康年间，知县姚□凿为水渠，引蒋溪堰直下之水，灌溉农田数十顷，"分蒋溪以下之水，凿为渠，以播北流转月泓畎，溉田数十顷"②。

蒋溪堰：在龙泉县西五里万寿宫东，宋靖康初知县姚□兴建。③

南宋时期

化湾陡门闸：在杭州崇化七都一图，北接上墟塘，为苕溪下流。宋淳熙六年建。

宦河塘：在杭州北新桥之北，接连运河大塘，长三十六里。

---

① 以上均见雍正《浙江通志》卷61《水利十·温州府》。

② 《清一统志》卷236《处州府》。

③ 雍正《浙江通志》卷61《水利十·处州府》。

宋淳祐七年安抚赵与筹修筑。

永和塘：在杭州永和乡，当仁和、海宁二县之间，宋绍定年间邑士范武捐财建造。

隽堰西笕、李王塘笕、金家堰笕、石目铺笕、白洋笕、冯家笕（俱在运河官塘一带）、曹家渠河底石笕（在临平镇西茅桥，甃石于运河之下，以泄曹家渠之水，暗注于下河）：始建年代不详，宋元年间多次修缮。

淡塘：在海宁县西北二百步，宋嘉定年间兴建。①

庄婆堰：在海宁县西北三十里，南宋时已存在。《咸淳临安志》："庄婆堰，在（盐官县）县西北三十里"②。元至大年间新建石桥，以通行人："元至大二年建石桥于上，长四十丈，其堰开而不闭，以通苕溪水。"③雍正《浙江通志》："其堰开而不闭，以通太湖之水，大利于民。"此后多有兴废，至正初，"庸田司复置堰，设车注之具。至正六年以不便民，复开后改为桥"④。

二十五里塘：在海宁县西北长二十五里，由海宁县到达长安镇。宋绍熙九年令陈恕募民筑岸，广三丈，高三尺，甃以石人，号甘棠堤。二十五里塘河，淳熙二年疏浚。

龙光斗门：在余杭县北隅，宋绍兴三年余杭县丞章籍建。⑤

乌狗塘：在富阳县县北十五里临湖村，又名无垢塘。宋代已经存在，《咸淳临安志》记载："乌狗塘在张明府君庙前，长七百二十丈，溉田一千二百顷。"⑥明嘉靖六年重修，"里民何氏捐田一

---

① 以上见雍正《浙江通志》卷63《水利二·杭州府》。
② 《咸淳临安志》卷39《山川十八·堰》。
③ 《清一统志》卷217《杭州府二》。
④ 雍正《浙江通志》卷53《水利二·杭州府下》。
⑤ 雍正《浙江通志》卷53《水利二·杭州府》。
⑥ 《咸淳临安志》卷38《山川十七》。

亩,塘二口,银三十两,重修堰澳,灌田二千七百余亩"①。

海盐塘河:在嘉兴县西南,自天宁寺达嘉兴府城。宋淳熙九年守臣赵善悉重浚。

乌坵塘河:在嘉兴县西三里,宋淳熙九年守臣赵善悉重浚。

陶泾塘河:在嘉兴县北一里,至平湖一十二里。宋淳熙九年守臣赵善悉重浚。

大王堰、板层堰、黄泥堰、小华家堰、西吴市堰、东吴市堰、铁城堰、徐泾堰、董泾堰、嵩峰堰、谈家堰、棠成堰(以上俱在海盐县长水乡)、孙家堰、沈家堰、六里堰、北横泾堰、彭村湖堰、八□港堰、马家堰、胜家庙堰、倪家堰、庞家堰、杨家堰、卫家堰、三里堰、汤冯堰(以上俱在德政乡):北宋嘉祐元年县令李维几兴建乡底堰三十余所。南宋淳熙九年守臣赵善悉兴修水利,增筑乡底堰八十一所。②

永安湖:在海盐县澉浦镇西六里,周围一十二里,深一丈五尺。中有长堤,分为二湖,灌溉周围农田,"灌田甚美,租亦倍入"③。宋代时已经存在,宋《澉水志》记载:"永安湖在镇西南五里,周围一十二里",这里原来是农田,后因经常受水旱之灾,因此开田为湖,储蓄水源,以资灌溉,"元以民田为湖,储水灌溉,均其税于湖侧田。上税虽重,而田少旱"④。《浙江通志》也说:"此本是田,后浚为湖,潴水以资灌溉,置闸蓄泄,雨久弥漫,则东入于海。"湖的周围皆山,风景佳胜,有小西湖的美誉:"四围皆山,中间小堤,春时游人竞渡行乐。号为小西湖。"⑤此后多有兴废,

---

① 雍正《浙江通志》卷 53《水利二·杭州府》。

② 以上见雍正《浙江通志》卷 54《水利三·嘉兴府》。

③ 雍正《浙江通志》卷 54《水利三·嘉兴府》。

④ 宋《澉水志》卷 3《水门》。

⑤ 宋《澉水志》卷 3《水门》。

"元时为豪有力者决坏,民以失业。寓公安抚使王济始奏,复之"。"明正统十年,县丞龚潮请旨重浚。"①

后溪:在湖州德清县,原武康县东北一里,即"县后之溪也"。南宋庆元年间,知县丁大声募民浚治,"自龙尾桥至狮子山,长一千二百丈,公私便之"。

新溪:在武康县县东三里,宋淳熙三年知县蔡霖以沙碛涨塞,自汉溪口废旧港、徙水道东北注五里合长安大溪,邑人便之,号蔡公溪。

吴塘:在安吉州北一里吴山下;横塘:横亘里溪之东与吴山相望;朱塘:在安吉州北一里;宋嘉定年间,陈季永率乡民建造三塘。②

江塘:在鄞县鄞塘乡二十八都,南宋郡守吴潜增筑。明隆庆年间县令督同水利官筑塘三千七百余丈,并新建堰堤三处:杨木堰、下堰、徐堰。又设碶闸,以时启开。

北渡堰:在鄞县西南三十五里,南宋郡守吴潜创建。明嘉靖年间复加修茸。

大石桥碶:在鄞县东一里,南宋淳祐年间郡守陈垲于桥下作平水石堰,而于浦口置闸、立桥,内可泄水,外可捍潮。

贝则碶:在鄞县东南三十里手界乡,南宋淳祐年间建。

练木碶:在鄞县南三十五里,南宋宝祐年间郡守吴潜建。

乌金碶:在鄞县西南三十八里,又名上水碶,宋嘉定年间建。

积渎碶:又名下水碶,在鄞县西南三十五里,宋嘉定七年提刑程覃建。

育王碶:在鄞县东南九十里,南宋宝庆年间育王寺所筑,元

---

① 宋《澉水志》卷3《水门》。
② 以上见雍正《浙江通志》卷55《水利四·湖州府》。

皇庆元年县尹王思义重修。

保丰碶：又名永丰碶，在鄞县北三里。宋淳祐年间郡守陈垲兴建，"建闸二座，立石柱三，造板桥于浦口，以便往来"。开庆元年郡守吴潜"于其右创为五柱四门，阔三丈六尺，深四丈余"。

萧皋碶：在鄞县东南十五里，《宝庆四明志》已有收录①，明天顺五年郡守陆阜重修。

樟木碶：在鄞县南三十五里鄞塘乡，《宝庆四明志》已有收录②，明天顺五年郡守陆阜修理。嘉靖间重修。

回沙闸：在鄞县西南五十里，南宋淳祐二年建。

管山河：在慈溪县东南五里，宋宝祐五年丞相吴潜"以钱市民田，垦河五里，长七百丈有奇，阔三丈六尺，深一丈六尺"，引渠水到茅针碶，灌溉农田，"鄞县、慈溪、定海皆得利"。

双河堰：在慈溪县西北七十里，里人曹阅于闸之左为双河堰，以便舟车。南宋开庆年间重修，"塞双河闸"。

梅林堰：在慈溪县东南三十八里，《宝庆四明志》已有收录③，明万历五年重修。

麻车闸、在慈溪县西北十里，《宝庆四明志》已有收录④，宋潘守仁建。久废。明正德二年乡士阮行恕复之。

李家碶：又名李溪碶闸，在慈溪县东三十五里，"潴文溪香山之水，以溉民田"。南宋绍兴四年，通判陈耆寿、邑簿胡大猷重修。宝祐五年、元大德四年重修。

黄泥埭碶：在慈溪县西北六十里，宋浙东提举季镛捐二千缗，"助民为之，涉岁弗绩"。南宋宝祐五年"判府吴潜委县丞罗公镇竟其事"。

砖桥闸、颜家闸、黄沙闸：俱在慈溪县东十里，宋隐士潘

---

①②③④　《清一统志》卷 224《宁波府》。

昌建。

彭山闸：在慈溪县西南五里，"水出群山间，迤而东来，抵彭山入于江。江滨有闸，潴水以备旱，霖潦则泄之"。南宋淳熙十三年邑簿赵汝积重修，"悉以石为之，复修斗门，通下流，贯邑中，因旧河而复之"，"舟楫通行，邑之下田，资以灌溉"。

东湫闸、西湫闸：俱在慈溪县西北十里，宋潘守仁建。

白洋西闸、杜湖东闸、杜湖西闸、杜湖西碶闸、古窑闸：俱在慈溪县西北六十里，南宋庆元间建。

茅洲闸：在慈溪县东南十五里，元至正元年"于旧闸东南三十余丈创置"。明天顺六年郡守陆阜重修。旧名茅针碶。"以蓄泄管山河之水，鄞、慈、镇三邑俱沾其利。"《宝庆四明志》已有收录，"茅针碶：一名茅洲，一名茅砧。在慈溪县德门乡，沾其利者凡鄞、慈、定三邑。水源有二，一自慈溪小江，一自余姚分水。先是，碶西五里外有赵氏地，横截其前，分水江之流不得通。宝佑五年，大使丞相吴公市其地，浚为管山河。于是西江二百余里之水悉汇于碶之上。碶旧有闸，启闭以时。闸废，更为堰。水源中隔，而水之利又不得达于碶之下。乡民列辞于郡亟，遣吏相度，遂于旧闸基之傍，别为新闸，凡阔三丈四尺，立五柱分四眼，眼阔七尺六寸。视旧增九尺。臂石二十层。凡费钱四万二千七百一十七贯，米二百一十三石。工始于八月二十七日，毕于十二月五日"[1]。元至正初重修，"于旧闸东南三十余丈改置，明初复故址"[2]。

莼湖：在奉化县东南五十里，南宋绍兴间建，积水溉田，灌溉周围农田八百余亩。

---

①　《宝庆四明续志》卷 3《水利》。
②　《清一统志》卷 224《宁波府》。

天宁塘：一作善塘，在奉化县，长汀塘对岸，南宋绍兴年间待制仇悆率乡民自岳林至金钟墩筑七百余丈。

沙堰：在奉化县东北一里，宋待制仇悆"因沙堰伐石为碶，沾利者二十七里"。

进林碶：在奉化县东北长寿、金溪两乡，灌溉民田数千顷，南宋绍兴十三年重修。

考到碶：在奉化县东三十二都，南宋时已存在，《宝庆四明志》："考到碶，（奉化）县东二十里"①。元知州马称德重修。

资国堰：又称资国碶，在奉化县南五里，南宋时已存在，《宝庆四明志》："资国碶，（奉化）县南五里"②。元至治元年知州马称德"新其碶闸，置堰，以遏其冲，民田沾溉者三万八千余亩"。

湖芝碶：在奉化县东二十里，南宋时已存在，《宝庆四明志》："湖芝碶，（奉化）县东二十里"③。元知州马称德修。明主簿罗良侪复筑。

西河：在镇海县西北四十里，南宋德祐元年提督齐黄震浚治。

颜公渠：在镇海县。自镇海西市抵鄞县桃花渡，绵亘六十里。宋淳祐六年郡守颜颐仲"访故道而疏浚之"。

主簿河：在象山县东南十里。南宋隆兴三年主簿赵彦逾疏浚。

秀才碶、会源碶：均在象山县南十五里，宋嘉定十二年令赵善晋建。

张家闸：在定海南城内，宋居民张氏"引东北上流以资灌

---

①　《宝庆四明志》卷14《奉化县志卷一》。

②　《宝庆四明志》卷14《奉化县志卷一》。

③　《宝庆四明志》卷14《奉化县志卷一》。

溉"。①

西小江塘：在绍兴府城西北三十里，南宋嘉定年间太守赵彦
倓建。

曹娥坝：在会稽县东南七十二里，"宋曾亮宰邑时所置"。

县湖：在诸暨县城内，又名学湖。南宋淳熙年间知县何乔重
浚，建二闸。

家公堤：在诸暨县长官桥边，南宋县令家坤翁建。

西溪湖：在上虞县西南三里，周围七里，灌溉农田二百顷。
南宋县令戴延兴创建。

通明堰：在上虞县东十里，嘉泰《会稽志》有载②。

通明坝：在上虞县东三里二都，南宋嘉泰元年建。

清水闸：在上虞县二十二都，南宋嘉泰元年县尉钱绩修建。

孟宅闸：在上虞县东二十二都，宋嘉泰初县尉钱绩修。后府
史王永重修，"以旧闸小窄，不足防水，就故址更加深广"。

四水闸：在上虞县东南二十二都，南宋县令袁君儒建。

东堤：在新昌县。绵亘三里，以捍溪涝，南宋绍兴年间知县
林安宅所筑。宝历间知县赵时伎、咸淳间知县吴均佐重修。③

百步溪：在临海县西北六十里，"前后二滩，石险湍激，俗号
大小恶溪，舟者病之"。南宋淳熙年间，县令陈居安命工"淬凿岩
石，畅通河道"。

新河：在黄岩县北五里，南宋开禧二年里人杜思齐开凿。

鲍步闸、长浦闸：均在黄岩县五十四都，南宋时期朱熹"议
建"。

① 以上未注明者均见雍正《浙江通志》卷56《水利五·宁波府》。
② 嘉泰《会稽志》卷10《水》："余姚江……源出上虞县通明堰。"雍正
《浙江通志》卷57《水利》："中坝……宋时在急递铺侧，名通明北堰。"
③ 以上均见雍正《浙江通志》卷57《水利六·绍兴府》。

蛟龙闸：在黄岩县六十三都，南宋朱朱熹"议建"。

陡门闸：在黄岩县六十三都，南宋朱朱熹"议建"。

中闸：在太平县（温岭）繁昌乡十一都，即迁浦闸，南宋朱熹兴建。

西屿闸：在太平县（温岭）繁昌乡十都，南宋淳熙中知县李公钥创建。

沙埭上下闸：在太平县太平乡，南宋端平间林乔年建。①

熟溪堤：在武义县南，南宋乾道三年县令周必达创建，因名周公堤。元至正年间县尹许广大"迭石为防，又名许公堤"。

南湖堰：在武义县南五里，南宋绍兴年间杨俊卿创建。②

杨公河：即衢州府城壕水也，南宋乾道初，太守何偁疏浚内外城壕，河面开阔处，多种菱角，故名菱塘，风景佳胜："郡城东隅今即杨公河，旧志：塘阔近百亩，中有长堤，亘数十步，环池岛屿萦纡，竹树茂密"。明代时郡守沈杰"大加疏浚"。

黄陵堰：在衢州府西安县十一都，与石室堰相邻，"其始建无考，疑亦宋时与石室同延者"。③

温州府城内河：由会昌湖入永宁门，汇为雁池、城西河、放生池，此三处潴水最宽，府城四面有濠，濠上下岸各有街，彼时一渠两街，河边并无民居，宋绍兴间居民侵塞，舟楫难通，火患罔备，"淳熙四年户部尚书韩公来守，募民举环城之河，取泥出甓，两岸成丘，州人刻石记之"。

南塘：在温州府城大南门外，路通瑞安。南宋淳熙十四年郡守沈枢建。

陆家南埭：在永嘉县六都下村三埭，宋乾道年间建。

---

① 以上均见雍正《浙江通志》卷58《水利七·台州府》。

② 以上均见雍正《浙江通志》卷59《水利八·金华府》。

③ 以上均见雍正《浙江通志》卷59《水利八·衢州府》。

西平埭:在永嘉县茅竹山西侧,南宋绍兴二十四年建。明嘉靖三十三年重修。

山前陡门:在永嘉县黄土山前,南宋绍兴年间郡守赵不隼筑。

刘公塘:在乐清县西迎恩门外,至馆头五十里。南宋绍兴初,"邑令刘默始役西乡民修筑"。

屿北大埭:在乐清县南五里,南宋嘉定年间,县令曹能"用石筑之"。

胡埭、章岙埭:俱在乐清县西二十里,宋淳熙间县令袁采创筑。

黄华东大埭、西大埭:俱在乐清县七都,南宋淳熙间县令袁采增筑,外作护埭,下为暗沟。又作小陡门二间。

曹田埭、项浦埭:俱在乐清县七都,"历宋元明,常加修筑"。

程头埭:在瑞安海口,地形独高,宋乾道年间"水坏河决,起三乡人夫筑之,埭始固"。

次渎埭:在瑞安。旧在次渎河口,宋乾道年间毁坏,移入襄河。

岑崎埭:在瑞安县帆游乡,南宋淳熙年间建,"双穗场盐亭户筑小埭,下为盐亭坛。又于埭旁凿河,通运薪卤"。

鱼渎角埭:在瑞安县帆游乡,初建在鱼潭,宋乾道年间移筑帆游河口。

陈岙埭、场下埭、坑口埭、石口埭、徐村埭:均在瑞安县五都,六埭相连。宋乾道年间海溢淤塞,"提举宋藻相视沿江水利,遂命淘土于埭上,筑成塘路,然皆硬埭,仰石冈陡门泄水"。

横河埭:在瑞安县南社乡,"其河南通平阳万全乡,东连砂塘陡门,脉络绵远,因枕大江,以埭限之"。南宋乾道年间"埭坏田没",重修修筑,"外筑塘捍潮,内塞河以副之。自是埭址坚固"。

宋家埭、侯家埭:均在瑞安县南社乡,南宋乾道年间重筑。

陈家埭:在瑞安县南社乡,南宋乾道年间重筑。

径浦埭:在瑞安县涨西乡。南宋淳熙九年"乡民筑埭捍潮"。

高秋埭、车水埭、陈云埭、学士埭、白眼埭、前河埭、孙家埭、咸草埭、廿五箩埭、项公埭、洲川埭:俱在瑞安县涨西乡,"埭当中流",宋绍兴年间冲坏,"复筑埭之左右,并河东西,居民环列,每岁增修"。

独木埭、小蒲埭:俱在瑞安县涨西乡,南宋绍兴年间潮水冲坏,移上筑之。

石桥埭、石桥上埭、棠梨埭:俱在瑞安县涨西乡,宋绍兴年间冲圯,"乡民就浦下筑此埭,复筑护埭"。

芦浦大埭:在瑞安县集善乡,南宋淳熙年间建。

大坑埭:在瑞安县大坑村,有小河通霞涂浦,"潮每害稼",宋乾道年间筑埭。

外吉埭、魏岙埭:均在瑞安县来暮乡,筑埭以储蓄溪水,"沿山溪流率注于浦,乡人于要处绝流筑此埭"。宋绍兴年间大水冲坏,乾道年间"有司令上户筑之"。

龙兴埭、思济埭、绿屿埭、浦西埭:俱在瑞安县来暮乡,"蓄众山之水,溉三十九、四十五都之田"。南宋嘉定年间创建。

徐洋埭(又名车水埭)、河村埭:均在瑞安县来暮乡,有小河通江,宋乾道年间在江河交接处筑埭。

杨家埭:又名许岙埭,在瑞安县来暮乡,南宋绍兴年间建。

石桥埭:在瑞安县广化乡。南宋绍兴二年建,"每岁增修"。

月井陡门:在瑞安县龙山下,南宋绍兴年间县令吕鄞疏浚。清顺治十一年重建闸门,以障咸水。

半浦陡门:在瑞安县集善乡,南宋淳熙乙未建。

唐枋陡门:在瑞安县集善乡,南宋乾道丙戌重修。

塘东陡门：又名登场陡门，在瑞安县来暮乡，南宋嘉定年间建。

坡南塘：在平阳县。自县南夹屿桥西至前仓、南至江口各二十五里，旧为土塘，"遇涝即圮"。南宋嘉泰元年郑廉仲以石砌南塘。淳祐七年砌西塘。元大德八年滕天骥重修，年久圮坏。明万历二十二年县令朱邦喜劝谕义民吕仲璞等重建完固。

阴均大埭：即肥艚埭，在平阳县二十一都金舟乡。南宋嘉定元年县令汪季良命居民林居雅于潭头海口筑土堰于阴均山麓，灌溉九都、十都、十一、十四、十五、二十一、二十二、二十三都农田，"俱赖蓄水灌溉"。

沙塘陡门：在六都，南宋绍兴三年太常博士吴蕴古创筑，"费数十万，为屋七间，用巨木交错，坚若重屋。虚其中三间，之上增置闸"。

江口陡门：在平阳县九都，南宋端平年间县令林宜孙创筑。

石竞陡门：在平阳县亲仁乡，里人陈骥筑。南宋嘉定年间被废，后重筑。

楼石陡门：在平阳县亲仁乡，南宋乾道南京"乡民筑埭，为水所坏"。"开禧间陈伯恭修筑。"

林头陡门、乌屿陡门：俱在平阳县二十一都，南宋乾道四年建。[1]

湖边小闸：原砌石为塘。南宋景定年间改建。[2]

处州城内二渠：在丽水府城，南宋时太守赵善坚疏凿。

洪塘：在丽水县西五十里，南宋开禧年间郡人何澹开凿。

应星闸：在应星桥下，宋郡守赵善坚引丽阳溪水导之入城。

---

① 雍正《浙江通志》卷 61《水利十·温州府》。

② 以上均见雍正《浙江通志》卷 61《水利十·温州府》。

明嘉靖乙巳知府李冕复浚净池以潴水。由池分为二派,其一自通惠门入清香桥,为城中水;其一自西南流绕城中,由桥下出城,与大溪会合。桥之南建闸,"旱则蓄,涝则泄","居民利赖"。[①]

元代的水利建设

到了元代,朝廷对农田水利之事并不重视,这时期的两浙水利建设进入低谷,见于史书记载的水利项目也数量偏少,即使是处在会城杭州的西湖,也少有疏浚记载,以致当时的西湖"葑草蔓合",淤塞严重,荒凉一片。成化《杭州府志》:"元时不事浚湖,沿边泥淤之处,没为菱田。荷荡属于豪民,湖西一带葑草蔓合,侵塞湖面,如野陂然。"[②]当时多沿用前朝的水利设施,用以储水、灌溉,而本朝兴建的项目明显偏少,前与南宋、后与明朝相比,形成很大反差。其中,也有一些地方官员,热心农稼,重视兴修水利,对各地的农业发展起到一定作用。其中当以延祐年间任奉化州知州的马称德最为突出。其在知州任上,兴建修建了一批水利项目,如疏浚奉化州新河:"延祐七年知州马称德开浚,自市河达于北渡车耆等处,相悬六十里,立堰埭三处,潴水灌田数十万亩,又通舟楫,以便商贾往来。"又主持兴建修建了一批水利设施,其新建的水利项目有戚家堰、和尚堰、横溪堰、孟婆堰、宣家堰、黄埭堰、归家堰、资国碶、考到碶、湖芝碶等,修建改建的项目有斗门堰、资国堰、广平堰、郑家堰等,其中也不乏较有规模的项目,如戚家堰,在奉化县东南十里,"元延祐七年知州马称德置,高三尺,石砌三层,横长三十丈,阔六尺。两旁用木桩,石条甃砌于堰之上。畔开河一条,阔一丈五尺,长四十丈,深六尺。

---

① 以上均见雍正《浙江通志》卷 61《水利十·处州府》。
② 成化《杭州府志》卷 27《水利》。

凡遇水涝,于堰上流溢;水泄,流入堰河"。又如斗门堰"灌田数千亩";资国堰"沾溉者三万八千余亩";横溪堰、孟婆堰、宣家堰"各溉田三千余亩";黄埭堰"溉金溪乡田三千余亩";归家堰"溉田三千余亩";等等。这些堰闸灌溉面积都不小,工程量也很大,包括堰闸、灌溉河道等,实际上是一个综合工程,每一个堰闸工程的兴建涉及方方面面,在其不长的任期内完成数量众多的水利工程,显然是一个不容易做到的事情,所谓"知之易,行之难"是也。翁元臣在《重修进林碶记》中说:"距州治可一舍,有进林碶,水源南出连山镇亭北,至定海县入于海,东接鄞之茅山鄞塘,西入鄞县小溪大江,因三方潮汛所汇之地,立碶闸,通潮,入沟渠河港有百余里,灌奉化、长寿、金溪三乡,旁及鄞田数千顷。广平马侯来守是州,先将本渠前后碶闸稍有壅塞者疏之,接山溪,通江海,乃注意此碶,命作坝以断江潮之米,旁疏水源入江,碶横亘五丈二尺,甃堤,以直其两旁。"①可见规划建设一个水利项目,涉及方面很多。马称德在其不长的任期内,修建兴建了如此多的水利项目,实属不易。

元代兴建的水利项目有:

长安新堰:在海宁县长安镇,长安是当时运河与陆道交通的要点,"舟车往来南北冲要之地",官使、民商都在这里交汇,容易造成堵塞,"上下船官使不便,而商民之舟多留者"。元至正七年,松江府上海县民韩日升、李克复"捐财买地置堰",在原来的旧堰西面新设堰坝,用以交通来往舟船,"州判官吕呼图克岱尔董役,有成";并在堰旁购田"三亩拓之,由是堰益增广,至今两为民便"。②

---

① 雍正《浙江通志》卷 56《水利五·宁波府》。
② 雍正《浙江通志》卷 53《水利二·杭州府》。

五绪泾堰：在慈溪县东北六十里，旧名新界堰。元至正间县尹陈文昭重修。

詹家闸：在慈溪县东南二十五里，旧名詹家堰。元至正二十六年改为闸，"潴水灌德门乡田一万五千亩"。

斗门堰：在奉化县北一都，旧为闸，元延祐七年知州马称德"改筑为堰，灌田数千亩"。

新河：在奉化县东南五里，"市旧有河，上通资国堰，下接郑家窖，沙荐湮塞"。元延祐七年知州马称德重修开浚，"自市河达于北渡、车者等处，相悬六十里，立堰埭三处，潴水灌田数十万亩。又通舟楫，以便商贾往来"。

广平堰：在奉化县北十里，旧有闸。元延祐庚申知州马称德开浚新河时，"易闸为堰"。

郑家堰：在奉化县北十里，旧名郑家窖。元延祐七年知州马称德改筑为堰。

松洋堰：在奉化县南十八里，元至正十三年知州李枢兴建。

戚家堰：在奉化县东南十里，元延祐七年知州马称德兴建，"高三尺，石砌三层，横长三十丈，阔六尺。两旁用木桩石条礅砌于堰之上。畔开河一条，阔一丈五尺，长四十丈，深六尺。凡遇水涝，于堰上流溢。水泄，流入堰河"。

和尚堰：在奉化县东南十里，元延祐七年知州马称德建。

双溪堰：在奉化县南十五都，元至正二十三年知州李枢重修。

名山堰：在奉化县西南四十里，元至元间建。明洪武九年县丞乔鉴重修。

横溪堰（在奉化县东北三十一都）、孟婆堰（在奉化县北三十六都）、宣家堰（在奉化县北三十五都）：以上三堰均元知州马称德建，"各溉田三千余亩"。

黄埭堰：在奉化县东北三十一都，元知州马称德修，"溉金溪乡田三千余亩"。

归家堰：在奉化县北三十六都，元知州马称德修，溉田三千余亩。

股堰：在萧山县西十里，元至正间邑人杨伯远兴建。"堰辄溃，其妻王氏割股投江，遂沙涨而堰成。"

下西江：在诸暨县。从南浣江分流七十余里，与东江合，元天历年间，州同知阿尔斯兰迪延开浚，俗称新江。

梁湖坝：在上虞县十都曹娥江东岸，"风涛冲激，迁徙不常"。元至元年间，邑簿马合麻重建，迁址于曹娥驿西。明洪武初"设官掌之"，嘉靖年间江潮西徙，县令郑芸浚为河，"移坝江边，以通舟楫"。

孔泾闸：在上虞县十都，即孔堰闸，元至正庚子"改堰为之"。①

江堤：在台州府城外，元至正九年重修。

西城闸：在黄岩县二十一都，元大德中知州韩国宝建。

车路闸：在温岭县太平乡五都，元至正间建。

九眼陡门、六眼陡门：俱在温岭县西山门乡，元至正间筑。

南溪堰：在东阳县西南二十二里，旧有堰。元至元间邑绅蒋君修。泰定初蒋若晦重修。至正十三年蒋显仁又修。

蜀墅塘：在义乌县二十五都，"邑之巨浸也"。据嘉庆《义乌县志》，蜀墅塘"周围凡三千六百步"，"溉田三万余亩，泽被十余里"，主要由隄坝、闸门、灌溉渠等组成，"隄之中刳木为三窦，以泄水"，隄坝两端设有闸门，"春水涨溢，须大开两旁闸门泄

---

① 以上均见雍正《浙江通志》卷 57《水利六·绍兴府》。

之"①。创建于南宋淳熙十一年。元至正四年重修,"朱丹溪倡修之,民获全济"②。

马仪新墅堰:在遂安县西南十里,原来有二堰,元至治年间,县尹梁居善"始合为一"。明嘉靖己亥被大水冲坏,"节推陆愚重筑邑人陆应龙记"。不久又损坏,"知县马呈鼎重筑邑人毛一公记"。

马公堤:在寿昌县西门外宋公桥下,元县尹马势荣所筑。"明嘉靖中李令增高广之,又为李公堤。"清顺治年间重修。③

东西两渠:在乐清县城内,"东西凿峡,以通两溪",旱则蓄,涝则泄。元末方国珍辖下官吏刘敬存为乐清知县,"浚治深广,于是两渠复通",并"又浚东小河至白沙,以泄溪流,舟楫可通,田得灌溉,民甚便之"。

苍山陡门:在瑞安县集善乡,元泰定年间,里人谢觉行"倩工倚山凿岩造之"。

昭仁陡门:在瑞安县集善乡,元至大四年里人张声之建。④

水障:在丽水府城,元皇庆壬子修筑,"用石砻甃坚固,以障上流东冲,郡城赖之"。

白龙堰:在丽水县南五里,元末里人周汉杰"悉力鸠工而成"。明万历十六年,知县廖性之主持重修,"请公帑凿石筑砌"。

金梁堰:在丽水县西二十里十五都,元达噜噶齐迈珠建。⑤

---

① 嘉庆《义乌县志》卷2《水利》。
② 雍正《浙江通志》卷57《水利八·金华府》。
③ 雍正《浙江通志》卷60《水利九·严州府》。
④ 以上均见雍正《浙江通志》卷61《水利十·温州府》。
⑤ 以上均见雍正《浙江通志》卷61《水利十·处州府》。

7. 明清时期的水利建设

　　明清时期,两浙一带经济延续宋元以来的发展势头,成为全国的经济中心与财富之区[1],"东南财赋之薮,岁漕之所入,常以一郡当天下之半。地大物阜,号为殷富"[2]。当时的两浙一带,人口众多,经济发达,相较中原一带则战事频仍,民生凋零。据《续文献通考》记载,洪武初全国人口"户总计一千六十五万二千八百七十户,口总计六千五十四万五千八百一十二口",而浙江布政司即有"户,二百一十三万八千二百二十五户;口,一千四十八万七千五百六十七口",户籍数与人口数几乎占到全国的六分之一。到了明代中期的弘治时期,人口数量有所下降,但也占到十分之一:弘治中,十三布政司并直隶府州造册户口总数"户一千一万三千四百四十六户,口五千三百二十八万一千一百五十八口",而浙江布政司有"户一百五十万三千一百二十四户,口五百三十万五千八百四十三口"[3]。当时两浙一带每年上缴田赋数额也是最多的,时人指出:"韩愈谓,赋出天下而江南居十九,以今观之,浙东、西又居江南十九,而苏、松、常、嘉、湖五郡又居两浙十九也。"[4]"天下财赋,东南居其半;而嘉、湖、杭、苏、松、

---

　　① 见范金民《江南社会经济研究》,中国农业出版社 2006 年,第 786 页。

　　② (明)归有光《送王别驾考绩之京序》,《归先生文集》卷 10《序》。《四库全书存目全书》集部第 138 册,齐鲁书社 1997 年版。

　　③ 见王圻《续文献通考》卷 20《户口考》。明代户口数有其不尽确实之处,《明史·食货》:"太祖当兵燹之后,户口顾极盛。其后承平日久,反不及焉。……周忱谓:'投倚于豪门,或冒匠窜两京,或冒引贾四方,举家舟居,莫可踪迹也。'而要之,户口增减,由于政令张弛。"

　　④ (明)邱浚《大学衍义补》卷 24《制国用》。

常,此六府者又居东南之六分。"①从相关记载来看,当时的各布政司中浙江的田赋数额一直是最多的,如洪武时期全国"秋粮米二千四百七十三万四百五十石",其中浙江布政司"秋粮米二百六十六万七千二百七石"②,达到了十居其一。由于对圩田的重视,使得江南的耕地面积大为增加,对农业生产技术的改良,也使得农作物的收成大幅提高。两浙人民又以勤勉刻苦著称,即使东南地区一度倭患严重,仍旧不误农桑:"江南贼情猖獗近如退敛,江东浙西所在农耕如故"③;"倭奴在前,耘耔在后;宁罹锋镝,不肯罢其生理。"④农业的发展、人口的增加,也促进了水利建设的开展。明代的水利建设较之前代,技术更加全面,应用更加普及,数量更加庞大。这时期标明为明代新建的水利项目开始急剧增加,虽然也得益于这时期地方志修编的增加,使得这些水利项目得以被详细记载,但也反映出这时期水利建设的相对普及。从大型的运河、灌渠、海塘,到小型的堰埭、斗门闸,许多水利设施的修建多已经普及到乡、村落一级。这时期主动性的水利设施更加多的加以运用,以堰闸—灌渠为主的主动取水的设施更多采用,而之前一度比较多的储水型的湖塘等逐渐淡出。新建的堰闸等水利设施数量猛增,既代表新型水利形式的发展趋势,也说明这时期农田水利的普及程度。

从相关记载来看,明朝初期的洪武年间,曾经有过一段时期

① (明)赵用贤《议平江南粮役疏》,《松石斋集》卷2《奏疏二》。《四库禁毁书丛刊》集部第41,北京出版社1997年。

② 相关数据见正德《明会典》卷37《户部二十二·征收》。

③ (明)郑晓《答荆川唐银台》,《明经世文编》卷218《郑端简公文集》。

④ (明)张内蕴、周大韶《三吴水考》卷10《奏疏考·都御史翁大立水利奏》。

的水利建设高潮。可能是由于朱元璋出生于底层,更了解农田水利对生民百姓的重要性,故在其开国之初,就非常重视农田水利建设,"太祖初立国,设营田司,专掌水利",并告诫相关官员:"比因兵乱,堤防颓圮,民废耕耨,故设营田司,以修筑堤防,专掌水利。春作方兴,虑旱涝不时,其分巡各处,务在蓄泄得宜,毋负付任之意。"①《太祖实录》也有记载:

> 迁元帅康茂才为营田使兼帐前总制亲军左副都指挥。上谕茂才曰:比因兵乱,堤防颓圮,民废耕耨。故设营田司,以修筑堤防,专掌水利。今军务实殷,用度为急,理财之道,莫先于农。春作方兴,虑旱涝不时,有妨农事,故命尔此职。分巡各处,俾高无患干旱不病,涝务在蓄泄得宜,大抵设官为民,非以病民。若但使有司增饰馆舍,迎送奔走,所至纷扰,无益于民,而反害之,非付任之意。②

同时还专门下诏书给各地官府,百姓有相关水利方面的建议要求,可以破例直接条陈上奏,"诏所在有司民,以水利条上者,即陈奏"。时人评论认为,朝廷如此重视水利建设,并广开民意,在之前的朝代中并不多见:"此诏以通民隐而开利源,即宋神宗今吏民能知土地种植之法陂塘圩埠堤堰沟洫之利害者皆得自言之遗意也。"③从各地的方志记载来看,当时地方百姓也多有建言,也有许多建议最终被朝廷、官府采纳。例如宁波府鄞县东钱湖,元末明初时淤塞严重,当地百姓陈进建议朝廷委官专管其事,由此得到官府回应,问题也顺利解决:"明洪武二十四年,本

---

① 《钦定续文献通考》卷3《田赋考》。
② 《明太祖高实录》卷6《戊戌二月乙亥》。
③ 《钦定续文献通考》卷3《田赋考》。

县耆民陈进建言水利差官来董其事,令七乡食利之家出力淘浚。"①

绍兴府余姚县汝仇湖,明初时建设临山卫,把汝仇湖填塞作为军卫的校场,因此滨海农田缺乏灌溉用水,百姓因此建言新浚新海湖,由此解决了灌溉问题:"新海湖在(余姚)县西北四十五里,洪武二十二年筑临山卫城,塞汝仇湖为教场,至二十七年,耆民黄原敬上言,从湖北滨海地筑塘,潴水为湖,以溉田。"

有关水利建设问题百姓可以直接向朝廷上奏的做法,有明一代一直延续下来,如正统年间仍有相关记载:"西小江,在(山阴)县西四十五里,今为河。明正统十二年诏从山阴人王信奏,命萧山、山阴两县起役浚之。"由于朝廷的重视与推广,使得洪武初年,各地的水利修建活动非常普遍:

杭州龙山河:明洪武七年参政徐本、都指挥使徐司马以河道窄隘、军舰高大难于出江,拓广一十丈,浚深二尺。

杭州旧运河:明洪武五年行省参政徐本、李质,同都指挥使徐司马议开河,增闸。河横阔一丈余,闸亦高广于旧。

杭州永昌坝:在永昌门外,通钱塘江,明洪武二年建。

杭州会安坝:在艮山门外,洪武五年建。

杭州猪圈坝:在武林门外陆家场,洪武三年建。

杭州德胜坝:在城东北五里夹城巷内,洪武五年建。

富阳施家塘:在县西十五里灵泉南山下,洪武二十六年官筑。

富阳五姑塘:在丽景村,洪武二十六年官筑。

余杭黄家陡门,在县东北五里东塘界;郑家陡门,在县北三里郎王界;寺中坝陡门,在县东北五里东塘界;班湖坝陡门,在县

---

① 雍正《浙江通志》卷56《水利五·宁波府》。

东八里东塘界;祥坝陡门,在县东北三十里山前界;中坝陡门、陈家坝陡门,并在县东北二十里黄坑界;插坝陡门、石濑坝陡门,并在县东北三十里山后界;天竺陡门,在县西北五里盛宅界。以上陡门俱于明洪武年间建置,以防水患。遇霪雨水涨,则下函障隔水势;水退,则启函以泄渠港之涝。①

奉化名山堰:在县西南四十里,明洪武九年县丞乔鉴重修。②

绍兴县菱塘湖:在县西五十里。洪武中筑堤建闸,溉田一万八千余亩。

绍兴昌安塘:在昌安门外,直抵三江海口三十里,明洪武二十年筑。

余姚县新海湖:在县西北四十五里,洪武二十七年耆民黄原敬上言,从湖北滨海地筑塘,潴水为湖,以溉田。

上虞县夏盖湖:明洪武六年知府唐铎悉复古规,令教授王俨作记志其本末。

上虞县中坝:在县东十里,明洪武初鄞人郑度建言开浚,移郑监山下。嘉靖间有奸民私置幽洼泄水,知县杨绍芳鸠工坚筑焉。

上虞县梁湖坝:在十都曹娥江东岸,明洪武初设官掌之。

上虞县夏盖山闸、陈仓堰闸:俱在五都,明洪武二年置。

上虞县韩家闸:在镇都,明洪武七年置。③

临海县百步溪:在县西北六十里,明洪武二年郡守马岱疏凿别道七百余丈。

临海县盐塘、姥堀塘、交塘:俱在宁化乡,明洪武二十四年办

① 以上均见《浙江通志》卷53《水利二·杭州府》。
② 雍正《浙江通志》卷56《水利五·宁波府》。
③ 以上均见雍正《浙江通志》卷57《水利六·绍兴府》。

事官孔良弼监筑。

临海县高湖堰、洋岙堰、吴承有堰、下堰、吴超堰、长潭堰、黄肚堰、中沙堰：俱在大固乡，明洪武二十四年办事官孔良弼监筑。

临海县横溪闸、凤桥闸、岭下闸：俱在长乐乡，明洪武二十四年办事官孔良弼监筑。①

义乌县绣川湖：明洪武十一年知县孔克源劝民浚筑。②

分水县陈家塘：在县东，明洪武三年邑令金师古谕民浚池塘。③

类似的记载还有很多，此不一一举例。

此后，到了洪武二十七年，明太祖朱元璋又再派遣官员，专赴各地倡修水利："（洪武二十七年）遣国子监生及人材分诣天下郡县，督吏民修治水利。"明太祖朱元璋强调："耕稼衣食之原，民生之所资，而时有旱涝故，故不可已无备。成周之时井田之制，行有潴防沟遂之法，虽遇旱涝，民不为病。秦废井田，沟洫之制尽坏，议者遂因川泽之势，引水以溉田，而水利之说兴焉。朕尝令天下修治水利，有司不以时奉行，至令民受其患。今遣尔等往各郡县，集吏民，乘农隙，相度其宜。凡陂塘湖堰，可潴蓄以备旱暵，宜泄以防霖涝者，皆宜因其地势修治之。毋妄兴工役，掊克吾民。众皆顿首受命，给道里费而行。"④《明史》也记载："洪武……乙亥，遣国子监生分行天下，督吏民修水利。"⑤包括浙江各府县在内，当时可能都有专员负责，督促当地兴建一系列的农田水利设施。从方志文献来看，有许多水利设施明确记载为水利

① 以上均见雍正《浙江通志》卷59《水利七·台州府》。

② 雍正《浙江通志》卷59《水利八·金华府》。

③ 雍正《浙江通志》卷60《水利九·严州府》。

④ 《太祖实录》洪武二十七年八月乙亥。

⑤ 《明史》卷3《本纪第三·太祖三》。

官员专门督造或建于这一时期：

富阳宋家塘：在县北三十里白升村，明洪武二十七年监生王敏等筑。

余杭感塘、庄前坝塘、吴山坝塘、曹村坝塘、夹堰塘、前村仓畈坝塘："俱明洪武二十八年工部差办事官王真等开挑潴水。"

临安县夏家塘，在县东一十八里；青同湾塘、化桐坞塘、干陂塘，并在县西五里；后墅塘，在县西八里；孙家坞塘，在县北八里；东泉塘，在县北一十八里；水鞠塘，在县北一十八里；虾蟇坞塘，在县北一十八里：以上俱洪武二十七年及三十年间开挑筑塘。

新城县官塘：在县北五里城郭乡；明洪武二十七年监生杨昶重修。

新城县莲塘：在县南一十八里太平乡，洪武二十七年工部差监生扬昶重修。

新城县牛堰、潘堰、杨家堰、何芦堰、卸堰、沙堰、丁家堰、赤松堰、陈堰、新堰：以上俱在折桂乡，明洪武二十七年工部差监生杨昶开筑。

新城县后凹堰、芝林堰：明洪武二十七年开筑。

昌化县湖塘，在县东南五里；云老大塘，在县南十里；泥晶波塘，在县东四里；赤源西塘，在县南十五里：以上俱洪武二十九年工部差人材李荣等到县开挑。[①]

安吉县刘家坝、西绍溪坝、朱墓溪坝、散车坝、范肆坝、后干坝、罗家坝、陆分坝、范家肆坝、严肆坝、杨家坝、成村坝、乌墩坝、水碓坝、簸箕坝、长衔坝、朱板桥坝、横山坝、原潭坝、灯心坝、李山坝、堂山坝、分水坝、长闻坝、永丰坝、贵山坝、九功坝、新塘章山坝、炭坞坝、梅家坝、陂坝、花潭坝、张塔坝、官路桥坝、下堰坝、

---

① 　以上均见雍正《浙江通志》卷53《水利二·杭州府下》。

黄坑坝：以上三十六坝，俱明洪武二十八年置。①

　　临海县岭里塘、水塘、上湖塘、官市塘、观山塘、象凫塘、和尚塘、仇家塘、章家塘、漩塘、道士塘、上猷塘：俱在太平乡，明洪武二十八年人材邓弘远开筑。

　　临海县泉水塘、兴国塘：俱在安乐乡，邓弘远开筑。

　　临海县广化塘：在瑞仁乡，邓弘远开筑。

　　临海县清塘：在延寿乡，邓弘远开筑。

　　临海县忻家塘：在重晖乡，明洪武三十年人材王整开筑。

　　临海县井头塘，在承思乡；浦北塘，在保乐乡；枕坑塘、长湾塘、庐岙塘、金山塘、施家塘、林家塘、化山塘、董家塘、山湾塘、菱塘、古湾塘，俱在太平乡：王整开筑。

　　临海县芝溪堰、清潭堰、洛西堰、下村堰：俱在承恩乡，明洪武二十八年人材邓弘远开筑。

　　临海县卢家堰、朱家堰，俱在太平乡；石仓堰、注潭堰、涌泉堰，俱在保乐乡；涌泉堰，在清化乡；龟溪堰，在承恩乡：俱系邓弘远开筑。

　　临海县方溪堰、左桥堰、童坑堰、伍溪堰：俱在太平乡，明洪武三十年人材王整开筑。②

　　建德县穿塘，在县东；白栗塘、后塘，俱在县东南；莲塘、长塘、兴福塘、山还塘、直塘、芙蓉塘、项村塘、高塘，俱在县南；二古塘、泉塘、卸塘、孙塘、坞塘、张塘，俱在县西南；横塘、周家塘、路口塘、朱池塘、回龙塘，俱在县西；溪西塘，在县东北；清公塘，在县北：并明洪武二十七年遣官修筑。

　　建德县后村堰，在县西；川堰、麻丘堰、宋岸堰、大堰，俱在县

①　雍正《浙江通志》卷55《水利四·湖州府》。
②　以上均见雍正《浙江通志》卷58《水利七·台州府》。

西；大堰，在县东北；上塘堰、下塘堰、莆田堰、芝川堰、胥村堰，俱
在县东北：诸堰并明洪武二十七年遣官修筑。

淳安县社塘，在县东二十一都；庙山塘、孝公塘，俱在县东二
十二都；新塘，在县东二十一都；武翼塘，在县东二十六都；西塘，
在县东；清塘、江家塘、卸坞塘、大坞塘，俱在县东二十九都；祀先
塘，在县东；荷塘，在县南三十三都；响塘，在县南；大塘、务坞塘，
俱在县南三十五都；湖塘，在县南三十三都；赤沙塘，在县南；博
嵩塘、泉水塘，俱在县北二十都：十九塘并明洪武二十七年遣官
修筑。

淳安县贡坂堨，在县北九都；寺坂堨、傅沈坂堨、新碑坂堨，
俱在县北九都；万功堨，在县北十一都；洪村堨、厌口堨，俱在县
北十七都；曹堨、塘坂堨，俱在县北十九都：九堨并明洪武二十七
年遣官修筑。

遂安县大塘，在县东；吴家坞塘、眉塘、孙野塘、崇塘、连塘、
湖塘、姜昌塘、前余塘、吴家塘、乌石塘，俱在县东；织女塘、贵塘、
西村大塘、新塘、东塘、令坑塘、木履塘，俱在县南；湖洞塘、上坞
塘，俱在县西；大塘、百节塘、东余塘、杨塘、却塘、山塘，俱在县
北：二十六塘并明洪武二十七年遣官修筑。

遂安县芹墅堰，在县东；眉堰、浮姑堰、赤山堰、富道堰、嵩山
堰、黄堰、蛇堰，俱在县东；马仪新墅堰、仁堰、长生堰、板桥堰、万
家堰、余盛堰、安洋堰、了溪堰、寺后堰、高公堰、富易堰、前塘堰、
江墅堰、蛇祈堰、德演堰、富石堰、大墅堰、孙家堰、公山堰、乍堰、
庙堰，俱在县南；观音堰、横堰、驮堰、塘堰、小堰、陆家堰、吴家
堰、秋堰、小詹堰、大墅堰，俱在县西；前溪堰、后溪堰、大甘堰、富
来堰、后门堰、三堰、羊堰、芳墅堰、甘堰、上庙堰、下庙堰、麻车
堰，俱在县西；驮堰、宋堰、龙堰、江堰、抵水堰、杨堰、芮洲堰，俱
在县北；澄波堰，在县西；大堰、感堰，俱在县北：六十二堰俱明洪

武二十七年遣官修筑。

寿昌县湖神塘,在县东一都;新塘、瞻塘、旧宅塘、大塘、罗桐坞塘、吴塘、罗桐坞里塘、下坞塘、何坞塘、东剥塘、西剥塘、梭坞塘、桂塘、牛栏塘、邵慈坞塘、鱼塘,俱在县东一都;大新塘、大柏塘、交塘、许村塘、清水塘、瓦窑塘、诸村大塘、花塘、叶坞塘,俱在县东二都;白洋塘、叶坞塘、柏木塘、驮坞塘、咸塘、清水塘、交塘、严坞塘、仙池岩塘、新池塘、排塘、娘鹅塘、芦塘,俱在县东三都;櫸木塘、吟塘、黄龙塘、古坂塘、卸塘,俱在县东仁四都;西泉塘、寨外新塘、方坞塘、东泉塘、神塘、下蒲塘,俱在县西寿四都;孟塘、瓦塘、后塘、上观塘、小师姑塘,俱在县西五都;石塘、张塘、吴塘、王坞塘、家后塘、牛冈坞塘、迎山塘、余山塘、清水塘,俱在县西北六都;淡塘、金竹坞塘、东坞下塘,俱在县西北七都;高庵塘、棠坞塘、新栅塘、叶坞塘,俱在县西北八都;后坞塘、新塘、里塘、椰木塘、东坞下塘、沙钵塘,俱在县西北九;吴塘、梅坞塘、余公塘、新塘、海塘、西塘,俱在县西十都;张监塘、驮了塘、西垄塘、遂宋塘、大麦塘,俱在县西十一都;施塘、胡坂塘、青山塘、里塘、原坞塘、三塘、顾塘、鼓楼塘、葛塘、邵塘,俱在县南十二都;牙塘、叶坞塘、花塘、欢塘、岑蒲塘、张坞塘、西塘岑塘、顾塘、上西塘、下西塘、野鸭塘、赤塘、大坞塘,俱在县南十三都;一百一十三塘并明洪武二十七年遣官修筑

寿昌县淤竭堰,在县东二都;清水堰,在县东二都;洪家堰,在县西五都;郑昌堰、寺下堰,俱在县西北六都;三姑、城山堰,俱在县西北七都;峡石堰、石郭堰,俱在县西北八都;潘堰、莺堰,俱在县西北九都;高堰、江墈堰、富贵堰,俱在县西十一都;周村堰、青山堰、周溪堰、蜜山堰、子堰,俱在县南十二都;二十堰并明洪武二十七年遣官修筑。

分水县施家塘、后路塘、周满塘、竹子塘、莲花塘、菱米塘、小

心塘,俱在县东;东寺坞塘、南保塘、后坞塘、井子坞塘、山枣塘、茶坞塘、凌坞塘、槐花塘,俱在县北;十六塘并洪武二十七年遣官修筑

分水县长林堰,在县西;柏堰、范堰、邵舍堰、西村堰、花桥堰,俱在县西;后岩堰、云峰堰、宝山堰、殿山堰、长风堰、新堰,俱在县北;十二堰并洪武二十七年遣官修筑。[①]

乐清县余家堘、徐家新堘:俱在县东三十里十三都,二堘俱洪武二十八年修筑。

瑞安县沿江圩岸塘:在清泉集善二乡,明洪武二十七年筑。[②]

这种专遣监督员督造水利的做法在明初时可能已经开始实施,如天台县的许溪硿、下店硿、下畈硿、陈家岙硿,"明初差蒋必富等增修";临海县的横溪闸、凤桥闸、岭下闸,明洪武二十四年由"办事官孔良弼监筑"等等。但洪武二十七年开始的水利建设活动,显然布置更加严密,落实更加彻底。各地的水利建设项目都有专人监督负责,如临海县的水利项目,由"人材邓弘远"、"人材王整"开筑;杭州府新城县的水利项目由"监生杨昶"开筑;富阳县的项目则由"监生王敏"负责督造;余杭县的则有"人材王真"兴建。这些水利专员多由各地生员充任,监生出自国子监,"人材"是明初时各地举荐的有专长的儒生。这些监生、人材被冠以工部的差遣官头衔,专管水利兴建事宜,如余杭县的"王真"称为"工部差办事官",新城县的扬昶被冠之以"工部差监生扬昶"。当时各地的情况恐怕大致是相同的。这些由朝廷派遣的专员权力很大,所兴建的水利项目也颇具规模,一次兴建多则百

---

① 以上均见雍正《浙江通志》卷60《水利九·严州府》。
② 以上均见雍正《浙江通志》卷61《水利十·温州府》。

余处,少的也有十几处,如严州府寿昌县,一次兴建湖神塘等"一百一十三塘"、淤塌堰清水堰等"二十堰";分水县同时兴建施家塘后路塘等"十六塘"、长林堰等"十二堰";遂安县同时兴建堰堤"六十二堰"、湖塘"二十六塘";安吉县兴建刘家坝、西绍溪坝等"三十六坝";新城县兴建官塘、潘堰等十余座;等等。这些数量众多的水利设施有些可能本身规模都不大,或更多属于小型堤塘,用以灌溉小面积的山间农田,而这也是明清水利建设的大趋势,即水利建设更加因地制宜、更具有针对性,也更加小型化,如东阳瑞山乡石仓堰,明洪武初居人马仕宁创建,"以灌一村之田"。宣平县欧溪堰、大流堰,明万历二十九年知县陈应麟修筑,"灌县下五里田"。这些进入了史书记载范围的、标注了建造年代、灌溉田亩数量的堰渠,可能还算是比较大的水利项目,明清时期更多的小型水利设施,志书中往往缺乏记录;或者只有名录,没有更多的信息记载。显然,从南宋时期开始的水利项目小型化的趋势,到了明清时期更加普遍,有的小型堰闸,灌溉田亩仅有十余亩,显示这时期水利建设的小型化、精细化程度更高。同时,农田水利的覆盖面也更加宽泛,水利设施的普及程度更加全面。

这时期,如前所述,成批建设小型水利也是明代水利建设的一个特点。尤其是官府主导的一些项目更是如此,由于在资金、劳动力等方面具有较大的调动度,因此往往一次工程、成批修建。这种现象虽然在宋代已经开始出现,如海盐县在北宋嘉祐元年由县令李维几兴建的"乡底堰三十余所","以灌十乡农田"①;但无疑,明代时成批兴建农田水利的现象更加普遍。如前述明洪武二十八年在安吉顺零乡兴建的刘家坝、西绍溪坝等

---

① 至元《嘉禾志》卷5《堰闸·海盐县》。

项目，一次修建堤坝三十多处；如洪武二十七年在遂安县一次性
修建芹墅堰、眉堰、浮姑堰等堰堤六十处，修建大塘、吴家坞塘、
孙野塘等堤塘二十六处；同年，在寿昌县"遣官修筑"的水利项目
中，一次性修建了湖神塘、瞻塘等堤塘约一百一十三处，修建了
淤堨堰、清水堰等堰堤二十处，总计超过一百三十处——类似情
况在严州府各县以及台州府各县都有存在。很有可能，当时的
两浙各府都曾成批修建过水利项目，实际上这种由官府主导、一
次性大批修建小型堰闸堤塘的现象，在明代各时期都曾出现。
可以说，从明初洪武时期开始的这种修建水利的做法，在之后成
为传统。如正德十五年镇海知县郑余庆修筑青屿浦、碶石湫碶、
乌金碶、石莲湾碶、金川碶、石方碶等；万历间诸暨县令刘光复建
庙嘴埭闸、白塔湖埭闸、朱公湖埭闸、高湖埭闸等；明永乐中通判
陈岩修筑临海县太平乡的茹湖砩、竹家砩、罗家砩、黄湖砩、江家
砩、葛家砩；永乐中通判陈岩修筑天台县三十七都的许溪砩、下
店砩、下畈砩、陈家乔砩；万历三十七年余杭知县戴日强兴建的
新湾塘、月湾塘、响山塘、土桥塘；等等。这种现象的出现，一方
面是各界对农田水利建设的重视；另一方面，由于水利项目的小
型化，往往官府出资多有余力，因此往往一次可以完成多个或数
十个水利项目；哪怕是官员捐俸，每次也能修建多个项目。由此
也使得两浙的农田水利覆盖面更广，水利实施更加普及，水利建
设也由此达到了一个新的阶段。

　　这时期，由于水利建设的普及，个人捐资兴建水利的事例越
来越多。如前所述，这种现象在宋代时已经开始出现。从记载
来看，北宋时由民间主持修建水利项目的现象开始增多，南宋时
更加普遍。到了明代，这种现象变得更加常态化，官员士绅、乡
村富户出资捐建农田水利成为普遍现象，许多官员士绅对水利
建设的关注度超过了此前的任何一个朝代，明嘉靖四十年，嘉兴

乡绅冯汝弼一次性修筑汉塘"石堰土堰一十五处"①，大量的小型水利工程都"无碍官帑"，可由"民量田出费"②建造。民间出资的形式也多种多样，如本地籍官员出资建造：

天桂堰：在严州府新城县七贤乡，万历元年侍郎方廉捐赀建筑。

白马碶、赤岩碶、吴公碶、杨树碶：俱在天台县十六都，清康熙五年生员范崇麟捐资重筑。

由地方官捐俸捐资兴建：

龙冈塘：在杭州钱塘县孝女乡，清康熙五十五年知县魏□捐俸修筑。

新湾塘、月湾塘、响山塘、土桥塘：万历三十七年余杭知县戴日强捐俸修建。

北泽堰：在龙游城南二里，康熙十八年知县卢灿捐资重修。

鱼袋港：在淳安县南一里，明万历十年知县戴廷槐捐俸修堤。

遂安县大塘：清康熙五十三年知县陈学孔捐赀重浚。

谢婆埭：在永嘉县瓯浦下村，明万历二十五年郡守刘芳誉"捐俸重筑"。

城东石塘：在瑞安县东门外，县令朱沾捐俸助成之。

叶坦堰、龙□堰：在遂昌县县东，隆庆元年知县池浴德"捐俸筑之"。

除了官员捐资建造，也有由邑人百姓出资兴建的：

普济堰：在富阳县驯雉里，明嘉靖初里民何某等捐资修砌成小堰，清初开化乡邵嘉捐赀建成大堰。

---

① 雍正《浙江通志》卷 54《水利三·嘉兴府》"汉塘"。
② 雍正《浙江通志》卷 53《水利二·杭州府下》"湖山碶"。

197

乌狗塘：在富阳县县北十五里临湖村，明嘉靖六年里民何某捐田一亩、塘二口、银三十两，重修堰澳。

湘湖塘：在萧山县西二里十七处，明崇祯间"邑人蔡三乐捐赀建闸，又助修西北二塘"。

白马碑、赤岩碑、吴公碑、杨树碑：俱在天台县十六都，清康熙五年生员范崇麟"具呈本县，捐资重筑，改名万年碑"。

场桥陡门、龟山陡门：在瑞安县崇泰乡，隆庆己巳都民各捐资告筑。

云阳（石埭）：在云和县浮云溪右，明隆庆间修建，邑人柳元臻、柳元亮输粟以倡，陈继恩、王一阳捐财以助，而民之愿出力输直者丕应。

也有官员与民间共同出资修建：

江口陡门：在平阳县九都，万历二十二年县令朱邦喜"捐俸二十两修砌，着民张世英等助筑，厥功用成"。

同时，民间参与水利工程修筑的形式也多种多样。

有的由官府倡议，"督令""劝谕"引导民间兴建：

涌泉湖堰、乌枝堰、闸堰、大山堰、马山下堰：俱在富阳县惠爱里，明万历时知县喻劲龙"督令业户马贵等修筑"。

湖山碑：在富阳县善政里，明万历时县令喻效龙"亲诣本所，督令得水之民量田出费捐助，无碍官帑。下砌以石，上筑以土。遂免旱涝之患"。

永丰陡门：在平阳县六都，明万历二十二年县令朱邦喜"谕富民陈子法出资重筑"。

麦城陡门：在平阳县九都，明万历二十二年县令朱邦喜"谕该都里，照田估计工费修筑"。

坡南塘：在平阳县南，明万历二十二年县令朱邦喜"劝谕义民吕仲璞等重建完固"。

陈家塘：在分水县县东，明洪武三年"邑令金师古谕民浚池塘"。

场桥陡门、龟山陡门：俱在瑞安县崇泰乡，隆庆己巳"都民各捐资告筑，知县杜时登督成之"。

有的由民间士民带头"倡筑""领砌"：

浩江大碶、石鼓碶：俱在嵊县五十都，明崇祯间乡民李嘉寿倡筑。

回回堂堰、下马堰、酥溪堰、后清堰：俱在永康县一都，清顺治九年里人徐汪领砌石坝。

单独兴建修建，或由乡民出工出力修建：

陡门闸：在杭州府仁和县定北乡，明时居民葛廷禄重建。

朱林塘：在富阳县春明里，里人孙彦等修。

偃虹堤：在富阳县北三十里岔口前，清康熙二十年里人邵士庄筑，"长亘里许"。

沙塘：在奉化县东一里，明万历间里人孙银筑。

长塘：在奉化县东六里，明里人李保改筑。

洞潭大堰：在奉化县西七十里，明成化间里人单叔轩"凿石，通剡溪水，溉田"。

高大堰：在奉化县北六十里，永乐年间举人宋璧筑。

牢岩堰：在奉化县西南十里，明崇祯间"杭人凌震寰藉堰水激轮作碓，并溉田禾"。

林家闸：在萧山县，万历十一年邑绅张试"重建桥，稍广之"。

运河新闸：在余姚县云楼乡，万历丙申里人陈有年、周思宸兴建。

源通碶、益通碶：俱在嵊县五十四都，明万历间"为洪水冲坍，邑人赵明峰修治之"。

石仓堰：在东阳县瑞山乡，明洪武初"居人马仕宁创建，以灌一村之田"。

富民堰：在东阳县斯孝乡四都，"邑人吴坦公所造，分注民田数万，分为六甲"。

高堰：在义乌县二都，明崇祯间"邑人周凤岐重开"。

东山埭、南渎埭、屿南大埭：俱在乐清县县西十五里一都，明隆庆戊辰里人赵汝铎出力修筑。

玉壶（石凍）：在瑞安县玉壶山中，先年筑有官（石凍），每遇坍圮，居民自行修筑。

苍山陡门：在瑞安县集善乡，元泰定间里人谢觉行倩工倚山凿岩造之。

新陡门：在平阳县西乡，成化二十年里人李日荣修筑。

上述事例均引自雍正《浙江通志·水利志》。类似的情况在当时大约已经很普遍，尤其是那些小型的水利项目，士民、里人自建、助建的概率更高。许多小型水利项目的灌溉对象往往面积不大，因此兴建时更加因地制宜、更加结合当地的具体环境，这也是明清时期农田水利的普遍现象。

在唐宋时期，两浙对湖陂的整治建设还是比较常见，许多府县所在地纷纷对天然湖陂进行整治改造，以提高和改善城市居民的用水环境。从雍正《浙江通志》的记载中可以看到，唐代是湖陂建设的高峰期，当时在各府县城及周边都修建了一些湖泽，以改善城市用水、提高防洪抗旱能力，以及兼顾农田灌溉，如杭州西湖、宁波东钱湖、温州会昌湖等，以及鄞县广德湖、富阳县阳陂湖、上虞县夏盖湖、慈溪县花屿湖、慈溪县杜白二湖、鄞县小江湖、慈溪县慈湖、余杭县北湖、湖州归安县菱湖、长兴县西湖、慈溪县鸡鸣湖、慈溪县云湖、严州府西湖、寿昌县西湖等等，其中仅慈溪一县就开浚了多处湖陂。到了北宋时，记载中的湖陂建设趋于减少，仅有萧山县湘湖、诸暨县烛溪湖、义乌县绣川湖等；而建造于南宋初期的记载仅有两例,即奉化县莼湖、上虞县西溪湖,说明南宋后期开浚湖陂的现象已经很少出现。这个现象从明代开始更加明显,湖陂建设已经基本不见,究其原因,主要在于湖陂虽然有灌溉之利,但由于湖泽面积往往不小,占地也多,在宋代开始东南一带人口急剧膨胀,朝廷对该地区的赋税额度不断增加,使得对土地的需求变得越来越强烈,在此的大背景之下,占用大量土地面积的湖陂已经显得过于奢侈,其综合效益逐渐降低,已经不太适应当时的经济发展的需要。从两宋时开始,许多原来用作灌溉的湖陂被大量侵占、填埋,并被辟为耕地;而新建新浚的湖陂已经非常少见,农田水利的形式也由此出现大的转变,较少占用土地的堰闸堤塘等开始大量出现,并成为明清时期主要的水利形式。尤其是在浙东山区丘陵地带,堰堤等水利设施的运用最为普遍。翻开各地的府县志,水利项目中最多的就是堰堤碶闸。在两浙,不同地区对之有许多不同的称谓,如温台地区的埭、绍兴地区的硠、堨,严州地区的奈、堨,衢州地区的陂、圩岸等,都是堰堤塘坝的别称。这种旱季时能蓄水灌溉、雨季洪涝时便于排洪排涝的小型水利工程,具有占地少、布局灵活,并适用于复杂地形的特点,可以有效解决山区小区块农田的灌溉需要,由此在明清时期最为普及。

明清时期建设的水利项目有:

陡门闸:在杭州府定北乡,明时居民葛廷禄重建,"灌田数十顷,又有韩家闸"。[1]

永昌坝:在杭州府仁和县永昌门外,通钱塘江,明洪武二年建。

会安坝:在杭州府仁和县艮山门外,洪武五年建。

---

① 雍正《浙江通志》卷 52《水利一·杭州府上》。

猪圈坝：在杭州府武林门外陆家场。洪武三年建。

德胜坝：在杭州府城东北五里夹城巷内，洪武五年建。

临平闸：在杭州府临平镇，"三闸俱在运河官塘一带，涝涨河溢，皆由此泄入下塘"，明天顺年间知府胡浚重修。

小林大闸：在杭州府仁和县十五都、十七都之间，"闸莫详所始"，明天顺间知府胡浚、知县周博重建，"一乡蒙利，溉田数千"。①

许村闸：在海宁县许村，"莫详所始"，天顺间知府胡浚重修。

寺泾闸、姚沈闸、范沈闸、石家闸、石家笕闸、洪范闸、王家笕闸：明水利佥事伍因"见笕筒壅塞，设此石闸共七处，自拱辰门外运河一带至临平，以蓄上河之水，民甚利赖，是为伍公七闸"。

朱林塘：在富阳县春明里，里人孙彦等修。

宋家塘：在富阳县北三十里白升村，明洪武二十七年监生王敏等筑。

施家塘：在富阳县西十五里灵泉南山，下洪武二十六年官筑。

五姑塘：在富阳县丽景村，洪武二十六年官筑。

涌泉湖堰、乌枝堰、闸堰、大山堰、马山下堰：俱在富阳县惠爱里。"四堰之水利者不下二千亩。"明万历时知县喻劲龙督令业户马贵等修筑。

普济堰：在富阳县驯雉里，"溉新桥坂田二千七百余亩"。明嘉靖初里民何某等捐资修砌成小堰，清初开化乡邵嘉捐赀建成大堰，"厚凡三百尺，高二十尺，上阔百二十尺，下阔百五十尺"。

横泥堰：在富阳县东十余里，明永乐九年知县王必宁建言修筑。

---

① 以上均见雍正《浙江通志》卷 52《水利一·杭州府上》

胡公闸:在富阳县南,临江。明天顺间杭州知府胡浚置。

余杭县渎塘,在县北一十里旧名和尚坝塘;下陡门塘,在县北十二里仙泽界并同化乡;镇前等塘,在县北一十七里;喻家塘,在县北一十八里;洪高白社塘,在县北二十里;边溪塘,在县北二十二里;后岸塘、上母塘,并在县北二十八里;荙溪塘,在县北三十五里并长安乡;溪西北夹塘,在县东一十里;免函塘,在县东一十五里;凤仪塘,在县东半里苕溪南岸,自通济桥东至钱家埠塘;西门塘,在县西半里苕溪北岸,自总铺至龟边塘,旧名五里塘;庙湾瓦窑塘,在县西二里苕溪南岸,"自石门塘至通济桥":以上均为明永乐二年户部尚书夏原吉、大理少卿袁复增筑,"以防水患,每年加修"。

余杭县新湾塘、月湾塘、响山塘、土桥塘:明万历年间县令戴日强修筑。

余杭县感塘、庄前坝塘、吴山坝塘、曹村坝塘、夹堰塘、前村仓畈坝塘:并在余杭县长安乡,明洪武二十八年工部差办事官王真等"开挑潴水"。

义林围陡门,在余杭县安东乡免函界;西函陡门、东桥陡门,并在余杭县东十三里;许家畈陡门,在余杭县东十五瑞安乐乡支港界;苎山畈上陡门、苎山畈下陡门,并在余杭县北十二里周化乡仙泽界;喻家斗门,在余杭县西北十里长熟乡山后界;下山陡门、顿村陡门,并在余杭县西北二十五里常熟乡山前界;黄坝陡门、姚坝陡门,并在余杭县东北三十里常熟乡黄坑界;以上均建于明代,"潴泄水势,以利田亩"。

黄家陡门,在余杭县东北五里东塘界;郑家陡门,在余杭县北三里郎王界;寺中坝陡门,在余杭县东北五里东塘界;班湖坝陡门,在余杭县东八里东塘界;祥坝陡门,在余杭县东北三十里山前界;中坝陡门、陈家坝陡门,并在余杭县东北二十里黄坑界;

插坝陡门、石濑坝陡门,并在余杭县东北三十里山后界;天竺陡门,在余杭县西北五里盛宅界:以上陡门俱建于明洪武年间,"以防水患,遇淫雨水涨则下函障隔水势,水退则启函以泄渠港之涝"。

胡公渠:在杭州府新城县,引溪水如城壕,使"负郭田不忧旱者五千亩"。明天顺间郡守胡浚建造,因此名曰"胡公渠"。

莲塘:在杭州府新城县县南一十八里太平乡,洪武二十七年工部差监生扬昶重修。

牛堰、潘堰、杨家堰、何芦堰、卸堰、沙堰、丁家堰、赤松堰、陈堰、新堰:以上俱在新城县折桂乡,明洪武二十七年工部差监生杨昶开筑。

后凹堰、芝林堰:在杭州府新城县,明洪武二十七年开筑。

刘公堰:在新城县县西五里鱼池山下祥禽乡,永乐十年知县刘秉开筑。南至绍泽,北至官塘五里桥,溉田千余亩。

天桂堰:在新城县天桂山下七贤乡,明万历元年侍郎方廉捐赀建筑石堰一十四丈有奇,灌田数百余亩。清康熙八年知县张瓒重修。

塔山堰:即胡衙坝,在新城县西二里,明天顺间知府胡浚兴建。"因附郭田旱涝无备,委医学训科方镛督理筑坝,凿沟引水入城壕,绕城东西,至南门置闸放水,由城东官沟抵鸡鸣山入溪,民甚利之。"[①]

便民河:在嘉善县。明弘治间嘉善知县刘克及郎中傅潮兴建,"长二万七千尺,溉田万余亩"。

下保圩:在嘉善县奉贤乡,正德年间县丞倪玑兴筑,并"潴陂

---

① 雍正《浙江通志》卷 53《水利二·杭州府下》。据徐沛复《天竺陡门记》,认为天竺陡门"不知创自何代",但南宋时已经存在:"自宋淳祐、历元泰定,屡修屡湮。"

湖,开沟洫"。

白洋河:在海盐县东沿海塘下,"南自澉浦,北抵乍浦,长七十里"。明万历五年巡抚徐栻筑塘海上,"因有白洋河及澉浦上河之役,白洋河北至阅武场,而南属之常川铺,长三十里,初凿时以运塘石,而海上荒土得灌为良田者万余亩。上河起自常川铺西南,属之澉浦城下二十里,地形稍高于白洋河,筑为土坝,以捺之,所灌田视白洋河加倍"。

包角堰:在石门县县南一里,明万历年间县令蔡贵易复建。

汉塘:又名新丰塘、平湖塘,在平湖县西二里,明嘉靖四十年冯汝弼修筑,长五十余里,连通嘉兴。

西官塘:在桐乡县西北,距皂林镇九里。明成化十六年分守参议梁镛"令有司甃以砖石",正德年间重修。

东塘:在桐乡县康泾东汇之上,自县治抵皂林南北九里,明天顺年间"泾口多架木,以通往来"。万历时改为石梁桥。[1]

箬溪:在长兴县南五十步,建于明初,"耿炳文筑城开壕,遂分流于城外,绕过龙潭湾,会南溪"。

坍缺港:在长兴县东北四十五里,明嘉靖十六年,"因乡民温良铠建议,于坍缺港口凿石通子河一道,竟达小梅口,于湖边筑堤一百余丈障之,舟从子河行,商舶赖之无患"。

张公堤塘:在武康县东,明嘉靖间知县张宪筑堤,因此称为张公堤。清雍正七年总督李卫"委员修筑张公堤等处塘岸"。

小山塘:在安吉州东南二十五里铜山中扇,明洪武二十八年开。

刘家坝、西绍溪坝、朱墓溪坝、散车坝、范埭坝、后干坝、罗家坝、陆分坝、范家埭坝、严埭坝、杨家坝、成村坝、乌墩坝、水碓坝、

---

[1] 以上见雍正《浙江通志》卷54《水利三·嘉兴府》。

簸箕坝、长衢坝、朱板桥坝、横山坝、原潭坝、灯心坝、李山坝、堂山坝、分水坝、长闻坝、永丰坝、贵山坝、九功坝、新塘章山坝、炭坞坝、梅家坝、陂坝、花潭坝、张塔坝、官路桥坝、下堰坝、黄坑坝：俱在安吉州顺零乡，明洪武二十八年兴建。①

文溪：在慈溪县东一十五里，明隆庆间开浚。

石鳖闸、朱童闸：在慈溪县西南三十里，明成化二年郡守张瓒、同知刘文显修。

松浦闸：在慈溪县西北四十里，明永乐二年知县余瑄建。

范家河：在奉化县县北一十里，"通大江口潮，溉田四百余顷"。明万历年间县令赖愈秀同邑绅宋宗周"重开"。崇祯初年"吏部戴澳捐田复浚，纵广倍前，始通舟楫。至石坡岭砌路十里，水通宁绍，陆接温台，为南北孔道"。

沙塘：在奉化县东一里，明万历间里人孙银筑。

栗树塘：在奉化县周公堤下，北接长汀，明主簿罗良侪修。

长塘：在奉化县东六里，明里人李保改筑。

周公堤：在奉化县，位于栗木、长汀两塘内。明宣德八年大水冲坏，县令周铨重筑。

洞潭大堰：在奉化县西七十里，明成化间里人单叔轩"凿石，通剡溪水，溉田"。

黄家堰：在奉化县东二十二都，明嘉靖乙未通判张源重修。

高大堰：在奉化县北六十里，永乐年间宋璧筑。②

牢岩堰：在奉化县西南十里，明崇祯间"杭人凌震寰藉堰水激轮作碓，并溉田禾"。

严家堰：在镇海县灵绪四都，明嘉靖壬戌知县何愈重修。

---

① 以上见雍正《浙江通志》卷 55《水利四·湖州府》。

② 宋璧：奉化人，永乐十四年丁酉科举人，曾任华亭训导。见雍正《浙江通志》卷 134《选举》。

东冈碶：在镇海县崇丘四都，明嘉靖三十五年知县宋继祖建，溉田一万三千余亩。

长山碶：在镇海县灵岩二都，明嘉靖壬戌知县何愈重修。

青屿浦、碶石漱碶、乌金碶、石莲湾碶、金川碶、石方碶：俱在镇海县灵岩二都，明正德十五年知县郑余庆修筑。

黄沙闸：在镇海县灵绪一都，明嘉靖壬戌知县何愈重修。

新丰河：在象山县治南、来薰门内，明万历间县令陈天祥开。

南塘碶：在象山县南三十里，明嘉靖九年知县夏津建。

陈姚塘碶：在象山县东北四十里，明成化间知县凌傅建。①

平水闸：在定海县南城半里，明成化五年总督张勇建，嘉靖四十一年知县何愈改建于教场浦，"支港尽塞，民其利焉"。万历四十六年副使张可大"因故址增设，巨石整碶，以蓄泄"。②

西小江：在山阴县西四十五里，今为河。明正统十二年"诏从山阴人王信奏，命萧山、山阴两县起役浚之"。天顺元年知府彭谊重修，"建白马山闸，以遏三江口之潮。闸东尽涨为田，自是江水不通于海"。

昌安塘：在绍兴府城昌安门外，直抵三江海口三十里，明洪武二十年筑。

麻溪坝：在会稽县西南一百二十里，明成化间知府戴琥筑于天乐乡四十一都，"以捍外水之入，而山阴、会稽、萧山三县水患始息"。万历十六年萧山知县刘会"加石重建，下开霤洞，广四

---

① 乾隆《象山县志》卷5《经制志二·水利》。

② 上均见雍正《浙江通志》卷56《水利五·宁波府》。张可大筑碶事并见《清一统志》："张可大应天人万历时为舟山参将束军伍、遂斥堠、治楼橹、制火器，自岑港抵歷海三江，皆置戍。倭犯五罩湖、白沙港，连败之。以功加副总兵。城久圮，躬亲董筑，两月工讫。城内外田数千亩，海潮日害稼，乃筑碶，蓄淡水，遂为膏腴。民称为张公碶。"

尺。每旱,则引水以溉田"。

临浦坝:在萧山县南三十里,明宣德年间建,"以断西江之水"。正德时因为"商舟欲取便,乃开坝建闸,甚为害。嘉靖十三年知县王聘塞之"。

三江应宿闸:在绍兴三江所城西门外,明嘉靖十六年知府汤绍恩建,"凡二十八洞,亘堤百余丈,蓄山阴、会稽、萧山三县之水"。

山西小闸:在绍兴城北五十里,明万历间知府萧良干"于山西设闸为三洞,以杀上流水势,补三江之所不足"。

扁拖闸:在绍兴府城北三十里、小江之北,"其闸有二,北闸三洞,明成化十三年知府戴琥建;南闸五洞,正德六年知县张焕建"。

泾溇闸:在绍兴玉山闸北,正德六年知县张焕建。

撞塘闸:在绍兴玉山闸东,明嘉靖十七年建。

平水闸:在绍兴三江城西门之南,明嘉靖十七年建。

茅山闸:在绍兴"麻溪坝外三里",明成化间知府戴琥"于茅山之西筑闸二洞,以节宣江潮"。崇祯十六年邑绅刘宗周重建。

上灶溪:在绍兴府城东南二十里,嘉靖初知府南大吉"尝浚之,沿溪田甚获其利"。

西江塘:在萧山县西三十里,"横亘五十里"。塘外为富阳江,"受金、衢、严、徽四府之水,其上源高,势若建瓴,萧山在其下流,赖此一带之塘捍之"。明正德十四年,"乡官钱玹发仓粟,募民修筑"。

湘湖塘:在萧山县西二里十七处,皆设塘长看守。明崇祯间"邑人蔡三乐捐赀建闸,又助修西北二塘"。

邱家堰:在萧山县南二十五里,明万历十四年县令刘会修筑。

大堰：在萧山县西十里，明万历十五年县令刘会"改建永兴闸"。

盛文坝：即东坝，俗名新坝。在萧山县东五里，明万历四十四年县令陈如松"于霪头闸横筑一坝，以防潮患。开双河塝，通运河，以便舟楫"。

螺山闸：在萧山县东南二十里，明天顺间知县梁昉重建，"以御小江之水"。

林家闸：在萧山县"西四百步，两岸多为居民填广，舟不能通"。明弘治十四年屯田金事张鸾开浚。万历十一年邑绅张试"重建桥，稍广之"。

永兴闸：在萧山县西十里，俗名龙口闸。"旧为大堰。外障江潮。内节运渠二百里之水。明万历十五年令刘会改建石闸二座"①。雍正《浙江通志》记载：县令刘会"因石塘工毕，以羡银改堰为闸二，以泄诸乡水涝"。

长山闸：在萧山县东北十里，明成化间知府戴琥建。

龟山闸：在萧山县东北三十里，明成化年间知府戴琥建。

凤堰闸：在萧山县东四百步，明弘治七年邑人任邦瑞重修。

庙嘴埂闸、白塔湖埂闸、朱公湖埂闸、高湖埂闸：在诸暨县，明万历间县令刘光复建。

东横河：在余姚县东北二十五里，明嘉靖十五年县丞金韶疏浚。

新海湖：在余姚县西北四十五里，洪武二十二年筑。"临山卫城塞汝仇湖为教场，洪武二十七年耆民黄原敬上言，从湖北滨海地筑塘，潴水为湖，以溉田。"

运河新闸：在余姚县云楼乡一都，万历丙申里人陈有年、周

---

① 《清一统志》卷226《绍兴府》。

思宸兴建。

横泾坝：在上虞县南门外，明万历五年县丞濮阳傅重修，"甃以石"。万历二十五年县令胡思伸创为斗门。

夏盖山闸、陈仓堰闸：俱在上虞县五都，明洪武二年建。

龙山陡门闸：在上虞县十四都，"闸坐江口，截定流水，灌田一千余亩"。明万历三十三年县令徐待聘重建。

新安闸：在上虞县东五里包村港，明万历二十四年县令胡思伸建，"凡三洞，每洞阔一丈余，两岸皆甃以石，置田以资修理，定闸夫六名，以司启闭"。

韩家闸：在上虞县镇都，明洪武七年建。

油草碶：在嵊县二十九都，"明崇祯间湮废，清康熙间县丞胡玒疏浚"。

浩江大碶、石鼓碶：俱在嵊县五十都，明崇祯间乡民李嘉寿"倡筑"。

源通碶、益通碶：俱在嵊县五十四都，明万历间"为洪水冲坍，邑人赵明峰修治之"。

后溪堤：在新昌县西十里，明万历间知县田管"令典史朱琳督工修筑，以捍水患"。①

盐塘、姥堀塘、交塘：俱在临海县宁化乡，明洪武二十四年"办事官孔良弼监筑"。

岭里塘、水塘、上湖塘、官市塘、观山塘、象鼋塘、和尚塘、仇家塘、章家塘、漩塘、道士塘、上猷塘：俱在临海县太平乡，明洪武二十八年"人材邓弘远开筑"。

泉水塘、兴国塘：俱在临海县安乐乡，明洪武年间邓弘远"开筑"。

---

① 以上未注明者均见雍正《浙江通志》卷57《水利六·绍兴府》。

广化塘：在临海县瑞仁乡，明洪武年间邓弘远开筑。

清塘：在临海县延寿乡，明洪武年间邓弘远开筑。

忻家塘：在临海县重晖乡，明洪武三十年"人材王整开筑"。

枕坑塘、长湾塘、庐岙塘、金山塘、施家塘、林家塘、化山塘、董家塘、山湾塘、茭塘、古湾塘：俱临海县在太平乡，明洪武年间王整开筑。

岭下塘：在临海县太平乡，明永乐中通判陈岩修筑。

蔡岙塘、横山塘、宝花塘：俱在临海县长乐乡，明永乐中陈岩修筑。

高湖堰、洋岙堰、吴承有堰、下堰、吴超堰、长潭堰、黄肚堰、中沙堰：俱在临海县大固乡，明洪武二十四年"办事官孔良弼监筑"。

芝溪堰、清潭堰、洛西堰、下村堰：俱在临海县承恩乡，明洪武二十八年"人材邓弘远开筑"。

涌泉堰、龟溪堰：前者在清化乡，后者在临海县承恩乡，俱系邓弘远开筑。

方溪堰、左桥堰、童坑堰、伍溪堰：俱在临海县太平乡，明洪武三十年"人材王整开筑"。

横溪闸、风桥闸、岭下闸：俱在临海县长乐乡，明洪武二十四年"办事官孔良弼监筑"。

古溪闸、汪家潭闸、能仁塘闸、莲桥闸、赖屿土桥闸：俱在临海县保乐乡，总兵杨文筑。

茆湖砩、竹家砩、罗家砩、黄湖砩、江家砩、葛家砩：俱在临海县太平乡，明永乐中通判陈岩修筑。

永通闸：在黄岩县南五十里，明嘉靖己亥郡守周志伟建。

东浦陡门（在黄岩县常丰二闸河口）、南陡门（在黄岩县应秀门）、车浦陡门（在黄岩县西城下）：以上三陡门"俱为明嘉靖壬子筑城跨河建之,以通水道"。

许溪砩、下店砩、下畈砩、陈家峆砩:俱在天台县三十七都,明初差蒋必富等增修,永乐中通判陈岩又加筑。

溪上堰、盂溪堰:俱在仙居县二十九都升平乡,"明都谏吴廉以火煅石通之,铺石其上,厥功颇大"。

白峤塘:在宁海县东四里,明正统间县尉雷震筑,成化十五年郭绅修,万历间黄淳重修。"后涨成田。"

泉溪:在太平县县治南,明嘉靖间知县曾才汉疏浚。①

石仓堰:在东阳县瑞山乡,明洪武初"居人马仕宁创建,以灌一村之田"。

富民堰:在东阳县斯孝乡四都,"邑人吴坦公所造,分注民田数万,分为六甲","后因沙淤,知县陈康再开,深一丈三尺,澜二丈,长七里"。

高堰:在义乌县二都,明崇祯间"邑人周凤岐重开"。

洪寺堰:在武义县西北一里,明正德十三年县丞林有年开浚。

括塘堰:在汤溪县县北十里四都,旧名沈溪堰,明万历间"邑合文龙因水注维艰,改迁今所,乡民利焉"。②

北泽堰:在衢州府城南二里一都,明嘉靖初知县敖钺修筑。

鸡鸣堰:在龙游县三都,"溪水自杨侯潭迤逦而下,缘鸡鸣山麓入田,绕后坂,达七都,溉田甚广"。明嘉靖年间主簿张蒉"率堰长方銮等凿石筑浚"。万历四年知县涂烋"属主簿万镒重修"。

北泽堰:在龙游县城南二里一都,明嘉靖初知县敖钺修筑。清康熙十八年知县卢灿捐资重修,改筑堰口。

---

① 以上均见雍正《浙江通志》卷58《水利七·台州府》。
② 以上均见雍正《浙江通志》卷59《水利八·金华府》。

官坝：在常山县县北三里清水塘头，一作金川坝。明嘉靖二十九年"署县通判张潭建"。

马迹堰：在江山县县南三十五里，明崇祯二年知县徐士庆重修。[1]

东湖：在严州府东门内，明嘉靖四十年知府韩叔阳"因旱涝不常，筑堤以捍之，遂成巨浸。由太平桥绕入西湖"。万历四十一年知府吕昌期、华敦复"相继开浚"。

南堤：在建德城南澄清门外，"南临江，北负城"。明成化十一年知府朱暲"募舟人运巨石筑长堤，以御水患，且便行者。东抵兴仁门，西抵税课司，为堤三级，广逾四丈，袤数百丈。坚致平坦，足以障狂澜而便往来，郡人德之"。

后村堰、川堰、麻丘堰、宋岸堰、大堰，俱在县西；大堰、上塘堰、下塘堰、莆田堰、芝川堰、胥村堰，俱在建德县东北：以上诸堰并明洪武二十七年"遣官修筑"。

鱼袋港：在淳安县南一里，俗名漏港，明万历十年知县戴廷槐"捐俸修堤"。

社塘，在县东二十一都庙山塘、孝公塘，俱在县东二十二都；新塘，在县东二十一都；武翼塘，在县东二十六都；西塘，在县东；清塘江家塘卸坞塘大坞塘，俱在县东二十九都；祀先塘，在县东；荷塘，在县南三十三都；响塘，在县南；大塘务坞塘，俱在县南三十五都；湖塘，在县南三十三都；赤沙塘，在县南；博嵩塘、泉水塘，俱在县北二十都：以上十九塘俱在淳安县，并为明洪武二十七年"遣官修筑"。

贡坂堨，在县北九都；寺坂堨、傅沈坂堨、新碑坂堨，俱在县北九都；万功堨，在县北十一都；洪村堨、厌口堨，俱在县北十七

---

[1] 以上均见雍正《浙江通志》卷 59《水利八·衢州府》。

都；曹竭塘坂竭，俱在县北十九都；以下九竭俱在淳安县，为明洪武二十七年"遣官修筑"。

陈公堤：在遂安县龙溪东，"故督亢地"。明洪武间"创木桥，后圮，易以石，水至常不及泄"，万历间知县陈泰熙创筑。

大塘、吴家坞塘、眉塘、孙野塘、崇塘、连塘、湖塘、姜吕塘、前余塘、吴家塘、乌石塘，以上俱在遂安县县东；织女塘、贵塘、西村大塘、新塘、东塘、令坑塘、木履塘，俱在遂安县县南；湖洞塘、上坞塘，俱在遂安县县西；大塘、百节塘、东余塘、杨塘、却塘、山塘，俱在遂安县县北；以上二十六塘并明洪武二十七年"遣官修筑"。清康熙五十三年知县陈学孔"以大塘为沙所壅，捐赏重浚"。

井塘：在遂安县县北，明成化十一年知县陈福"设法修砌，民受其利"。正德四年罗甫重修。

方塘：在遂安县县北，明隆庆三年知县周恪"因旧址复之"。

芹墅堰、眉堰、浮姑堰、赤山堰、富道堰、嵩山堰、黄堰、蛇堰，俱在遂安县县东；仁堰、长生堰、板桥堰、万家堰、余盛堰、安洋堰、了溪堰、寺后堰、高公堰、富易堰、前塘堰、江墅堰、蛇祈堰、德演堰、富石堰、大墅堰、孙家堰、公山堰、乍堰、庙堰，俱在遂安县县南；观音堰、横堰、驮堰、塘堰、小堰、陆家堰、吴家堰、秋堰、小詹堰、大墅堰，俱在遂安县县西；前溪堰、后溪堰、大甘堰、富来堰、后门堰、三堰、羊堰、芳墅堰、甘堰、上庙堰、下庙堰、麻车堰、澄波堰，俱在遂安县县西；驮堰、宋堰、龙堰、江堰、抵水堰、杨堰、芮洲堰、大堰、感堰，俱在遂安县县北；以上六十二堰俱明洪武二十七年遣官修筑。

湖神塘、新塘、瞻塘、旧宅塘、大塘、罗桐坞塘、吴塘、罗桐坞里塘、下坞塘、何坞塘、东剥塘、西剥塘、梭坞塘、桂塘、牛栏塘、邵慈坞塘、鱼塘，俱在寿昌县县东一都；大新塘、大柏塘、交塘、许村塘、清水塘、瓦窑塘、诸村大塘、花塘、叶坞塘，俱在寿昌县县东二都;白洋塘、叶坞塘、柏木塘、驮坞塘、咸塘、清水塘、交塘、严坞塘、仙池岩塘、新池塘、排塘、娘鹅塘、芦塘,俱在寿昌县县东三都;櫸木塘、吟塘、黄龙塘、古坂塘、□塘、卸塘,俱在寿昌县县东仁四都;西泉塘、寨外新塘、方坞塘、东泉塘、神塘、下蒲塘,俱在寿昌县县西寿四都;孟塘、瓦塘、后塘、上观塘、小师姑塘,俱在寿昌县县西五都;石塘、张塘、吴塘、王坞塘、家后塘、牛冈坞塘、迎山塘、余山塘、清水塘,俱在寿昌县县西北六都;淡塘、金竹坞塘、东坞下塘,俱在县西北七都;高庵塘、棠坞塘、新栅塘、叶坞塘,俱在寿昌县县西北八都;后坞塘、新塘、里塘、椰木塘、东坞下塘、沙钵塘,俱在寿昌县县西北九都;吴塘梅、坞塘、余公塘、新塘、海塘、西塘,俱在寿昌县县西十都;监塘、驮了塘、西垄塘、遂宋塘、大麦塘,俱在寿昌县县西十一都;施塘、胡坂塘、青山塘、里塘、原坞塘、三塘、顾塘、鼓楼塘、葛塘、邵塘,俱在寿昌县县南十二都;牙塘、叶坞塘、花塘、欢塘、岑蒲塘、张坞塘、西塘、岑塘、顾塘、上西塘、下西塘、野鸭塘、赤塘、大坞塘,俱在寿昌县县南十三都:以上共一百一十三塘,并明洪武二十七年遣官修筑。

淤堨堰、清水堰,在寿昌县县东二都;洪家堰,在寿昌县县西五都;郑昌堰、寺下堰,俱在寿昌县县西北六都;三姑堰、城山堰,俱在县西北七都;峡石堰、石郭堰,俱在寿昌县县西北八都;潘堰、莺堰,俱在寿昌县县西北九都;高堰、江墈堰、富贵堰,俱在寿昌县县西十一都;周村堰、青山堰、周溪堰、蜜山堰、子堰,俱在寿昌县县南十二都;石泉堰,在寿昌县县南十三都灌白艾田三千余亩:以上二十堰并明洪武二十七年遣官修筑。

陈家塘:在分水县县东,明洪武三年邑令金师古谕民浚池塘。

施家塘、后路塘、周满塘、竹子塘、莲花塘、菱米塘、小心塘,俱在分水县县东;东寺坞塘、南保塘、后坞塘、井子坞塘、山枣塘、茶坞塘、凌坞塘、槐花塘，俱在分水县县北；言峰坞塘、观坞塘，俱在分水县县西三十里；以上十六塘并洪武二十七年遣官修筑。

柏堰、范堰、邵舍堰、西村堰、花桥堰，俱在分水县西；后岩堰、云峰堰、宝山堰、殿山堰、长风堰、新堰，俱在分水县北；天目溪堰，在分水县东：以上十二堰并洪武二十七年遣官修筑。^①

蒲洲埭：在永嘉县八都，"去县十里"。明正德十六年"风潮荡坏，推官程资督修"。万历甲戌郡守杨邦宪重修。

谢婆埭：在永嘉县瓯浦下村，明万历二十五年郡守刘芳誉"捐俸重筑"。

海坛陡门：在永嘉县奉恩门，"即水门中闸也"。"遇旱则开北闸，引潮入城。涝则尽闸放之，以泄城中秽浊。"明弘治庚午郡守文林疏浚。

外沙陡门：旧名堰头，在永嘉县镇海门外，明成化丁酉县令文林"砻巨石修筑，布桥立闸，决去福昌黄湖二埭，以通花柳塘，民甚利之"。

石墩陡门：在永嘉县九都石屿村，明弘治间知府陆润修筑。

瞿屿陡门：在永嘉县九都瞿屿村，明弘治间知府陆润重修。

东山埭、南渎埭、屿南大埭：俱在乐清县县西十五里一都，"县西三乡水悉会于此，春涨最难捍御"。明隆庆戊辰"因咸水淹田禾，里人赵汝铎出力修筑，下用大松桩，上用长石条砌迭，改造夹岸两塘二百四十五丈……又于泄水处建陡门五间，旁为石口三间"。

徐公埭：在乐清县二十六都，"自能滩至柘湖长二里"，明正德五年知县徐宏建，因名徐公埭。

城东石塘：在瑞安县东门外，一直延伸至温州府城，明嘉靖

---

①　以上均见雍正《浙江通志》卷 60《水利九·严州府》。

间刘畿为瑞安知县,"议筑未就"。后刘畿巡抚浙江,"出公帑八百两重建,县令朱沾捐俸助成之,民甚便"。

沿江圩岸塘:在瑞安县清泉集善二乡,明洪武二十七年筑。"续为风潮冲陷,成浦令周悠筑砌石塘。"

新埭:在瑞安县城北壕河,明弘治年间知县高宾建。"后复闭,城中多火患。"嘉靖辛卯知县曹诰重筑,"水至城中,民甚便之"。

东浦大埭:在瑞安县小东门外,县尉郑瑜筑,明万历甲戌主簿汪元寿修。

涝防埭:在瑞安县二十八都一图,名老王埭,明崇祯元年建。

九里陡门:在瑞安县清泉乡,明嘉靖间知县曹诰建。

场桥陡门、龟山陡门:俱在瑞安县崇泰乡五都场桥,明嘉靖壬子知县刘畿"议建未就",隆庆己巳"都民各捐资告筑,知县杜时登督成之"。

通海湫:在瑞安县四都,"河流浅狭,淤塞不常"。明万历丁亥邑令章有成同主簿詹隆祖"督工开浚,通海仍建陡门三间,以防旱涝"。

玉壶(石束):在瑞安县玉壶山中,"本地大溪自青田县发源,经流此处,高山四起,内多平衍原田,居民亦数百家,每遇洪水,禾稼尽伤,先年筑有官(石束),明洪武二十七年加筑,沙石坚厚,趾阔二丈,面阔一丈,南北二带约一千余丈,每遇坍圮,居民自行修筑"。

军桥埭:在平阳县县治东,"水从沙冈发源,直入大河,至沙塘陡门入海,水势下泄"。明万历年间邑令朱邦喜"准耆民林元英等议,于柏洋军桥筑埭,以截水势,又从旁委曲开河,以通舟楫,居民利焉"。

黄浦埭:在平阳县十六都,明万历十年邑令何钫"设法筑之"。

和尚埭:在平阳县二十七都,明洪武二十七年筑。

吴南堰:在平阳县三都,明洪武二十七年筑。

下埭陡门:在平阳县十三都,明万历乙未县令朱邦喜重筑。

麦城陡门:在平阳县九都。明万历二十二年县令朱邦喜"谕该都里照田估计工费修筑"。

永丰陡门:在平阳县六都,"自沙塘陡门筑后,此陡门坍坏,蓄泄不便,民甚苦焉"。明万历二十二年县令朱邦喜"谕富民陈子法出资重筑"。

新陡门:即和尚浦,在平阳县西乡,成化二十年里人李日荣修筑。①

黄桑堰:在丽水县西二十里三都,"溉田二千顷","明崇祯间圮,清康熙年间署县丞左印俨督令修筑"。

百㧐堰:在丽水县南三里,明万历二十六年知府任可容重修。

竹山客源口堰:在丽水县北七里四都,一名朴子堰,明万历十二年建。

叶坦堰、龙□堰:俱在遂昌县东,明嘉靖间"堰圮于水",隆庆元年知县池浴德"捐俸筑之"。

赵公堰:在庆元县,即周墩堰,"障盖竹、蒙淤二溪水入一都,灌田四十余顷"。知县曾寿建,明崇祯间知县杨芝瑞重筑。

朱村堰:在庆元县五都,又名朱村陂,知县曾寿建。

云阳(石㻫):在云和县浮云溪,明隆庆间知县黄一桂重修。

欧溪堰、大流堰:"水通宣平县市,居民汲饮,兼救火灾,灌县下五里田。"明万历二十九年知县陈应麟修筑。

① 以上均见雍正《浙江通志》卷61《水利十·温州府》。

余杭塘河:在杭州北关门外江涨桥西,"四十五里至余杭县北,通新开运河"。清康熙四十七年杭州府知府张恕可"动帑开浚,自卖鱼桥起至观音桥一百四十丈"。

下湖河:在杭州溜水桥柴场北河,"分四派,总名下湖河",清康熙四十七年杭州知府张恕可"重浚桃花港四百丈"。雍正五年总督李卫"动给帑银。委浙江驿丞陈上义开浚沿山马家坞、包家坟、三元桥、御临桥一带河道,并建三元桥滚坝一座"。

龙冈塘:在杭州钱塘县孝女乡,清康熙五十五年知县魏□"捐俸修筑,浃月告成"。

压沙溪塘:在杭州钱塘县五都瓶窑,清雍正五年总督"李卫委员动帑修筑五十八丈"。

溜水闸:在杭州钱塘县涌金水门外,清雍正六年总督李卫重修。

金沙港闸、毛家埠闸、丁家山闸、赤山埠闸:在杭州西湖沿岸,雍正五年复建。

乌麻陡门闸:旧名安溪陡门闸,在杭州钱塘县安溪镇,清康熙五十五年"大水冲圮,知县魏□修建"。

奉口河:"去杭州城西北四十五里,抵德清县界",《咸淳临安志》已有载录。清雍正七年总督李卫"动给帑银一千三百有奇,委员开浚"。①

清凉闸:在杭州艮山门外,清雍正七年仁和知县董怡曾重修。

碤石镇市河:在海宁县东北六十里,清康熙十四年知县许三礼开浚,"自宣德门外起至郭溪止"。雍正七年湖州知府吴简民重修疏浚,"自宣德门外吊桥起,由郭店至北施家桥止"。

---

① 以上均见雍正《浙江通志》卷 52《水利一·杭州府上》。

袁花塘河：在海宁县东五十里，清康熙十四年知县许三礼开浚，"自宣德门外起，东至袁花"。雍正七年湖州知府吴简民重修疏浚，"自春熙门外起，由教场桥至东新仓港止"。

偃虹堤：在富阳县北三十里岔口前，清康熙二十年里人邵士庄"筑长亘里许，状如偃虹，故名"。

炼溪堰、查村堰：在新城县，清康熙八年知县张瓒重修。①

大嵩塘：在鄞县东南八十里大嵩所，"旧未有塘，清雍正九年建"。

大嵩河闸：在鄞县大嵩塘，清雍正六年鄞县知县杨懿"开浚大嵩河，建闸"。

青锦塘：在奉化县青锦山下，清顺治十一年县令王夐筑堤，康熙十年县令陈愫又增筑之。②

黄竹塘：在萧山县西南三十五里，"横亘三里"，清康熙九年"邑令邹勒修筑，易土以石"。

墙里童闸：在萧山县，清顺治十年建。

俞家塘：在嵊县北十九里二十都，清康熙间县丞胡玒"修浚诸塘，民享其利"。③

白马碗、赤岩碗、吴公碗、杨树碗：俱在天台县十六都，清康熙五年生员范崇麟"具呈本县，捐资重筑，改名万年碗"。

金清大坝：在太平县繁昌乡八都，近金清闸，"因上流湍急，莫可捍御，闸屡修辄坏"，清雍正五年知县张坦熊建。④

回回堂堰、下马堰、酥溪堰、后清堰：俱在永康县一都，清顺治九年"里人徐汪领砌石坝"。

---

① 以上均见雍正《浙江通志》卷 53《水利二·杭州府下》。
② 以上均见雍正《浙江通志》卷 56《水利五·宁波府》。
③ 以上均见雍正《浙江通志》卷 57《水利六·绍兴府》。
④ 以上均见雍正《浙江通志》卷 58《水利七·台州府》。

石龟堰：在永康县二都，清康熙三十五年"高堰、石龟堰为木商摧坏，知县沈藻修治"。

中堰、杜溪塘堰、仙溪堰：俱在永康县五都，清康熙三十三年知县沈藻勘修。①

洪桥闸：在衢州城东南一里，"旧洪桥之东，通菱湖"，清康熙三十七年知县陈鹏年建，"以遏水之东下，汇诸城壕而入于内河，土人称曰陈公闸"。②

观音堰、横堰、驮堰、塘堰、小堰、陆家堰、吴家堰、秋堰、小詹堰、大墅堰：俱在遂安县县西，清康熙五十三年知县陈学孔重修。

石泉堰：在寿昌县南十三都，"灌白艾田三千余亩"，清康熙十年知县罗在位督修。③

三屿东沙埭、三屿西沙埭、河里埭：俱在乐清县西三十五里，清康熙年间重修。

东安寺前埭：在瑞安县大东门外，清顺治五年知县谭希闵建。

灵溪陡门：即徐家窑陡门，在平阳县。清雍正二年总督觉罗满保"令沾利田主每亩出谷十五勺，共银二千有奇，修筑陡门"；雍正七年"知县事张桐委县丞裴元臣就江中建筑分水墩三座，及南北两岸马头墩坝，砌筑坚固，可蓄可泄，于九年六月完工"。④

钟山堰、榉木堰：在丽水县西三十里，"溉田二千余顷"，清康熙年间知县霍维腾"命里保修筑"。

古溪堰：在缙云县西二十五里七都，"溉田一千余顷"，清康熙年间知县戴名振"饬地方修筑"。

---

①　以上均见雍正《浙江通志》卷59《水利八·金华府》。

②　雍正《浙江通志》卷59《水利八·衢州府》。

③　以上均见雍正《浙江通志》卷60《水利九·严州府》。

④　以上均见雍正《浙江通志》卷60《水利十·温州府》。

桑潭堰：在缙云县县东十五里十九都，"溉田六十余顷"，清康熙年间知县霍维腾"令堰长砌造"。

马木堰、杜堰：在缙云县县东六十里，清知县霍维腾"督令修筑，溉田七十余顷"。

芰下堰：在缙云县县东三十里，清知县戴名振修筑，"一方资灌溉之利"。

黄潭堰：在缙云县县西三十里，灌溉农田三十余顷，清知县霍维腾督修。

缪公坝：在遂昌邑西，"濒大溪，自胡公堤成，溪水迤北而东注，清康熙二十五年四月大水，城垣民居尽皆冲决，水势涌南不复东流，故道壅积，而沿城以下竟成深渊"，康熙五十一年知县缪之弼"出俸金鸠工，于上流筑坝以防之，水顺其性，无复冲突"。①

---

① 以上均见雍正《浙江通志》卷 61《水利十·处州府》。

二、水利管理与理念

1. 早期水利理念

两浙的水利起源较早,距今 9000 年的萧山跨湖桥遗址已经有较大型的独木舟出现,距今 7000 年的河姆渡文化有了水井等设施。到了良渚文化时期,水利技术已比较成熟,出现了大型的水坝、居住地的大型环濠、众多的水井等,这些都充分说明当时对水利的认识已经达到相当的高度。但文献记载中对水利的认识与较系统的水利管理理论则要出现得晚得多,而两浙一带则更滞后一些。先秦著述中多有相关水利的论述,如《周官》《管子》等书中多有阐述①,可以发现早在先秦时期,许多水利建设的论述已经非常先进,《管子》载:"决水潦,通沟渎,修障防,安水藏,使时水虽过度无害于五谷、岁虽凶旱有所秒获,司空之事也。"②其中,"通沟渎"以疏解水患,"修障防"以储水防旱,使得旱涝均"有所秒获""无害于五谷",这都是农田水利最基本的要领。《周官·地官》也说:"稻人掌稼下地,以潴畜水,以防止水,

---

① 《周官》据称是周公所订,《管子》也托名管仲,其实可能是西汉时人汇纂,但也有早期的内容。

② 《管子》卷 1《牧民第一·省官》。

以沟荡水,以遂均水,以列舍水,以浍写水,以涉扬其芟,作田。"①《地官》不但阐述以湖塘"畜水"、以堤防"止水"、以沟渠"荡水。"还进一步阐明水利的灌溉之法:"以沟荡水,以遂均水,以列舍水,以浍写(泻)水",这大概就是后期干渠、支渠、斗渠、农渠、毛渠等的分级渠道②,可见早在先秦时期,这样的分级灌溉的理念已经比较成熟。《周官·冬官》还记述了沟渠的建造规格要领:

"匠人为沟洫,耜广五寸,二耜为耦,一耦之伐,广尺,深尺,谓之甽;田首倍之,广二尺,深二尺,谓之遂。九夫为井,井间广四尺,深四尺,谓之沟;方十里为成,成间广八尺,深八尺,谓之洫;方百里为同,同间广二寻,深二仞,谓之浍。"——此言各级渠道的建造等级及扩展次序。

"凡沟逆地防,谓之不行;水属不理孙,谓之不行。"③——此言渠道应合理利用地形地貌,使水流顺畅。

"梢沟三十里而广倍,凡行奠水,磬折以参伍。"——此言水渠转折之限度,以保持水流顺畅。

"欲为渊,则句于矩。"——此言水渠之间建造湖塘,贾公彦注"大曲则流转,流转则其下成渊",说明当时已经有渠道结合湖塘这样的储水备旱的意识。

"凡沟,必因水埶;防,必因地埶。善沟者,水漱之;善防者,

---

① 《周礼注疏》卷16《地官·稻人》,郑玄注,贾公彦疏。

② 《周礼注疏》"遂,田首受水小沟也,列,田之畦埒也,浍,田尾去水",也是指出其水渠的分级,见《周礼注疏》卷16《地官·稻人》,郑玄注,贾公彦疏。

③ 《周礼注疏》:"沟谓造沟,防谓脉理,属读为注,孙,顺也;不行谓决溢也。"此句的大意是:建造沟洫应该遵循地理规律,水渠应该通顺,否则就会"决溢"。原文见《周礼注疏》卷42《冬官·匠人》,郑玄注,贾公彦疏。

水淫之。"——此言渠道建造要遵循水流的自然规律,堤坝的建造要遵循当地的地形地貌。《周礼注疏》:"潄犹啮也","淫读为厵,谓水淤泥土,留着助之为厚"。

"凡为防,广与崇方,其杀,参分去一";"大防外杀",贾公彦注:"薄其上厚其下。"——此言堤防的建造要领,其与北宋年间的《营造法式》也多有共同之处:"筑城之制,每高四十尺,则厚加高二十尺;其上斜收,减高之半。若高增一尺,则其下厚亦加一尺;其上斜收亦减高之半,或高减者亦如之"①,而后者则更加详细。

"凡沟、防,必一日先深之,以为式。里为式,然后可以傅众力。"——此言沟渠、堤防的施工要领,先做一段模板,然后推广开来。

"凡任索约,大汲其版,谓之无任",贾公彦注:"约,缩也;汲,引也。筑防若墙者,以绳缩其版,大引之言,版桡也。"——此言夯筑堤防的具体技术,可见当时的版筑土堤技术与后期的已经差相近似了。

《周官》中还有多处记述水利:

"渔人,掌以时渔,为梁。"《周礼注疏》:"月令季冬,命渔师为梁","梁,水偃也,偃水为关,空以笱,承其空"②,可见当时于冬季枯水季节在河道中筑堰坝,并"空以笱,承其空",等到春水荡漾、渔汛大发时用竹编的"笱"来捕鱼。"泽虞,每大泽大薮,中士四人,下士八人,府二人,史四人,胥八人,徒八十人;中泽中薮,如中川之衡;小泽小薮,如小川之衡。"③《周礼注疏》:"泽,水所锺也;水希曰薮。"这里记述的是对重要水系湖泽的管理情况。

---

① (宋)李诫《营造法式》卷 3《壕寨制度》。
② 《周礼注疏》卷 4《天官·渔人》,郑玄注,贾公彦疏。
③ 《周礼注疏》卷 9《地官·司徒第二》,郑玄注,贾公彦疏。

《管子》论述水利的内容则包括多方面：

"凡立国都，非于大山之下，必于广川之上；高毋近旱，而水用足，下毋近水，而沟防省；因天材，就地利。"①"圣人之处国者，必于不倾之地，而择地形之肥饶者，乡山左右，经水若泽。内为落渠之写，因大川而注焉。乃以其天材地利之所生，养其人以育六畜。"②——以上论述是关于城市规划中的水利知识。

"导水潦，利陂沟，决潘渚，溃泥滞，通郁闭，慎津梁，此谓遗之以利。"③——此言兴修水利、消除水灾。

"水有大小，又有远近，水之出于山而流入于海者，命曰经水；水别于他水，入于大水及海者，命曰枝水；山之沟，一有水，一毋水者，命曰谷水；水之出于他水，沟流于大水及海者，命曰川水；出地而不流者，命曰渊水。此五水者，因其利而往之可也，因而扼之可也。"④——这是对江河溪流的分类。

"夫水之性，以高走下，则疾；至于（水飘）石。而下向高，即留而不行；故高其上领，瓴之尺有十分之三，里满四十九者，水可走也。乃迁其道而远之，以势行之。水之性，行至曲，必留退；满则后推前；地下则平行；地高即控。杜曲则捣毁，杜曲瞠则跃；跃则倚，倚则环，环则中，中则涵，涵则塞，塞则移，移则控，控则水妄行；水妄行则伤人。"⑤——此言流水之特性。

"置水官，令习水者为吏，大夫、大夫佐各一人，率部校长官佐，各财足，乃取水，左右各一人，使为都匠水工。令之行水道，城郭、堤川、沟池、官府、寺舍及洲中当缮治者，给卒财足。"——

---

① 《管子》卷1《乘马第五》。
② 《管子》卷18《度地第五十七》。
③ 《管子》卷3《五辅第十》。
④ 《管子》卷18《度地第五十七》。
⑤ 《管子》卷18《度地第五十七》。

此言设置水利官员,给予资金,使专门管理水利诸事。

"常以秋岁末之时阅其民,案家人、比地、定什伍口数,别男女大小,其不为用者,辄免之。有锢病不可作者,疾之。可省作者,且事之。并行以定甲士,当被兵之数,上其都。都以临下,视有余、不足之处,辄下水官,水官亦以甲士当被兵之数,与三老、里有司、伍长、行里,因父母案行,阅具备水之器。以冬无事之时,笼、臿、板、筑、各什六,土车什一,雨輂什二,食器两具,人有之。锢藏里中,以给丧器。后常令水官吏与都匠因三老、里有司、伍长、案行之,常以朔日始出具阅之,取完坚,补弊久,去苦恶。常以冬少事之时,令甲士以更次益薪,积之水旁。州大夫将之,唯毋后时。其积薪也,以事之已。其作土也,以事未起,天地和调,日有长久。以此观之,其利百倍。故常以毋事具器,有事用之,水常可制,而使毋败。"——此言率领辖内民众,修整水利工具,"有事用之",兴建水利设施。

"春三月,天地干燥,水纠列之时也。山川涸落,天气下,地气上,万物交通,故事已,新事未起。草木黄,生可食。寒暑调,日夜分。分之后,夜日益短,昼日益长,利以作土功之事。土乃益刚,令甲士作堤大水之旁。大其下,小其上,随水而行。地有不生草者,必为之囊。大者为之堤,小者为之防。夹水四道,禾稼不伤。岁埤增之,树以荆棘,以固其地;杂之以柏杨,以备决水。民得其饶,是谓流膏。令下贫守之,往往而为界,可以毋败。当夏三月,天地气壮,大暑至,万物荣华,利以疾薅,杀草蟊。使令不欲扰,命曰不长。不利作土功之事,放农焉。利皆耗十分之五,土功不成。当秋三月,山川百泉踊,雨下降,山水出,海路距,雨露属,天地凑汐,利以疾作,收敛毋留,一日把,百日铺,民毋男女皆行于野,不利作土功之事,濡湿日生,土弱难成,利耗什分之六,土工之事亦不立。当冬三月,天地闭藏,暑雨止,大寒起,万物实熟,利以填塞空郄,缮边城,涂郭术,平度量,正权衡,虚牢狱,实廥仓,君修乐,与神明相望,凡一年之事毕矣,举有功,赏贤,罚有罪,颉有司之吏而第之。不利作土工之事,利耗什分之七。土刚不立。昼日益短,而夜日益长,利以作室,不利以作堂。四时以得,四害皆服。"——此言一年四季之兴修水利的时机、技术等。"春三月,天地干燥,水纠列之时也";"当秋三月,山川百泉踊,……不利作土功之事",这是讲时机。"大者为之堤,小者为之防。夹水四道,禾稼不伤";"树以荆棘,以固其地;杂之以柏杨,以备决水",这是讲水利技术。

"常令水官之吏,冬时行堤防,可治者……常案行,堤有毁,作大雨,各葆其所可治者趣治,以徒隶给大雨,堤防可衣者衣之,冲水可据者据之,终岁以毋败为固,此谓备之常时……岁高其堤,所以不没也。春冬取土于中,秋夏取土于外,潦水入之,不能为败。"——此言日常维护、随时修理。

《左传》是撰写于春秋时期的典籍,其在水利方面的记述虽然不多,但也有几例:"书土田,度山林,鸠薮泽,辨京陵,表淳卤,数疆潦,规堰潴,町原防,牧隰皋,井衍沃,量入修赋,赋车籍马。"①其中,"鸠薮泽",是指整治陂塘湖泽;"表淳卤",是指根据土地的产出不同"轻其赋税";"数疆潦",是指根据水灾受害情况"减其租入";"规偃猪",是指调查堰坝等水利设施的灌溉情况;"町原防",是指丈量土地、堤防;"牧隰皋",是指规划低地水田;"井衍沃",是指划分统计井字形田亩。② 可见当时的农田水利已经运用比较普遍,以"薮泽"储水,以"偃猪"引水,以"原防"防水等理念已经比较成熟,并且在生产活动中灵活运用。

---

① 《左传》"襄公二十五年"。
② 《春秋左传注疏》卷 36《鲁襄公二十五年》,东晋杜预注,唐孔颖达疏。

这时期位于两浙一带的水利建设也已经非常普遍。《越绝书》可能编撰于后汉,是记载春秋战国吴越地区历史的专著,其内容以吴越争霸的历史事实为主,下迄两汉,上溯夏禹,包括政治军事、社会经济等诸方面。其中也记载了水利方面的内容。据记载,当时的越国已经有专职官员负责水利方面的事务,"官渎者,勾践工官也"。当时的越国的水利多以"塘"名之,如蛇门外塘、富中大塘、练塘等,可能是指以堤塘构筑而成的湖泽、河渠,以及以堤塘围护的田地、城池。如"石塘者,越所害军船也,塘广六十五步,长三百五十三步",此指湖泽;"练塘者,勾践时采锡山为炭,称'炭聚',载从炭渎至练塘,各因事名之","吴塘,勾践已灭吴,使吴人筑吴塘,东西千步,名辟首。后因以为名曰塘",此指河渠;"蛇门外塘,波洋中世子塘者,故曰王世子,造以为田","富中大塘者,勾践治以为义田,为肥饶,谓之富中",这些是指围田;"苦竹城者,勾践伐吴还,封范蠡子也。其僻居,径六十步。因为民治田,塘长千五百三十三步",此指城堡,亦以"塘"围护之。显然,这时期的越国水利,以被动性的防水、储水为主,主动性的引水灌溉等设施可能还不多。

2. 中古时期的水利管理

秦汉以来,中原的水利建设逐渐进入高峰期。据《史记》所记,秦及西汉初期因为漕运原因而修建了许多大型水利设施,如秦境内的郑国渠,西汉时的褒斜道、龙首渠等。农田灌溉水利也迅速发展,"泰山下引汶水:皆穿渠为溉田,各万余顷",当时的关中曾"发卒数万人作渠田……久之,河东渠田废,予越人,令少府以为稍入"。由于水利的运用对农业生产非常重要,效果也明显,如郑国渠的建设,对当时的关中的农业生产起到了极大的推进作用,"渠就,用注填阏之水,溉泽卤之地四万余顷,收皆亩一钟。于是关中为沃野，无凶年，秦以富彊"①。此后，西汉时围绕郑国渠还修建了六辅渠："元鼎六年……奏请穿凿六辅渠，以益溉郑国傍高之田"②；并在郑国渠南侧兴建白渠："太始二年，赵中大夫白公复奏穿渠。引泾水，首起谷口，尾入栎阳，注渭中，袤二百里，溉田四千五百余顷，因名曰白渠。民得其饶。"③当时对农田水利的认识有了很大进步，曾在境内许多地方兴修水利，"所以备旱"，汉武帝曾对臣下说："农，天下之本也。泉流灌浸，所以育五谷也。左、右内史地，名山川原甚众，细民未知其利，故为通沟渎，畜陂泽，所以备旱也。今内史稻田租挈重，不与郡同，其议减。令吏民勉农，尽地利，平繇行水，勿使失时。"④针对农田水利建设的建议也很多：""临晋民原（愿）穿洛以溉重泉以东万余顷故卤地，诚得水，可令亩十石"；"穿渠引汾溉皮氏汾阴下，引河溉汾阴蒲坂下，度可得五千顷。五千顷故尽河壖弃地，民茭牧其中耳，今溉田之，度可得穀二百万石以上。"⑤

西汉时黄河水患已经数度成灾，针对黄河的治理，也出现了许多建设性的意见，《汉书》曾有上中下三策作为治河的建议：一谓迁徙民众，"出数年治河之费，以业所徙之民，遵古圣之法，定山川之位，使神人各处其所，而不相犯。且以大汉方制万里，岂其与水争咫尺之地哉？此功一立，河定民安，千载无患，故谓之上策"；二谓开渠发水，分杀水势，"今濒河堤吏卒郡数千人，伐买薪石之费岁数千万，足以通渠、成水门，又民利其溉灌，相率治渠，虽劳不罢。民田适治，河堤亦成，此诚富国安民，兴利除害，

---

① 以上见《史记》卷 29《河渠书第七》。
② （汉）班固《汉书》卷 29《沟洫志》。
③ （汉）班固《汉书》卷 29《沟洫志》。
④ （汉）班固《汉书》卷 29《沟洫志》。
⑤ 以上见《史记》卷 29《河渠书第七》。

支数百岁,故谓之中策";三谓兴修堤防,"若乃缮完故堤,增卑倍薄,劳费无已,数逢其害,此最下策也。"①以现在的观点判断,班固所谓的上策,就是迁徙民众、放弃治河,此实为下下之策;开渠引水,灌溉农田,如果能做到,应是上佳之策。班固认为,"通渠有三利,不通有三害"。"民常罢于救水,半失作业;水行地上,凑润上彻,民则病湿气,木皆立枯,卤不生谷;决溢有败,为鱼鳖食:此三害也。""若有渠溉,则盐卤下湿,填淤加肥;故种禾麦,更为粳稻,高田五倍,下田十倍;转漕舟船之便:此三利也。"②但彻底消除河水泛滥之害,需要堤防技术做保障,否则不容易实现。而迁徙民众的所谓上策,也是不得已而为之。加筑堤防,虽不失是一种积极的防治方法,但在当时技术条件有限的背景下,很难避免河水决堤泛滥。

两浙地区在东汉时期最著名的水利工程即是位于会稽郡的镜湖、位于余杭郡的南湖,以及白砂三十六堰。镜湖,后称鉴湖,位于吴越中心地区的会稽郡,在府城南三里,东汉永和五年,由会稽太守马臻发起兴建,跨越山阴、会稽两县,汇集三十六源之水,当时的鉴湖面积很大,"周三百五十八里",湖中筑堤"界湖为二"。兴建镜湖的目的主要是用于灌溉,"沿湖开水门六十九所,下溉田万顷"③。南湖,又称南下湖、南大塘,在余杭县(今余杭镇)西二里。相较于会稽郡的镜湖,南湖的规模要小得多,"周回三十四里一百八十一步","灌溉县境公私田一千余顷,所利七千余户"。除了灌溉农田,南湖的主要功能还在于防涝防洪,《水经注》:"县后溪南大塘,陈浑立以防水。"实际上南湖也是当时余杭县治的主要供应水源。

---

① (汉)班固《汉书》卷29《沟洫志》。
② (汉)班固《汉书》卷29《沟洫志》。
③ 郦道元《水经注》卷40《渐江水》。

　　这时期在两浙地区出现了新的水利工程形式——堰。这种形式的水利建筑早在战国末期就在秦国境内已经出现，"蜀守（李）冰凿离碓，辟沫水之害，穿二江成都之中"①。与之前的湖塘河渠等主要以水源供应、交通运输、防洪排涝等功能不同，堰渠的功能主要在于农田灌溉，显示这时期农业生产在水利开发中逐渐起到了决定性作用。与之前湖塘等被动性的阻水、蓄水不同，堰渠的建造属于主动性的引水，由此，不论是水利技术还是水利观念，较之此前都有明显的进步。两浙的堰渠出现时间较晚，东汉后期建造的白砂堰、东郭堰是其中较早的实例。白砂堰，在金华府汤溪县（今金华婺城区），共计三十六堰，主要分布在汤溪县东二十里金革乡之十都、十一都、十四都，遂昌乡之十五都、十六都，由汉柱国将军卢文台所开。"首衔辅苍，尾跨古城"，从辅苍山到汤溪县城，规模很大；"量田之多寡，定注之大小"，根据沿途田地的多少来调整堰渠的水量；"视地之远近，制流之短长"，按照灌溉的远近建造灌溉渠道；"堰各有潭，潭各筑塞"，渠道尽头并有湖塘，建造闸门，以调节、储存水量；"大抵俯仰诘曲，与溪为谋"，建造拦河堰坝，引来白沙溪水。② 白砂三十六堰"溉田千万顷"③，受益农田达到千万顷。其中的第十九堰规模最大，"阔一百余丈，水分六带，灌田尤多，因名曰第一堰"④。后人评价为"其利则溥，其功诚难"⑤。东郭堰在余杭县东"南渠河上"，开凿时间较早，由东汉余杭县令兴建，大约与南

---

①　《史记》卷29《河渠书第七》。

②　雍正《浙江通志》卷59《水利》。

③　《清一统志》卷231《金华府》。

④　《清一统志》卷231《金华府》。

⑤　雍正《浙江通志》卷59《水利》。

湖同时修建,但较早废止不用。①

南朝萧梁时期建造的丽水通济堰,是早期又一个较大型的水利工程,"障松阳、遂昌两溪之水",建造拱形堰坝;灌溉渠道覆盖整个碧湖平原,"惟通济一堰灌丽水西乡之田为最广"②;建造分级渠道,"分为四十八派,析流畎浍,注溉民田二千顷"③。通济堰的兴建,显示当时已经有比较成熟的水利体系与理念,"盈则放而注诸海,涸则引而灌诸田,故力农之家无桔槔之劳、浸淫之患"④。通济堰由堰堤、大斗门(总闸门)、干渠、概头(分闸门)、支渠、毛渠、湖塘等组成,堰堤用以截水,洪涝时水漫堤而过,枯水时节则截溪水入通济渠。大陡门是通济渠道的入水口。通济堰干渠自通济闸起,迂回长达二十二点五公里,纵贯碧湖平原,至下圳村附近注入瓯江。干渠各段又设分闸门,称为"概",如开拓概、凤台南概、凤台北概、石刺概、城塘概、城章塘概等,概闸的作用是平衡水流、调节水量,原来据称有大小概闸七十二座;由各概闸分析出的大小渠道呈竹枝状分布到碧湖平原,以概闸调节,分成四十八派,并据地势而分上、中、下三源,实现自流灌溉与提灌结合;支渠的一端设湖塘,"又以余水,潴而为湖,以备溪水之不至"⑤,原有湖塘百余座;渠道的尽端又设斗门,旱季时用以储水。通济堰以堰堤、渠道、概闸用以引水,配合湖塘储水,形成了以引灌为主,储泄兼顾的水利体系。这一水利体系在

---

① 《咸淳临安志》卷 39《山川十八·堰》。
② 《丽水县重修通济堰记》,同治《通济堰志》。
③ (宋)关景晖《丽水县通济堰詹南二司马庙记》,同治《通济堰志》。
④ 《丽水县重修通济堰记》,同治《通济堰志》。
⑤ (宋)关景晖《丽水县通济堰詹南二司马庙记》,同治《通济堰志》。

萧梁时期大约已经初具规模，到北宋时已经很完备。[①]

南宋时期是水利管理与技术逐渐走向成熟的时期，这时期的水利管理，以两部文件为重要标志，亦即南宋乾道五年（1169年）范成大修订的《通济堰规二十条》，以及魏岘编著的《四明它山水利备览》。这两部文本比较集中地体现了这时期的水利管理水平与理念。

范成大修订的《通济堰规二十条》，是迄今看到的两浙最早的水利规章，实际上范成大的《堰规》在当时被称为"新规"，因为在北宋时"姚君县尉所规堰事"已经在实施了[②]，只是该堰规没有流传下来。可见范成大的"新规"与原来的"堰规"应有相当的传承关系。从范成大《通济堰规》内容来看，其在管理机构、人员设置、概闸启闭、用水调节、堰渠修缮以及报官申请、账目管理等都有相关规定，可见当时对水利设施的管理方面已经比较完备的制度规章了。《通济堰规》的主要内容有：

（1）设立"堰首"

"堰首"类似于通济堰的管委会主任，负责通济堰的日常事务，"所有堰堤、斗门、石函、叶穴，仰堰首朝夕巡察，有疏漏、倒塌处，即时修治"。"堰首"由当地农户推举产生，经县里同意："集上中下三源田户，保举上中下源十五工以上、有材力、公当者充"；"堰首"任期二年；"二年一替"；担任"堰首"后，可以免除徭役公差等："如见充堰首当差，保正长即与权免州县不得执差，候

---

① 南宋绍兴八年郡丞赵学老刊刻通济堰图，通济堰体系已经很完备，见明洪武重刻《丽水通济堰规题碑阴》碑，现存堰首村龙庙。

② 明洪武重刻《丽水通济堰规题碑阴》载："访于闾里耆旧，得前郡守关公所撰记，略载前事……仍以姚君县尉所规堰事，悉镂碑阴。"其中"姚君县尉"是指当时任县尉的姚希，北宋时重修通济堰由其负责，并曾制订了通济堰堰规，即"所规堰事"也。

堰首满日,不妨差役";"堰首"如果工作不合格,允许农户举报:"堰首有过,田户告官,追究断罪、改替","有疏漏、倒塌处,即时修治,如过时以致旱损,许田户陈告,罚钱三十贯入圳公用。"

（2）设立"堰匠"

"堰匠"即一般管理技工,共有六人,"差募六名,常切看守圳堤,或有疏漏,即时报圳首修治"。如需要日常修理,"堰匠"可以向"堰首"申请工钱,进行修缮:"遇兴工,日支食钱一百二十文足";并规定不能以权谋私:"遇船筏往来不得取受情倖、容纵私折堰堤。如有疏漏,申官决替。"

（3）规定"甲头""堰夫""堰工"等

"甲头"类似于领班,"所差甲头於三工以上至十四工者差充,全免本户堰工,一年一替";"堰夫"即民工,根据工作量随时招募,"遇兴工役,并仰以卯时上工、酉时放工","一日再次点工,不到即不理工数";"堰工"即出工定额,"每秧五百把敷一工,如过五百把有零者亦敷一工,下户每二十把至一百把出钱四十文足,一百把以上至二百把出钱八十文足,二百把以上敷一工"。

（4）各工序的管理规定

船缺:

枯水时堰堤裸露,成为行船的阻碍,设置"船缺"专为往来船只过驳,"出行船处,即石堤稍低处是也",其作用类似于船闸。对"船缺"有下述规定:"在堰大渠口,通船往来,轮差圳匠两名看管。如遇轻船,即监稍（艄）工那（挪）过;若船重大,虽载官物,亦令出卸空船拔过,不得擅自倒折堰堤。若当灌溉之时,虽是官员船并轻船并令自沙洲牵过,不得开圳泄漏水利,如违,将犯人申解使府重作施行,仍仰圳首以时检举,申使府出榜约束。"

堰概:

即分流的斗门,概闸在堰渠灌溉分流方面地位重要,故专门设立有"概头",具体管理各概闸:"其开拓、凤台、城塘、陈章塘、石剌概皆系利害去处,各差概头一名,并免甲头差使。其余小概头与湖塘、堰头每年与免本户三工。"各概闸因为位置的不同,其作用大小不一,故概闸的尺度规格也不一致,《堰规》对之有下述规定:"自开拓概至城塘概并系大概,各有阔狭丈尺。开拓概中支阔二丈八尺八寸,南支阔一丈一尺,北支阔一丈二尺八寸,凤台两概南支阔一丈七尺五寸,北支阔一丈七尺二寸,石剌概阔一丈八尺,城塘概阔一丈八尺,陈章塘概中支阔一丈七尺七寸半,东支阔一丈八寸二分,西支阔八尺五寸半。"干旱时水源紧张,《堰规》对轮流灌溉有具体规定:"内开拓概遇亢旱时,揭中支一概以三昼夜为限,至第四日即行封印;即揭南北概荫注三昼夜,讫依前轮揭……其凤台两概不许揭起,外石剌、陈章塘等概并依仿开拓概次第揭吊。"对于因为争水而引起的纠纷等,也有处理规定:"或大旱,恐人户纷争,许申县那官监揭。如田户辄敢聚众持杖,恃强占夺水利,仰概头申堰首或直申官追犯人究治,断罪号令,罚钱贰拾贯入堰公用。如概头容纵,不即申举,一例坐罪。"各负责管理概闸的"概头"也有管理罚则:"如违、误事,本年堰工不免,仍断决。"

渠堰:

保证渠道的畅通是通济堰水利系统正常运行的关键,《堰规》对定时疏浚等方面都有规定:"诸处大小渠圳,如有淤塞,即派众田户分定窠座丈尺,集工开淘,各依古额。"为了防止农户侵占渠道,规定在渠道两侧不能种植树木:"其两岸并不许种植竹木,如违,依使府榜文施行。"

斗门:

斗门是通济堰的进水口,对渠道引水非常重要,《堰规》规定与"堰匠"需要日常检查管理,按时启闭:"斗门遇洪水及暴雨,即时挑闸,免致沙石入渠";"才晴水落,即开闸放水入圳渠,轮差堰匠以时启闭",并规定对"堰匠""堰首"的罚则:"如违,致有妨害,许田户告官将圳匠断罪,如堰首不觉察,一例坐罪。"

湖塘堰

湖塘的功能在于旱季时如果溪水供应不足,湖塘中的储水可以补充水源之不足,故保证湖塘一定的容水量是其关键,《堰规》规定湖塘中不许围田种植,以及定时开淘,并把各湖塘落实到专人(湖圳首)管理:"(湖塘)务在潴蓄水利,或有浅狭去处,湖圳首即合报圳首及承利人户,率工开淘。不许纵人作埭为塘,及围作私田,侵占种植,妨众人水利。湖塘堰首如不觉察,即同侵占人断罪,追罚钱一十贯,入堰公用,许田户陈告。"

逆扫

所谓"逆扫",即不能违反规定私自占用、偷取水量,尤其是旱季用水紧张时,"下源之民争升斗之水者,不啻如较锱铢"[①]。由此《堰规》规定不能擅自截水、取水:"诸湖塘堰边有仰天及承坑塘,不系承堰出工,即不得逆扫。堰内水利田户亦不得容纵偷递。其承堰田各有圳水,不得偷扫别圳水利,及不许用板木作埭、障水入田,有妨下源灌溉,亦仰人户陈首重断,追罚钱一十贯入堰公用。"

开淘

堰渠的日常疏浚、维护很重要,《堰规》规定需要定时开淘疏浚,人工由各家农户摊派,堰首在离任之前必须要开淘:"自大堰至开拓概虽约束以时开闭,斗门、叶穴切虑积累沙石淤塞,或渠岸倒塌、阻遏水利。今于十甲内逐年每甲各椿留五十工,每年堰首将满,於农隙之际,申官差三源上田户、将二年所留工数,拼力

---

① 《丽水县重修通济堰记》,同治《通济堰志》。

开淘,取令深阔,然后交下次堰首。"

请官

遇到较大的修缮工程,需要官府来监督约束,同时也规定官员及随行人员的约束规定:"如遇大堰倒损、兴工浩大,及亢旱时工役难办,许田户即时申县、委官前来监督,请所委官常加钤束。随行人吏不得骚扰,仍不得将上田户非理凌辱,以致田户惮於请官、修治,及时旱损。如违,许人户经县陈诉,依法施行。"

堰庙

对通济堰的龙王庙、龙女庙的管理也规定得很详细:"堰上龙王庙、叶穴龙女庙,并重新修造。非祭祀及修堰,不得擅开、容闲杂人作践。仰圳首锁闭看管、洒扫。崇奉爱护碑刻,并约束板榜。圳首遇替交割,或损漏,即众议依公派工钱修葺。一岁之间、四季合用祭祀,并将三分工钱支派,每季不得过一百五十工。"

(5)规定做好账目、记录工作

由"堰司"负责记录事宜,三年一轮换,不领工钱:"於当年充甲头田户、议差能书写人一名充,三年一替,如大工役,一年一替,免充甲头一次,不支雇工钱。"所记的账目等,记录在"堰簿","请公当上田户一名收掌,三年一替",并有对账规定:"遇有关割仰人户,将副本自陈并砧基,先经官推割,次执於照。请管簿上田户对行关割,至岁终具过割数目姓名送堰首改正。"如擅自修改账簿,将被处罚:"都簿如无官司凭照,擅与人户关割,许经官陈告、追犯人赴官重断,罚钱三十贯文,入堰公用。"①

除了通济堰,宁波它山堰也有相关的管理制度。它山堰是唐太和年间修建的水利工程,阻咸蓄淡,一方面以四明山清流溪

---

① 以上见(宋)范成大《通济堰规》,同治《通济堰志》。

水供应城市、灌溉农田,另一方面拦截海潮,使得农田免受"斥卤"之害,"邑令王元暐始筑堰,以捍江潮,于是溪流灌注城邑,而鄞西七乡之田皆蒙其利"①。南宋时期魏岘编著《四明它山水利备览》,也保留了许多当时它山堰的管理修缮规定。

它山堰的主要功能之一即是阻截咸潮,与咸潮同来的大量沙子容易造成河道淤积,而山上植物稀少,水土流失也使得河道淤积严重。当时采取的措施,一方面是种植树木,因为植树以后"沙土为木根盘固,流下不多",否则"无林木少抑奔湍之势";另一方面,经常性的淘沙,"四季一浚",可以疏浚河道,保持河道畅通。《四明它山水利备览》:"四明,占水陆之胜,万山深秀。昔时巨木高森,沿溪平地,竹木亦甚茂密,虽遇暴水湍激,沙土为木根盘固,流下不多,所淤亦少,开淘良易。近年以来,木值价高,斧斤相寻,靡山不童,而平地竹木亦为之一空。大水之时,既无林木少抑奔湍之势,又无包缆以固沙土之积,致使浮沙随流奔下,淤塞溪流,至高四五丈,绵亘二三里,两岸积沙侵占,溪港皆成陆地,其上种木有高二三丈者,繇是舟楫不通,田畴失溉,人谓古来四季一浚,今既积年不浚,宜其淤塞。"对此,魏岘采取"随宜为浚流、障水之策",所谓"浚流",即疏浚河道,"夫浚之一寸,则田获寸水之利;浚之一尺,则田获尺水之利。浚之愈深,所灌愈远,为利愈溥矣"。对于疏浚的时机选择,应选在旱季之前、农闲时节:"淘沙当于未旱之先,又当弃之空闲无用之地,何则?夫旱岁淘沙,此救一时之急耳,是时农夫,皆自翻水车以救就槁之苗,其势不可久役,稍或违时,苗已槁矣,宜于未旱之前,农隙之余,多其工役,假以日月,务令深广,庶几可久。"疏浚工作,必须保证质

---

① 《四库全书总目提要》卷 69《史部第二十五·四明它山水利备览》。

量,否则事倍功半:"疏浚淘沙,务求天下之事,不劳者不能逸,不暂费者不久安,若惮费畏劳,用功不深,其效亦浅","或略阔沙中之港,而不去港中之沙,止可为旱岁急救旱苗之计,经一小雨,则沙淤随塞;或去港沙而堆两岸,经一大雨,则仍前洗入港中";"如能运沙远去,江近则去于江水之中,江远则堆于空闲之地,庶几可久。"疏浚程序,先从下流开始,"开浚之时,先宜壅住上流,然后从下流为始,庶得沙干,不先为水所浸。役夫易以用力"。疏浚工作需要有公心,需要公平对待:"但戒董役之人,务在公平,不得容私。"

《四明它山水利备览》还记录了淳祐元年疏浚工程的情况。

工钱:"役夫,人给米二升,官钱四十足"

人员工具:"三乡人户及轮差柴船户,各备锄担,先期约日。"

施工范围:"标识界分,令各甲管认丈尺。"

工作时间、出工、工资发放情况:"晨集暮放,至则记名,印臂以见,大数放则,点名辨印,以给钱米。钱米才给,臂印随拭。""顾直既优,给散以时,视其勤惰,量加赏罚,人心欢趋,且不敢慢。"

《四明它山水利备览》还记载了有关防沙、修堰护堰要求。

防沙:除了定期淘沙、植树固沙,在河口镇建造闸门以控制流沙的进入也是当时经常采取的措施,"欲障平地之沙,宜于西岸去港一二里,量买地段",建造堤塘闸门,"带斜筑叠,堤以粗石,阔为基址,高七八尺,外植榉柳之属,令其根盘错据。岁久沙积,林木茂盛,其堤愈固,必成高岸,可以永久";"欲障积涝、湍流入港之沙,宜就吴家桥南港狭处立为石闸,中顿闸版五六片,略与岸平,水轻在上,沙重在下,水从版上不妨自流,沙遇闸板碍住不行。沙之所淤,不过闸外三四十丈,淘去良易。"闸门斗版的高度,以水平高度为准:"版之为限,以水为则,水涨则下,水平则去。"闸板需要随时开启,以方便舟楫往来:"启闭以时,不病舟楫"。

修堰护堰:随时维护、按时修缮,是保证堰堤未定的基础。《四明它山水利备览》:"嗣而葺之,以寿此堰于无穷。"书中并记录了北宋建隆、崇宁、南宋绍兴年间的历次修缮。建隆年间,"康宪钱公亿跪请于神,增筑全固"。崇宁年间"窒其岐派,培其堰堤";后又"复增卑以高,易土为石,冶铁而固之";绍兴丙寅(十六年)"补土石之罅漏,塞梁坍之隙穴,易土冶铁而固之"。堰堤的损坏,主要在于舟楫、竹筏,"贩鬻者装载过堰,竹木排筏越堰而下,猛势冲击,声震溪谷,堰身中空,不胜负重","久必大损"。因此除了有所限制,《备览》也提出"公私同一利害,愿共珍护之"。①

3. 明清时期的水利管理与理念

明清时期水利管理更加成熟,水利文件也更加丰富。到了明末清初,西方的水利技术与理念逐渐被介绍进来,包括测量技术与河工管理等都有了明显的提高。其中,徐光启水利理念在这时期比较具有代表性。徐光启是万历三十二年进士,与意大利传教士利玛窦研讨学问,并加入天主教。对西方先进的科学技术有所了解,精通天文、历算、火器等,其编撰的《农政全书》集中反映了其农业、水利方面的观念。徐光启强调的"测量审,规划精",提出水利建设需要以审慎的测量为依据,堤坝的高度应与水的流量相匹配等观点,这些观点的提出显然与传统的水利建设观念颇不相同。但这样的水利观念在当时并不普及。

明代对通济堰的管理也可以折射出当时的管理水平。通济

---

① 以上均见(宋)魏岘《四明它山水利备览》卷上。

堰在南宋范成大的《新规》制定后,后代曾经多有修订:

"斗门船缺原系石闸,先年洪水冲壤,万历二十七年知县钟武瑞申请寺租银二百二十两修筑南崖,至今完固。第闭闸大木,岁久朽坏,合行置换;而崖头大石被水冲坏数处,亦宜修补,此其费木石不过三金而足也。"——此为修缮大斗门。

"由堰口达渠,岁久年湮,而水不入,每年三源人聚力浚之,一日而办耳。"——此为疏浚大斗门干渠。

"由堰口达渠,岁久年湮,而水不入,每年三源人聚力浚之,一日而办耳;自斗门至石函,凡二里许,前人患山水与渠水争道,沙石堆壅,则渠水为胜,故设为石函,使渠水从下,函下渐塞,山水从上,石不壅遏,水不争道,法甚善也。今岁久,函下渐塞,函石冲坏,急宜浚之、砌之,以复其故,此其费工匠不过二金而足也。"——此为修缮石函。

"由石函至叶穴凡一里,叶穴与大溪相通,有闸启闭,防积涝也,今岁久石固无恙,而闸板尽坏,须得大松木置换,仍令闸夫一名,轮年带管,则水不漏而渠为通流矣,此其费不过一金而足也。"——此为修缮叶穴。

"由叶穴至开拓概凡三里许,旧概中支广二丈八尺八寸,石砌崖道,而概用游枋大木,南支广一丈,北支广一丈二尺八寸,两崖亦各竖石柱而概,用灰石,不用游枋,盖中支揭木概,则水注中源以及下源凡七昼夜,而南北二支之水不流,中支闭木概,则水分南北注足上源比三昼夜,而中支之水不放,此其揭闭不爽时刻,而木石不失分寸,今中概逐年增减,大非古制,而南北二概石断砌坏,尤为虚设,急宜修整,官司较量永为定式,此其费木石工匠计五金而足也;由开拓中概而下凡四里许,为凤台概,水分南北二概,不用游枋揭吊,但平木分水留霑而下,又北概去五里而分为陈章塘概,南概去半里而分为石剌概,石剌概之下五里而分为城塘概，皆用游彷并仿开拓概法，次第揭吊，盖不揭游枋，则灌中源，凡三昼夜而足，揭游枋则灌下源，必四昼夜而足，此其揭闭不爽时刻，而凤台处其上流，尤不得增减分寸，比年大非古制，而下源受害为甚，急宜仿古修理，官司较量永为经久，此其费木石工匠每概费一金而足也。"——此为三源轮灌及概闸修缮。

"又勘得渠堰附近人烟频年不浚，日逐沙石淤塞，其缘田一带各图便利，或壅或防，以致深浅不一，水不通行，今以地势相之，大都溪水低而渠水高，每至旱干，但率三源之人，决堰口而不知疏导水性，遂使前流壅遏，受水不多，及至水到之处，各争升斗求活，立见其涸，而三源皆受困矣，今但委官相其地势，从源导流，立为平准，令各田户自浚其渠，用民之力复渠之故，此不费一钱，不过旬日而足也。"——此为渠道疏浚与平准水流。

"龙王庙居堰上，兼祀詹南司马、何丞相，岁被龙风吹折，颓废不修，今合增造前楹，修葺垣舍，大率十余金而足，一则栖神崇祀，以存报功报德之典，二则官司往来巡视以为驻箚之所，三则令门子看守以时扫洒启闭，仍令闸夫每月轮值二名，常川歇住，以便守闸、防透船泄水之害，则水利可兴，旱涝有备，十一都之民均安不贫，而西乡沃野亦郡邑根本之地矣。"——此为龙庙等的管理维护。

此外，当时官府对通济堰的修缮管理有许多明确的规定：

一修筑。止许圳长、概首及里排公正者，听提督官调度、生员嘱托，申究。豪强阻挠枷治。

一修概。用木分寸、用石高低，听提督官遵古制较量，敢有争竞者究，工匠作弊者究。

一修概。公费银每源置印信簿一扇，签公正一人，掌官明记出入，本县不时稽工。勤惰冒破侵欺者计脏论罪。

一修筑。起工完工一月为定计日，克成工完，概侧各竖石碑一座，明刊分水日期，以示不忒。①

万历年间针对通济堰的管理，又制定了新的《堰规》，其中涉及修堰、放水、堰长、概首、闸夫、庙记、申示、藏书方面。

修堰：每年冬月农隙，令三源圳长、总正督率田户逐一疏导，自食其力。仍委官巡视，若有石概损坏、游枋朽烂，估计工价，动支官银给匠修理，毋致春夏失事，亦妨农功。

放水：每年六月朔日官封斗门，放水归渠，其开拓概乃三源受水咽喉，以一二三日上源放水，以四五六日中源放水，以七八九十日下源放水，月小不借，各如期令人看守。初终画一，勿乱信规。其凤台概以下等概，具载交移。下源田户亦如期遵规收放。

堰长：每一源於大姓中择一人材德服众者为堰长，免其杂差，三年更替。凡遇堰概倒坏、水利漏泄、田户争水，即行禀官处治。每源各立总正一人、公正二人，分理事务，如有不公，许田户陈告，小罚大革。三年已满，无过，准分别旌异。

概首：每大概择立概首二名，小概择立概首一名，免其夫役，二年更替。责令揭吊如法、放水依期。如遇豪强阻挠、擅自启闭者，即行禀官究治，枷游示众。若概首卖法，许田户陈告。

闸夫：旧时斗门闸夫多用保定近民，往比私通商船、漏泄水利，今就近止金一名、三源各金一名，一年更替。每名工食银一两八钱，於南山圩租措处。叶穴闸夫一名，旁有圩地，令其承种。凡遇倒坏，即行通知堰长，禀官修治，如封闸以后有放船泄水情弊，许诸人陈告，照依旧例，将犯人解府

① 以上见万历三十五年《丽水县文移》，同治《通济堰志》。

重处施行。

庙记：庙祀龙王司马、丞相，所以报功，每年备猪羊一副，於六月朔日致祭，须正印官同水利官亲诣，不惟首重民事、抑且整肃人心，申明信义，稽察利弊。自是奸民不敢倡乱。

申示：每年冬十一月修堰，预先给示，凡有更替，责取保认明年利害、关系一切。堰概、石函令各人督管修浚，不得苟简。其春末夏初，预示潴蓄放水之日，若非承水田户不得乘便车庳。严禁纷争，咸知遵守。

藏书：旧板圳书流藏民间，致有增减、错误，人人聚讼，今板刻旧本，续置新条，搂求古迹，既博且劳，官贮颁行，使知同文。后有私意增减者，天神共鉴。凡我同志，慎毋忽诸。①

新的《堰规》与范成大的《堰规》比较，许多方面规定的更加详细，如修堰，规定了时间"每年冬月农隙"，规定了责任者"令三源圳长、总正督率田户逐一疏导，自食其力"；如放水，"每年六月朔日官封斗门，放水归渠"，"其开拓概乃三源受水咽喉，以一二三日上源放水，以四五六日中源放水，以七八九十日下源放水，月小不借，各如期令人看守"，确定了放水的具体日期，使得因为争水的纠纷就相应减少。包括堰长、总正、公正、概首等管理人员的配置也规定得更加明确。

4. 历代管理机构

历代对水利建设都比较重视，秦汉以来，朝廷及地方府县多设立有专门管理水利的官员与机构。而从记载来看，《周官》中

---

① （明）万历《丽水县通济堰新规八则》，同治《通济堰志》。

就有专门管理水利的官员,《周官》据说是记录了周朝的官制,但实际上是后人编著,某些方面看起来显得有些理想主义,但也部分反映了当时的管理理念。《周官》中分别有稻人、匠人、渔人、泽虞等官职:

"稻人掌稼下地,以潴畜水,以防止水,以沟荡水,以遂均水,以列舍水,以浍写水,以涉扬其芟,作田。"①

"匠人为沟洫,耜广五寸,二耜为耦,一耦之伐,广尺,深尺,谓之畎;田首倍之,广二尺,深二尺,谓之遂。"②

"渔人,掌以时渔,为梁。"《周礼注疏》:"月令季冬,命渔师为梁","梁,水偃也,偃水为关,空以笱,承其空。"③

"泽虞,每大泽大薮,中士四人,下士八人,府二人,史四人,胥八人,徒八十人;中泽中薮,如中川之衡;小泽小薮,如小川之衡。"④

《管子》中也记录了当时的水利官员设置:"置水官,令习水者为吏,大夫、大夫佐各一人,率部校长官佐,各财足,乃取水,左右各一人,使为都匠水工。令之行水道,城郭、堤川、沟池、官府、寺舍及洲中当缮治者,给卒财足";"常令水官之吏,冬时行堤防……秋夏取土于外,瘗水入之,不能为败。"⑤

秦朝时,则有都水丞,管理农田灌溉诸事,归属太常,《汉书》"百官公卿表"记载:"奉常,秦官,掌宗庙礼仪,有丞。景帝中六年更名太常,属官有太乐、太祝、太宰、太史、太卜、太医六令,丞又均官、都水两长丞。"地方也有相应的"都水官"设置,但归属农

---

① 《周礼注疏》卷 16《地官·稻人》,郑玄注,贾公彦疏。
② 《周礼注疏》卷 42《冬官·匠人》。
③ 《周礼注疏》卷 4《天官·渔人》,郑玄注,贾公彦疏。
④ 《周礼注疏》卷 9《地官·司徒第二》,郑玄注,贾公彦疏。
⑤ 《管子》卷 18《度地第五十七》。

业部门管理:"治粟内史,秦官,掌谷货,有两丞。景帝后元年更名大农令,武帝太初元年更名大司农。属官有太仓、均输、平准、都内、籍田五令丞,斡官铁市两长丞。又郡国诸仓、农监、都水六十五官长丞皆属焉。"西汉时,除了沿袭秦朝设官,还另设"水衡都尉",掌管皇帝的园林、水系:"水衡都尉,武帝元鼎二年初置,掌上林苑,有五丞。"①

秦汉以后,水利官员的设置沿袭旧制,改变不大,只是名称略有差异,或称都水使、都水台、大舟卿及河堤谒者等。《晋书》记载:"都水使者,汉水衡之职也,汉又有都水长丞,主陂池灌溉,保守河渠,属太常,汉东京省都水置河堤谒者。魏因之。及武帝,省水衡,置都水使者一人,以河堤谒者为都水官属,及江左省河堤谒者,置谒者六人。"②

隋朝设立三省六部制,但都水仍旧单独设立,称都水台:"高祖既受命,改周之六官,其所制名多依前代之法。置三师、三公及尚书、门下、内史、秘书、内侍等省,御史、都水等台。"③开皇三年,废都水台入司农,仁寿元年改为都水监,后改都水使者。④

唐代沿袭隋制,仍设都水监,长官称都水使者,正五品上;丞二人,从七品上;主簿一人,从八品下。按照《新唐书》,各官有具体分管事项及分管部门,都水使者责职"掌川泽、津梁、渠堰、陂池之政";分管部门"总河渠、诸津监署";都水丞主要管京畿水利,"掌判监事,凡京畿诸水,因灌溉盗费者、有禁水入内之"诸事项;主簿"掌运漕、渔捕"诸事。

---

① 以上均见(汉)班固《汉书》卷19《百官公卿表》。

② 《晋书》卷24《志第十四职官》。

③ 《隋书》卷28《志第二十三·百官下》。

④ 《隋书》卷28《志第二十三·百官下》:"三年四月……废光禄寺及都水台入司农";开皇"十三年复置都水。"

其实,都水监的名称多有改动,如武德初,"废都水监为署",贞观六年又作恢复,长官称为都水使者;龙朔二年改"都水监"为"司津监",长官改"使者"为"监";垂拱元年又改"都水监"为"水衡监","使者"改称"都尉";等等。

都水监下设河渠、诸津两署,河渠署设"令一人,正八品下;丞一人,正九品上。掌河渠、陂池、堤堰、鱼醢之事,凡沟渠开塞、渔捕时禁皆颛之"。诸津署,设"令各一人,正九品上;丞二人,从九品下。掌天下津济、舟梁、灞桥、永济桥,以勋官散官一人莅之"。

又设河堤谒者,专管堰渠堤坝:"河堤谒者六人,正八品下。掌完堤、堰利、沟渎、渔捕之事。"①

五代吴越时设都水营使,"以主水事"。《十国春秋》:"是时,置都水营使,以主水事。募卒为都,号曰撩浅军,亦谓之撩清。命于太湖旁置撩清卒四部,凡七、八千人,常为田事。治河筑堤,一路径下吴淞江,一路自急水港下淀山湖入海。居民旱则运水种田,涝则引水出田。"②

两宋时,农业发展、人口增多,对土地的需求也在增加,对农田水利也尤其重视,专门管理水利事务的都水监的地位也得到提升,《宋史》:"都水监,旧隶三司……嘉祐三年始专置监以领之,判监事一人,以员外郎以上充;同判监事一人,以朝官以上充;丞二人,主簿一人,并以京朝官充。轮遣丞一人出外治河埽之事,或一岁、再岁而罢,其有谙知水政或至三年。"都水监的驻外机构称"外监":"置局于澶州,号曰外监。"

南宋绍兴九年,"复置南北外都水丞各一员,南丞于应天府,

---

① 以上见《新唐书》卷48《志第三十八·百官志》。
② 《十国春秋》卷78《吴越二·武肃王世家下》。

北丞于东京,置司"。到了绍兴十年,都水监归入工部,不再单独设立:"诏都水事归于工部,不复置官。"①

元朝时,都水监又单独设立,前至元七年十二月"辛酉,以都水监隶大司农"②,《元史》记载:"都水监,秩从三品,掌治河渠,并堤防、水利、桥梁、闸堰之事。都水监二员,从三品;少监一员,正五品;监丞二员,正六品。经历、知事各一员,令史十人,蒙古笔且齐一人,回回令史一人,通事、知印各一人,奏差十人,壕寨十六人,典吏二人。"设立时间为"至元二十八年置。"③当时,各地因为水利事务较多,因此设立有"都水庸田司",以管理水利事项,但并非常设,随时裁革。如大德二年正月"乙丑,立浙西都水庸田司,专主水利"④;大德七年正月"罢江南都水庸田司"⑤。

明清时,都水之事归入工部,为工部四清吏司之一:"工部尚书一人,左右侍郎各一人,其属司务厅司务二人,营膳、虞衡、都水、屯田四清吏司各郎中一人。"都水司的管理范围:"都水,典川泽、陂池、桥道、舟车、织造、券契、量衡之事。水利曰转漕、曰灌田、岁储其金石、竹木、卷埽,以时修其闸坝、洪浅、堰圩、堤防,谨蓄泄以备旱涝,无使坏田庐、坟隧、禾稼";并且规定"舟楫、砲碾者不得与灌田争利,灌田者不得与转漕争利"。各地重要的水利事务,可派遣京官处理:"凡诸水要会,遣京朝官专理,以督有司。役民必以农隙,不能至农隙,则偫功成之。凡道路、津梁,时其葺治。有巡幸及大丧、大礼,则修除而较比之。"⑥清代的制度大体

---

① 《宋史》卷165《职官志第一百十八·职官五》。

② 《元史》卷九十《本纪第七·世祖四》

③ 《元史》卷九十《志第四十·百官六》。

④ 《元史》卷二十一《本纪第十九·成宗二》。

⑤ 《元史》卷二十一《本纪第二十一·成宗四》。

⑥ 《明史》卷七十二《志第四十八·职官》。

与明代同。

明代时,地方的水利事务由按察司副使、佥事分理,《明史》:"按察使,掌一省刑名按劾之事……副使、佥事,分道巡察,其兵备、提学、抚民、巡海、清军、驿传、水利、屯田、招练、监军,各专事置。"①

---

① 《明史》卷七十五《志第五十一·职官四》。

三、水利人物

1. 范蠡

范蠡,字少伯,春秋楚国人,辅佐越王勾践成就霸业,在越地一带主持兴建了许多水利工程。范蠡原为楚地"南阳宛人"①,"其始,居楚宛五户之墟",他出身寒微,却博学多才,"倜傥负俗,时人尽以为狂",但博得了时任宛县令的文种的赏识。"文种为宛令,笑曰:'士有贤俊之姿,必有佯狂之讥,内怀独见之明,外有不知之毁,此固非二三子之所知也!'从官属驾车往,终日而语,疾陈霸王之道。"②后与文种一起投奔越国,辅佐越国勾践:"事越王勾践,既苦身戮力,与勾践深谋二十余年,竟灭吴,报会稽之耻。"③功成名就后激流勇退,《史记·越王勾践世家》记载:

> 勾践以霸,而范蠡称上将军。还,反国,范蠡以为大名之下,难以久居,且勾践为人,可与同患,难与处安。为书辞勾践曰:"臣闻主忧臣劳,主辱臣死。昔者君王辱于会稽,所

---

① 《明一统志》卷 30《南阳府》。
② (明)欧大任《百越先贤志》卷 1"范蠡"。
③ 《史记》卷 41《越王勾践世家第十一》。

以不死,为此事也。今既以雪耻,臣请从会稽之诛。"勾践曰:"孤将与子分国而有之,不然,将加诛于子。"范蠡曰:"君行令,臣行意。"乃装其轻宝珠玉,自与其私徒属乘舟浮海以行,终不反。于是勾践表会稽山以为范蠡奉邑。

范蠡在越国时,致力于农商。"末病则财不出,农病则草不辟","农末俱利,平粜齐物,关市不乏,治国之道也",在此务实思想的引导下,范蠡兴建了一系列水利设施,用以保障民生、灌溉农田,如位于长兴县的蠡塘,"在长兴县东三十五里,相传越相范蠡所筑"①。两浙一带,也多有蠡湖、蠡塘、蠡渎、蠡河之称谓,或为范蠡治水之遗迹。

2. 马臻

马臻,字叔荐,东汉茂陵(今陕西兴平县)人。"永和五年为太守,创立镜湖。"②镜湖的基本构架,即以会稽郡城为中心,在山会平原南端构筑一个巨大的水利排灌体系,这个水利体系由几大部分组成:湖泊、塘堤、河渠、斗门(闸门)、堰及水则(水位尺)等。各部分相互衔接,形成了一个相当繁复的水利排灌系统。首先,在山会平原的南端,利用原来就有的众多小型湖泊,开凿出一个"湖广五里,东西百三十里"③的大型水库,用以接纳上游众多的溪水,《宋史》称为"环山三十六源"④;沿湖北侧开设斗门,旱季时泄湖灌田,洪涝时关闭田间斗门,排湖水经玉山斗门入江;并在会稽五云门外及山阴常禧门外设置水则碑,用来作

---

① 《明一统志》卷40《湖州府》。
② 《清一统志》卷227《绍兴府二》。
③ 《水经注》卷40《浙江水》。
④ 《宋史》卷97《河渠志》。

为判断蓄水或排水的标准。这一套完整的水利体系,有些是马臻初建时的布局,有些则是以后若干年里不断的补充完善,如西晋时贺循为解决排灌河渠之间的流通问题开凿西陵运河。

鉴湖建成后,形成一个东西横长的湖面,《水经注》称其为"长湖":"湖广五里,东西百三十里,沿湖开水门六十九所,下溉田万顷,北泻长江。"①由于鉴湖所在的区域高于北部的平原约两到三米,平原区域又较杭州湾水平高数米,使灌溉、排洪都比较合理,《太平寰宇记》记载:"马臻创立镜湖,在会稽山阴两县界,筑塘蓄水,水高丈余,田又高海丈余。若少水,则泄湖灌田;如水多,则闭湖泄田中水入海,所以无凶年。"②

自鉴湖建成以后,会稽平原原来备受洪涝灾害、咸潮冲击的情况不复再现,自然灾害减少了,田地的产出提高了,社会经济也得到了稳定发展,山会平原也逐渐成为名副其实的鱼米之乡。

鉴湖给山会平原带来了繁荣,但马臻因为兴建鉴湖却得罪了当时的豪族权贵。当时的反对者为造成强大的舆论压力,组织了上千人签名的上诉状,上书到御史台,由于当时朝廷宦官与外戚当权,政治非常黑暗,加上豪族在朝廷内外都有势力,最终导致马臻"被刑于市"。马臻的冤死,导致会稽当地民怨沸腾,老百姓纷纷为之鸣冤叫屈,朝廷为此专门遣使调查,发现当地百姓非常拥戴马臻,而那些名投诉马臻的,多是冒名顶替者。刘宋时期的孔灵符《会稽记》记载:"创湖之初,多淹冢宅。有千余人怒诉于台。臻遂被刑于市。及台中遣使按鞫,总不见人。验籍,皆是先死亡人之名。"③

---

① 《水经注》卷 40《渐江水》。
② 《太平寰宇记》卷 96《江南东道八·越州》。
③ 《太平寰宇记》卷 96《江南东道八·越州》引孔灵符《会稽记》。

3. 陈浑

陈浑,字子厚,东汉末年人,熹平元年为余杭县令,多惠政。其治水利、迁城塘,功尤大。余杭县有苕溪,自天目万山发源,洪涝奔涌而下。溪小不能容,泛滥横溢,漂没田庐,害及邻县。熹平二年,浑亲度地形,"发民十万",于县城西南筑塘围湖,以分杀苕溪水势。湖分上下,沿溪为上南湖,塘高一丈五尺,周围三十二里;依山者为下湖,塘高一丈四尺,环山十四里。上下湖面四百余公顷,统称南湖。在湖西北凿石门涵,导溪流入湖,湖东南建泄水坝,使水安徐而出。又于沿溪增置陡门堰坝数十处,遇旱涝可蓄可泄。当时,受益田千余顷。至今,东苕溪流域南部仍受其益。陈浑在任内,将县城从溪南迁至溪北,筑城浚濠,卫民固围。在苕溪上建通济桥。桥今存。县人称之为"百世不易,泽垂永远",曾在南湖塘建祠以祀。

4. 卢文台

卢文台,东汉末年人,因为征讨赤眉军有功,而被封为将军,"讨赤眉有功,功尝显矣"。但其生平事迹史书没有记载,"其详不可得闻也"。大约在东汉末年,卢文台因为见汤溪县一带林木茂盛,"水石洁清",于是开始定居此地,此地也因此而名"卢坂":"婺之南有山,名辅仓者,林麓葱蒨,水石洁清,侯垦田以居,号卢坂。"[1]并在白砂溪沿途建造堰堤、水渠,更改农田,"汉辅国将军卢文台开堰三十六处,灌溉金华、汤溪、兰溪三县田土,为利甚溥,农多赖之"。[2] 据杜旗《白砂昭利庙记》,三十六堰大约陆续

---

① 杜旗《白砂昭利庙记》,雍正《浙江通志》卷223《祠祀七》。
② 雍正《浙江通志》卷59《水利八·金华府》。

完成于东吴赤乌年间："赤乌元年旱,乡民谋开堰,引水以灌稻田,锄畚所及,才三十步,巨石颓然隐地,役夫敛手乃祷于侯,一夕大雷震以雨,空中汹汹若喊声,迨明,石已开,三十六堰实基于此。"因为白砂三十六堰造福金华、汤溪、兰溪三县乡民,"为利甚溥,农多赖之",由此历代多给予封敕,"唐僖宗封武威侯;钱氏有土,封保宁侯;政和二年,守袁灼有请,封灵贶侯"。[1] 后人有诗:

> 百战功收老故山,寒溪怒涌白沙泉。
>
> 云台不与四七将,庙食可传千万年。
>
> 香冷谁能然汉大,水流空自灌吴田。
>
> 愚民不识前朝事,浪说神能驾铁船。

5. 贺循

贺循,字彦先,三国东吴、西晋时会稽人。父贺邵,字兴伯,孙皓时仕至中书令,领太子太傅。据说孙皓"凶暴骄矜",政事日敝,贺邵上疏谏皓,孙皓深恨之。加之贺邵做事奉公贞正,为亲近人所忌惮,于是共诬陷贺邵,"后竟见杀",贺循也由于家祸原因流放海滨。吴国没后,贺循才得以还回乡里。贺循"节操高严,童龀不群,言行举动,必以礼让好学博闻,尤善三礼"。后被推举为秀才,除阳羡、武康令。当时的名人顾荣、陆机、陆云都曾向朝廷推荐贺循。此后,召为太子舍人,除吴国内史,"不就"。晋元帝时以贺循为中书令,又"固让不受"。转太常,领太子太傅。当时东晋朝廷初建,动有疑议,以及宗庙制度等等,皆由贺循所定,"为一时儒宗"。有多种著作传于世。[2]《晋书》也记载,

---

① 杜旟《白砂昭利庙记》,雍正《浙江通志》卷 223《祠祀七》。

② (宋)施宿等《会稽志》卷 14《人物》。

贺循,字彦先,山阴人。其先祖姓庆名普,在汉代时属于"世传礼世",被称为"庆氏学"。贺循的高祖庆纯汉,曾官居侍中,因为避安帝父讳,开始改姓氏为贺。贺循童年时就有才名,"童龀不群",后为武康令,"政教大行"。陆机因此疏荐之,召补太子舍人。晋元帝时任命为军咨祭酒,贺循"称疾不堪,拜谒赐物一无所受"。后改拜太常,行太子太傅太常。当时贺循的名望颇著,"体德率物,有不言之益"。晋元帝"敦厉倍至,命太子亲往拜焉"。太兴二年卒。赠司空。谥曰穆。贺循"博览众书,尤精礼传。雅有知人之鉴,拔同郡杨方于卑陋,卒成名于世"。子贺隰,晋康帝时官临海太守。①

贺循在西晋永嘉元年曾任会稽内史,所谓内史,即同后期的太守。任期内主持开凿山阴至萧山之间河塘,"晋司徒贺循临郡,凿此以溉田"②,即是后来的运河③,也是现在浙东运河的主要组成部分。

6. 殷康

殷康,字唐子,东晋时人,生卒年不详,"陈郡人,吴兴太守"④,东晋吏部尚书、太常卿殷融之子,曾任武康令、吴兴太守。在任吴兴太守时间,兴建荻塘,"西引雪溪,东达平望官河,北入

---

① 雍正《浙江通志》卷 176《人物五儒林中·绍兴府》。

② 《嘉泰会稽志》卷 10 引《旧经》。

③ 《嘉泰会稽志》即称其为"运河",但初期可能以灌溉为主,陈桥驿先生也是这样认为,见《山会平原与鉴湖水利》。

④ (明)董斯张《吴兴备志》卷 2《官师征第四》。

松江"①，灌溉周边农田，使得百姓受益，"傍溉田千顷"②，"民饮其利"③。

7. 谢安

谢安，字安石，生于陈郡阳夏，后迁居会稽。东晋政治家、军事家，官至宰相。少聪颖，"及总角，神识沉敏，风宇条畅"。初次做官仅月余便辞职，之后隐居在会稽东山的别墅里，期间常与王羲之等寄情山水，"无处世意"。"初辟司徒府，除佐著作郎，并以疾辞。寓居会稽，与王羲之及高阳、许询、桑门、支遁游处，出则渔弋山川，入则言咏属文，无处世意"，几次被推荐也不出仕。"常往临安山中，坐石室，临浚谷，悠然叹曰：'此亦伯夷何远。'既累辟不就。"四十余岁才开始出来做官，并官至宰相，"时年已四十余，征西大将军桓温请为司马；顷之，征拜侍中，迁吏部尚书，寻为尚书仆射加后将军，及中书令"；"王坦之出为徐州刺史，诏（谢）安总阅中书事"。谢安当政，"镇以和靖，驭以长算；德政既行，文武用命；不存小察，弘以大纲，威怀外著。人皆比之王导，谓文雅过之"。当时，前秦的苻坚非常强势，率军南侵，威胁东晋朝廷，"苻坚强盛，疆埸多虞，（谢）安遣弟石及兄子玄等应机征讨，所在克捷"，这就是著名的"淝水之战"。此后，"拜卫将军，开府仪同三司，封建昌县"。因功高，遭皇帝猜忌，于是寄名山水，明哲保身，"于土山营墅楼馆，林竹其盛，每携中外子侄往来游集，安虽受朝寄，然东山之志始末不渝，每形于言色，雅志未

---

① 《太平寰宇记》卷 94《江南东道六·湖州》。
② 《太平寰宇记》卷 94《江南东道六·湖州》引《吴兴记》。
③ 《清一统志》卷 223《湖州府二》。

就"。①

　　谢安在水利方面的建树史书记载不多,但其在湖州任上时,比较重视水利建设,湖州原有谢塘、官塘,为谢安兴建:"谢塘在(乌程)县西四里,晋太守谢安开";"官塘,在(长兴)县南七十里,晋太守谢安所筑,一名谢公塘。"②尤其是官塘,工程很大,连通"郡西至长城县"③,长度可能有"七十里"④。在当时人口不多、生产力欠缺的背景下,兴修大型水利是有相当难度的。官塘修筑时,因为百姓役作辛苦,导致民间多有怨怼,《石柱记笺释》记载其在任时声誉不佳:"在官,无当时誉。"⑤数年以后,水利的后续效应开始呈现,于是老百姓怀念其功绩,并把官塘称为"谢公塘":"去后为人所思,尝开城西官塘,民获其利,号曰谢公塘。"⑥颜真卿任湖州刺史时曾刊刻谢安碑记:"太保谢公,东晋咸和中,以吴兴山水清远,求典此郡。郡西至长城县通水陆,今尚称谢公塘。及迁去,郡人用怀思,刻石纪功焉。"⑦谢塘建成后,形成吴兴至长兴之间的水陆来往通道,除了灌溉农田,还有运道作用,由此也使后代受益。

8. 崔元亮

　　字晦叔,磁州昭义人,唐贞元初进士,历湖州、曹州、虢州刺

---

① 《晋书》卷99《列传第四十九》"谢安"。
② 雍正《浙江通志》卷55《水利四·湖州府》。
③ 《颜鲁公集》卷11《唐颜真卿撰书帖·题湖州碑阴》。
④ 雍正《浙江通志》卷55《水利四·湖州府》:"官塘在长兴县南七十里,晋太守谢安所筑。"
⑤ 《石柱记笺释》卷2《长城县·谢安墓》。
⑥ 《颜鲁公集》卷11《唐颜真卿撰书帖·题湖州碑阴》。
⑦ 《石柱记笺释》卷2《长城县·谢安墓》。

史，太和中为谏议大夫，卒赠礼部尚书，"元亮晚好黄老清静术，故所居官未久辄去"①。唐宝历年间任湖州刺史，开浚菱湖，《石柱记笺释》："乌程……东南三十五里有凌波塘，宝历中刺史元亮开，即归安之菱湖，今成镇市。"②崔元亮在湖州刺史任内，非常重视水利建设，除了菱湖，还开浚、修筑了一批水利设施，见于记载的有吴兴塘、洪城塘、保稼塘、连云塘等。"吴兴塘，在（归安）县东二十三里"；"洪城塘、保稼塘、连云塘，俱在（归安）县东，与吴兴塘相接"："以上俱唐宝历中刺史崔元亮开。"③

8. 王元暐

王元暐，山东琅琊人，生平事迹不详。唐大和七年以朝议郎行鄞县令，创建它山堰，"灌溉甚博，民德之，立祠堰旁，爵曰使经，曰善政"④。它山堰建造之前，潮水倒灌，盐卤农田，而四明山的溪流则直入海，不能充分利用，非但农田不能灌溉，就连居民饮用也苦无清澈之水："盖四明山之旁，众山萃焉，雨盛则涧壑交会，出为漫流，无以潴之；其涸，可立而待，非特民渴于饮，而江纳海潮，以之灌溉，田皆斥卤，耕稼废矣。"于是鄞县县令勘察地形，选择在它山筑堰，"视地高下，伐木斫石，横巨流而约之"，然后"迭石为堰，冶铁而锢之，截断江潮"⑤，堰堤筑成以后，清流不再直接入海，沿渠道而引入日月湖，"浚湖以受，其入，溉田八百顷，民德王令，立祠堰旁"⑥。《四明续志》说它山堰"限以石堰，

---

① （明）董斯张《吴兴备志》卷4《官师征第四·郡守》。

② （清）郑元庆《石柱记笺释》卷1《乌程》。

③ 雍正《浙江通志》卷55《水利四·湖州府》。

④ （宋）罗浚《宝庆四明志》卷12《鄞县志卷一》"县令"。

⑤ （宋）魏岘《四明它山水利备览》"序"。

⑥ （宋）罗浚《宝庆四明志》卷4《叙山》。

上溪下江,溪流入河,分注鄞西七乡,贯于城之日月湖,以饮以溉,利民博矣"。①

除了兴筑它山堰,县令王元暐还为此修筑了一系列的配套设施,使得它山堰的水利功用得到了充分利用,如建造堰渠以引水,兴建湖塘以储水,《新唐书·地理志》:"(鄞县)南二里有小江湖,溉田八百顷,开元中令王元纬置。"

9. 赵察

赵察,大梁人(今河南开封),生平不详。唐元和十二年授奉化令,《宝庆四明志》有其两条治理水利的记录:"赵河,县北二十五里,唐元和十二年县令赵察开,溉长寿民田凡八百余顷,邑人德之,因以名河";"白杜河,县东三十里,唐元和十四年县令赵察开,溉金溪民田凡四百余顷。"②该书"县令"栏有介绍:"县令赵察,唐元和十二年凿县北河,邑人德之,因名赵河;十四年开白杜河,凡溉民田一千二百余顷。"③

10. 任侗

任侗,唐贞元中为明州刺史。《三朝北盟会编》:"任侗,燕人,状元,石珤榜及第。葛王立,除都水使者。"④任侗是状元出身,曾任专管水利事务的"都水使者"。唐贞元中为明州刺史,在任期间,兴建了一系列水利设施,开浚了鄞县花墅湖、慈溪杜湖、鸡鸣湖、花屿湖、田云湖等,造福于民。花墅湖在鄞县,原有小

---

① (宋)梅应发、刘锡同《四明续志》卷 3《水利·洪水湾》。
② (宋)罗浚《宝庆四明志》卷 14《奉化县志卷一》"叙水"。
③ (宋)罗浚《宝庆四明志》卷 14《奉化县志卷一》"县令"。
④ (宋)徐梦莘《三朝北盟会编》卷 245。

湖，刺史任侗加以挖深、扩大，用以灌溉农田，种植菱角、莼菜：
"（鄞县）县东南一十里，古有小塘潴水，唐贞元十年，刺史任侗劝
民修筑，灌溉田畴。中有小墅，春花明媚，多于众山，故名。湖多
鱼，及莼、菱，并湖之人，资以为利。"慈溪县杜湖，在县西北六十
里，"古有湖址，唐刺史任侗重加浚筑，鸣鹤一乡之田，仰灌溉，俗
号第二重天"。"鸡鸣湖，在（慈溪县）金川乡，昔又谓之仙鸡湖，
任侗修筑"；田云湖，也在慈溪县金川乡，"任侗修筑"①。雍正
《浙江通志》也有记载："花屿湖，在县东南一十里古有小塘，潴
水，多鱼及莼菱，湖民资以为利……唐贞元十年刺史任侗劝民修
筑，灌溉田畴"；"杜白二湖，在县西北六十里，杜湖广三千七百余
亩，白洋湖广一千七百亩……杜湖古有湖址，唐刺史任侗重加浚
筑，鸣鹤一乡之田仰灌溉焉。俗号第二天。"②

　　刺史任侗修建的水利项目中，以位于宁波郡城附近的广德
湖为最有名，《新唐书》："（鄞县）西十二里有广德湖，贞元九年刺
史任侗因故迹增修。"《方舆胜览》记载："东七乡之田，钱湖溉之；
其西七乡之田，水之注者则此湖也。舟之通越者，皆由此湖。而
湖之产有凫雁鱼鳖芰蒲葭茭葵莼莲茨之饶。"③既有灌溉、交通
之利，又能收获水产渔货，所以"当时之民赖之"④。由于任侗曾
任都水监都水使者，具有较丰富的水利工作经验，在明州刺史任
上，悉心修筑水利，也留下了许多水利实绩。

---

　　① （宋）罗浚《宝庆四明志》卷16《慈溪县志第一》。花墅湖，雍正《浙
江通志》记载为"花屿湖"，见该书卷56《水利五》。

　　② 《新唐书》卷41《志第三十一·地理志》

　　③ 《方舆胜览》卷7《庆元府》"广德湖"引《南丰记》。

　　④ （明）凌迪知《万姓统谱》卷65。

11. 孟简

孟简,字几道,唐代德州平昌人。武则天时擢进士第,登宏辞科,累官至仓部员外郎、户部侍郎。出任常州刺史,开古孟渎,灌溉沃壤四千余顷。征拜为给事中。元和九年出为越州刺史,兼御史中丞。元和十二年入为户部侍郎,进御史中丞,仍兼户部侍郎。是岁,出为襄州刺史、山南东道节度使。元和十五年穆宗即位,贬吉州司马员外,以"关通中贵"等事获贬,长庆元年大赦,量移睦州刺史。长庆二年移常州刺史,长庆三年入为太子宾客,分司东都,其年十二月卒。《旧唐书》评其"性俊拔尚义,早岁交友先殁者,视其孤,每厚于周恤,议者以为有前辈风,然溺于浮图之教,为儒曹所诮"①。

孟简在元和九年任越州刺史、浙东观察使,开浚新河,并开凿中塘,修建新迳斗门。中塘又称运道塘,从会稽城迎恩门起,直至萧山县,即现在的浙东运河绍兴至萧山段,此段运道的开通,使越州至杭州的水路运输更加便捷。之前的元和八年,孟简任职常州刺史时也曾开浚太伯渎,可见兴修水利是孟简在地方任职时比较重视的工作。

12. 罗适

罗适,字正之,宁海人。北宋治平二年进士。为官正直清廉,操劳勤奋:"为江东令,凡民有讼,曲直径决于前,不以属吏";"黎明视事,入夜犹不已。"②历任桐城县尉,及泗水、济阴、陈留、

---

① 《旧唐书》卷163《列传第一百六十三·孟简》。
② 《浙江通志》卷169《人物三·循吏》。

江都、开封县令,"历知五县,提点两浙、京西刑狱,终朝散大夫"①。罗适为官,尤擅长治理水利,并以善于治理水利而在朝野具有一定知名度。在江都任县令时,就重视兴修水利,率众开发大石湖,筑堤建坝,引水"溉田千余顷"②。任济阴县令时,其上司曹州知府刘攽曾两次向朝廷推荐提升罗适,言其"治县有政绩","开导古溳河、决泄积水有功"③。罗适自己也很重视治理水利,"以治水自任"④。当时朝廷每逢水利、洪涝之事,常委派罗适前去治理⑤。罗适擅治水,据说有师学渊源,有学者认为与其老师胡安定先生传授的"明体达用之学"有一定关系:"胡安定先生以水利为一科,故其弟子若罗适、顾临皆为名。"⑥因为治水有名,还曾因此与苏轼等往来讨论,"尝有书与苏文忠公论水利"⑦。故后期提点两浙刑狱,罗适实际上把其早期的水利实践经验都运用到其家乡中来。在此后不长的任期内,罗适在家乡台州兴建了一大批水利设施,"凡兴复者五十有五,溉田六千余顷",光绪《黄岩县志》:"自宋元祐中乡先生罗公适持节本路,浚河建闸,民用富庶。"⑧由于罗适兴修水利政绩昭著,百姓也附会

---

① 雍正《浙江通志》卷56《水利五》。

② 《清一统志》卷67《扬州府二》:"(罗适)元丰中知江都,浚大石湖,溉田千余顷。"

③ (宋)李焘《续资治通鉴长编》卷264《神宗》。

④ 《京口耆旧录》卷6"陈廓"条。

⑤ 类似例子不少,如"诏罗适依胡宗愈所奏,仍兼提举淮南西路,接连合治水利"(《续资治通鉴长编》卷429《哲宗》);"朝廷先差朝散郎罗适充开封府界提点刑狱,仍专治积水。其罗适前知开封县疏导沟洫已有成效"(《历代名臣奏议》卷252《水利》)。

⑥ (元)袁桷《清容居士集》卷49《书张子仁少监族讲后》。

⑦ 见《东坡全集》卷60《奏议·奏论八丈沟不可开状》等。

⑧ 光绪《黄岩县志》卷3《地里·水利》。

神灵,认为罗适所作多有神灵感应,"岁或干溢,祷群祠,辄应如响"①。

罗适在提点两浙刑狱时兴修的水利主要集中在浙东台州一带,据雍正《浙江通志》,其兴建的项目有:

常丰、清浑二闸:在黄岩县东隅。

石湫闸:在黄岩县二十五都,俗呼委山闸。

永丰闸:在太平县繁昌乡十都。

黄望闸:在太平县繁昌乡八都。

周洋闸:在太平县繁昌乡十一都。

金清闸:在太平县繁昌乡八都。

淮河:宁海县县治东北,宋元祐六年提刑罗适重浚。

大溪:在宁海县西四十里,宋元祐中提刑罗适橄本县凿,使近邑民以为便。

按照明嘉靖郡守周志伟《请开河疏》,罗适兴建的概闸远不止上述几项,总共约有十余处,分布在黄岩、太平两县:"今仍在黄岩者五闸,长浦、鲍步、蛟龙、陡门、委山是也;分隶太平者六闸,金清、回步、周洋、黄望、永丰、细屿是也。"除了建造闸门,温黄平原与这些闸门关连的水系河道实际上都是罗适规划修建,"又立为爬梳之法,以时洗荡之,经画区处,至为详备"。黄岩平原原来极易造成水灾,因为滨海,海潮侵蚀又有盐碱之患,"黄岩、太平两县负山濒海,形如仰釜,雨则众流奔趋,顿成湖荡;稍旱,即诸原隔绝,辄成斥卤"。因为有了罗适开创的水利设施,濒海一带滩涂成为了旱涝保收的农田,使得温黄平原摆脱了盐卤之地的旧状,一改而成为富庶之乡。这些最大的变化,很大程度

---

① 雍正《浙江通志》卷 169《人物三·循吏》。

应归功于罗提刑的功德,"其间田亩约计七十余万,尽为膏腴"。①

13. 李维几

李维几,生平不详,北宋嘉祐元年曾任海盐县令。在任期间,兴建常丰闸及"乡底堰三十余所",为海盐县沿海一带的农田水利打下了重要基础。元《嘉禾志》:"常丰闸,在(海盐)县北四十里,闸口阔一丈二尺,两塊各高一丈六尺五寸";"海盐海奠其东,水无源流,独藉官塘一带以灌十乡之农田。十日不雨,车戽之声一动,则其涸可立而待。而又下通太湖松江,水倾注而去,犹居高屋之上建瓴水也。是以堰闸之设视他邑尤为急务。自宋嘉祐元年县令李维几植木为闸,及置乡底堰三十余所,后亦渐废。"②

雍正《浙江通志》记载:"常丰闸,在县北四十里,宋嘉祐元年县令李维几植木为闸。元祐四年何执中为令,易以石。淳熙十五年县令李直养盖闸屋、易闸板,自是农被闸塘之利,频岁得稔。后以舟楫通行不便,闸竟废。今俗呼其地为横塘闸是也。"《浙江通志》还记录有三十余处堰闸中部分堰闸的名称:

大王堰、板层堰、黄泥堰、小华家堰、西吴市堰、东吴市堰、铁城堰、徐泾堰、董泾堰、嵩峰堰、谈家堰、棠成堰(以上俱在海盐县长水乡)、孙家堰、沈家堰、六里堰、北横泾堰、彭村湖堰、八□港堰、马家堰、胜家庙堰、倪家堰、庞家堰、杨家堰、卫家堰、三里堰、汤冯堰(以上俱在德政乡)。上述堰闸中,有些是北宋嘉祐元年县令李维几所建,有些则是南宋淳熙九年守臣赵善悉增筑的"乡

---

① (明)周志伟《请开河疏》,雍正《浙江通志》卷58《水利七》。
② (元)徐硕《至元嘉禾志》卷5《浦溆》。

底堰八十一所"①的一部分。

14. 林安宅

林安宅,福建侯官人,南宋绍兴间进士,历任知新昌县、户部郎中等职,官至参知政事。孝宗即位,擢左司郎中,试右谏议大夫,迁同知枢密院事,兼权参知政事。"其诰词有刚毅,有守直,谅多闻,凛然立朝,有古诤臣之直,敏于从政,为时良吏之师。"②

林安宅在新昌知县任上,多有善举,如重建县学、修缮县治,"改建学宫,置田养士","诸废坠无不修举"。尤其是其兴建的东堤,"以御水患",对新昌县城尤其重要。此外,知县林安宅还兴修了一系列水利设施,"浚七里井,开孝行碑。决县渠,自南门入郭、出西门与碑水合,以溉民田"③。《于越新编》评价"自宋中兴,有功于县者,安宅为最"④。当地百姓也为此兴修祠宇,以资纪念:"止水庙,一名捍患祠,旧在东堤上,宋绍兴中知县林安宅,宝祐中知县赵时佺俱筑东堤有功,民为立祠。"⑤

15. 仇悆

仇悆,字泰然,宋益都人,抗金名臣。大观三年进士,授邠州司法,公平刑狱,"谳狱详恕,多所全活"。后为邓城令,多行善政,"满秩,耆幼遮泣不得去"。又迁武陟令,调高密丞。宋室南迁后,知建昌军,入为考功员外,不久为沿海制置使,主管太平

---

① 雍正《浙江通志》卷 54《水利三·嘉兴府》。

② (明)凌迪知《万姓统谱》卷 64。

③ 雍正《浙江通志》卷 153《名宦八·绍兴府》。

④ 雍正《浙江通志》卷 153《名宦八·绍兴府》引《于越新编》。

⑤ 雍正《浙江通志》卷 221《祠祀五·绍兴府》。

观。后以淮西宣抚知庐州。时金人出入，仇悆求援于宣抚司，宣抚司不报。又遣其子自间道赴朝廷告急，而援卒不至。仇悆于是"悉引班坐，犒以酒食，慰劳之，众皆感励。募庐、寿兵得数百，益乡兵二千，出奇直抵寿春城下，敌三战皆北，却走度淮。其后（刘）麟复增兵来寇，悆复寿春，俘馘其众，获旗械数千，焚粮船百余艘，降渤海首领二人"。清代人对仇悆抗金事绩评论："悆在庐以进为守，卒完淮甸，复寿春，以为长江外障。其陈兵计，亦皆中肯。要其所长，则以厚得民心，众共欣戴故。张琦不敢贼，刘麟不能破，不然以千百之卒保弹丸之地，浮寄孤悬，蚍蜉无援，亦安能战胜守固、为国长城哉。"①

南宋初任浙东宣抚使，知明州，以挫豪强、奖善良为理，"朝廷闻之，进秩一等"。进直学士，为湖南安抚使。时金人"诡计叵测"，仇悆"力陈非策"，而秦桧"方主和议，以为异己"，随后便遭"落职，以左朝奉郎、少府少监分司西京，全州居住"。后复待制，再知明州，改知平江府，积官至左朝议大夫，"爵益都县伯。卒赠左通议大夫"。②

仇悆两任明州知府，在任期间，注重兴修水利，所下降的水利项目有：

天宁塘，一作善塘，在奉化县长汀塘对岸，宋待制仇悆率乡民自岳林至金钟墩，筑七百余丈。

沙堰，在奉化县县东北一里，宋待制仇悆因沙堰伐石为碶，沾利者二十七里，常加修筑。③

① （清）朱轼《史传三编》卷55《循吏传七·宋》。
② 《宋史》卷397《列传第一百五十八·仇悆》。
③ 雍正《浙江通志》卷56《水利五·宁波府》。

15. 吴潜

吴潜,字毅夫,宣州宁国人,南宋理宗时任宰相、许国公。嘉定十年进士,授承事郎,通判嘉兴府,权发遣嘉兴府事。端平中知庆元府,兼沿海制置使,授宝谟阁待制,改直学士,兼浙西提举坑冶。权兵部尚书、浙西制置使,"申论防拓江海,团结措置等事"。进吏部尚书,兼知临安府。"论修德以求亨通之理,帝嘉纳",授宝谟阁学士,知绍兴府、浙东安抚使。淳祐年授沿海制置大使,判庆元府,淳祐十一年为参知政事,拜右丞相兼枢密使,封崇国公。次年罢相。开庆元年元兵南侵攻鄂州,被任为左丞相,封庆国公,后改许国公。被贾似道等人排挤,罢相,谪建昌军,徙潮州、循州,封荣国公。①

吴潜任浙东安抚使时,即注意兴修水利,如鄞县的江塘、北渡堰、练木碶、保丰碶等,即是其任郡守时兴筑。而宁波府城的平水则,这是其宝祐年间任宰相时修建。史书记载吴潜在明州任职期间,非常重视水利建设,"于水利尤尽心"②。《宝庆四明志》记载:"大使丞相吴公治鄞三年,瘝瘝民事,凡碶闸堰埭,某所当创,某所当修,某所当移,见于钩笔批判者,皆若身履目击。每一令下,民未尝不感公博济之仁,服公周知之智也,郑白召杜不足数矣。公又于郡城平桥南立水则,书平字于石,视字之出没为启闭。开庆夏久雨,公委官徧启诸闸,决堤泄水,禾勃然兴。至是,民益德之。"③吴潜在庆元兴修的水利项目最多,仅雍正《浙江通志》所记即有下述多项:

---

① 《宋史》卷418《列传第一百七十七》"吴潜"。

② 《明一统志》卷46《宁波府》。

③ 《宝庆四明续志》卷3《水利》。

平水则:宋宝祐间丞相吴潜于郡城平桥南立水则,书平字于石,视字之出没为启闭注泄之准。

江塘:在鄞县鄞塘乡二十八都,宋郡守吴潜增筑高厚。明隆庆间县令督同水利官筑塘三千七百余丈,沿接一都圩岸,为堰有三,曰杨木,曰下堰,曰徐堰,又设碶闸以时启开。

北渡堰:在鄞县县西南三十五里,宋守吴潜所创。

开庆碶:在鄞县县东十里手界乡,旧名雀巢碶。宋开庆元年判府吴潜重建,更名。

练木碶:在鄞县县南三十五里,宋宝祐间郡守吴潜建。

保丰碶:又名永丰碶,在鄞县县北三里,宋淳祐壬寅郡守陈垲亲至其地,建闸二座,立石柱三,造板桥于浦口,以便往来。开庆元年判郡吴潜于其右创为五柱四门,阔三丈六尺,深四丈余。

黄泥塸碶:在慈溪县西北六十里,宋浙东提举季镛捐二千缗助民为之,涉岁弗绩。宝祐五年判府吴潜委县丞罗公镇竟其事。

管山河:在慈溪县东南五里,甬江由丈亭分派四十五里至夹田桥,遇"民田阻之,江流不得直达",由此造成"旱无沾溉,涝则泛溢"。男宋宝祐五年丞相吴潜"以钱市民田,垦河五里,长七百丈有,奇阔三丈六尺深一丈六尺,水由是达于茅针碶","鄞、慈、定皆利焉"。①

16. 朱熹

朱熹,新安人,后居嘉兴考亭。南宋理学大师。年十九登第,历任荆湖南路安抚使,仕至宝文阁待制。时人对其评价:"公躬履纯诚,潜心问学,近承伊洛,远接洙泗。居乡,则信于朋友,而有讲切之功;居官,则信于吏民,而以教化为务;为郡

① 以上见雍正《浙江通志》卷56《水利五·宁波府》。

太守，则勤恤民；隐如，恐伤之；任部使者，则纠发大吏，虽忤时相，必得其职乃已。至于立朝，则从容奏对，极言无隐。方权臣初得志，窃弄威福，知其渐不可长，乃指陈时事，抗章极论。继于讲筵密奏，虽知取祸，弗顾也。寻以论者诋为伪学，夺职，而公继亦下世矣。"此后，朝廷以其所著《四书》"有补治道，特赠太师"①。

淳熙年间，朱熹任提举浙东常平事，在台州一带修建了一系列的水利设施。其中，有些是在罗适已建的水利设施上加以修缮。由于朱熹的名声较大，使得朱文公"修六闸"较之罗适开创水利更被后人传诵。其修建的水利项目有：

常丰清浑二闸：淳熙间朱熹、勾昌泰相继修缮。

鲍步闸、长浦闸：俱在黄岩县五十四都，南宋朱熹议建，元大德中修。

蛟龙闸：在黄岩县六十三都，南宋朱熹议建。

陡门闸：在黄岩县六十三都，南宋朱熹议建，后徙于迁浦元。

黄望闸：在太平县繁昌乡八都，北宋元祐年间罗适建，淳熙九年朱熹、勾昌泰修。

周洋闸：在太平县繁昌乡十一都，北宋罗适建，南宋朱熹、勾昌泰修，元韩国宝重建。

中闸：在太平县繁昌乡十一都，即迁浦闸。南宋朱熹建。②

17．赵善悉

赵善悉，字寿卿，宋宗室。淳熙二年知宁德，"劝课农桑，作

---

① （宋）祝穆《方舆胜览》卷 11《建宁府》。

② 雍正《浙江通志》卷 57《水利六·绍兴府》。

兴学校,造金溪桥,以利涉"①。后"以治行擢嘉禾太守"。② 在任嘉兴知府期间,新修了一系列水利设施,如在海盐澉浦兴建了当时唯一的水渠,以作为民生饮用及农田灌溉:"招宝塘在(海盐澉水)镇市中,海滨高峻易涸、易盈,淳熙元年奉御笔命守臣赵善悉相视重浚,面阔三丈,底阔二丈二尺,深五丈。市镇止有此渠。"③此后,又疏浚海盐县的官塘:"官塘在(嘉兴)县西二里半……自天宁寺桥至常丰闸计三十三里二百七十四步,宋淳熙九年守臣赵善悉重浚。"并重新开浚招宝塘、乌丘塘、陶泾塘等:"招宝塘,在县西南二十五里……宋淳化三年开,淳熙九年守臣赵善悉重浚";"乌丘塘、陶泾塘,在(海盐)县西……二塘并宋淳熙九年守臣赵善悉重浚。"此外,知府赵善悉还兴建了一批堰闸,把原来的乡底三十余所堰增筑为八十一所,并修缮了海盐常丰闸等:"常丰闸……淳熙九年守臣赵善悉兴修水利,增筑乡底堰共八十一所,每岁二月筑堰,九月开通……自是农被闸堰之利,频岁得稔。"④

18. 赵善坚

赵善坚,字德固,南宋时人,据嘉靖《浙江通志》,赵善坚为宋宗室,家于袁州。乾道间举进士,通判婺州。朱熹为常平使者,深器重之。当时婺州大旱,赵善坚"奉行荒政,全活甚众"。此后"五典名藩",所委官清廉,才能颇著,"以廉能称"⑤。雍正《江西通志》记载:"赵善坚……乾道进士,签书婺州判官,朱子为浙东

---

① 《大清一统志》卷 334《福宁府》。

② 雍正《福建通志》卷 32《名宦四·邵武府》。

③ (南宋)常棠《海盐澉水志》卷 3。

④ (元)徐硕《至元嘉禾志》卷 5《浦溆·海盐县》。

⑤ 雍正《浙江通志》卷 155《名宦十·金华府》。

常平使,器之。岁旱,赈恤有条,所全活甚多。历官皆有治声。"①两书均没有记载"五典名藩"的具体名称,但其庆元年间曾担任过处州郡守。在任处州太守时,主持开筑了处州府的城内二渠,并兴建应星闸。此二渠的开通,解决了城内居民清洁用水问题,同时还可灌溉田亩,对民生与农业生产都有积极作用,《浙江通志》记载:"城内二渠,分丽阳溪水,随势导之入城,以蓄风气,息火灾……宋守赵善坚疏凿。"黄绾《浚河记》:"宋庆元中郡守赵善坚尝开二渠,分丽阳溪水导之入城","皆为闸,以时蓄泄","民甚德之。"②

19. 马称德

马称德,生平不详,元延祐年间任奉化知州,也曾任奉议大夫。《延祐四明志》记载:"马称德,奉议大夫,延祐六年十月初一日到任。"③在奉化任职期间,恪尽职守,多有善举。如兴修学宫,修缮东岳行宫,造桥开路,开浚水利等等,为当地百姓做了许多好事。尤其是新修的水利设施,数量之多,不仅在元代两浙守令中无有出其右者,即使是历代对水利贡献者,知州马称德也是不遑多让的。但其生平事迹鲜有记录,殊为可惜。《浙江通志》记录有其新修的水利项目:

新河:在奉化县东南五里。市旧有河,上通资国堰,下接郑家窖,沙莽湮塞,元延祐七年知州马称德开浚,自市河达于北渡、车耆等处,相悬六十里。立堰埭三处,潴水灌田数十万亩,又通舟楫以便商贾往来。

---

① 雍正《江西通志》卷72《人物七·袁州府》。

② 雍正《浙江通志》引《括苍汇纪》。

③ (元)袁桷《延祐四明志》卷3《职官考下·知州》。

斗门堰：在奉化县北一都，旧为闸。元延祐七年知州马称德改筑为堰，灌田数千亩。

资国堰：在奉化县南五里。元至治元年知州马称德新其碶闸，置堰，以遏其冲，民田沾溉者三万八千余亩。

广平堰：在奉化县北十里，旧有闸，曰斗门。元延祐庚申知州马称德开浚新河，易闸为堰。

郑家堰：在奉化县北十里，旧名郑家窨。元延祐七年知州马称德改筑为堰。

黄埭堰：在奉化县东北三十一都，元知州马称德修，溉金溪乡田三千余亩。

归家堰：在奉化县北三十六都，元知州马称德修，溉田三千余亩。

资国碶：在奉化县东南三都，元至治元年知州马称德建。

考到碶：在奉化县东三十二都，元知州马称德修。

湖芝碶：在奉化县东三十二都，元知州马称德修明，主簿罗良侪复筑。

进林碶：在奉化县北三十六都，宋绍兴乙丑令刘廷直用邑人吴琳言修筑。淳熙元年复修。元延祐六年知州马称德重修。

戚家堰：在奉化县东南十里元，延祐七年知州马称德置，高三尺，石砌三层；横长三十丈，阔六尺。两旁用木桩石条礐砌。于堰之上畔开河一条，阔一丈五尺，长四十丈，深六尺，凡遇水涝，于堰上流溢，水泄流入堰河。

和尚堰：在奉化县东南十里，元延祐七年知州马称德修。

横溪堰，在奉化县东北三十一都；孟婆堰，在奉化县北三十六都；宣家堰，在奉化县北三十五都；已上三堰俱元知州马称德修,各溉田三千余亩。①

从上述记载来看,马称德修建的水利项目涵盖奉化县境内南北东的大片范围,所建水利项目也都不小,如开创的新河"立堰埭三处,潴水灌田数十万亩",灌田数十万亩农田,对老百姓带来的好处是不言而喻的。其他如资国堰"民田沾溉者三万八千余亩","万寿、广平二湖之水皆取于此"②。其他修建的堰闸,也"溉田甚溥",多在三千余亩以上。袁桷《开新河记》:"奉化诸溪至龙潭毕会,汪洋衍汇,陂塘洞沟合流赴资国埭,纡行凡六十里,始达于江,岁霖雨不时,溪江相迎,上下交射,漂没庐舍,于是筑埭善防,涝至则泄,旱则潴以灌输,由资国埭注市桥,循三山为广平湖,湖之下有斗门,必严其水则。至是,通郑家窖,溪循名山,稍折为杨桥水,将达江,复限之,为置闸,曰进林,曰常浦,又益限之以埭,曰车者,提阏有程,则水旱不病。马侯称德至州,遂穷上源,首资国,耆老咸言,市桥达车者,有故河,往岁舟楫联络,浚广复旧,则民其有瘳。遂遵市桥至陈桥,具畚锸,表深广,未及终日,而遗石断圮,旧迹俨著。至何家埭,积为豪民利,于是决堤,仆石埭,复置卒守水门,易资国埭为水门,亦如之。别立小栅以谨通,塞广平,增斗门。昔之言,纡行六十里,皆得舟行,以达于江矣。"③知州马称德修建的新河以及一系列的水利设施,既引水入城,供应百姓清洁水源,解决生民饮用盥洗;又灌溉大片农田,使得农业生产有了保障;堰渠通舟来往,也方便百姓行商出行,可谓是一举而多得。

---

① 雍正《浙江通志》卷56《水利五·宁波府》。
② 《清一统志》卷224。
③ 雍正《浙江通志》卷56《水利五·宁波府》。

20. 李枢

李枢,元至正年间任奉化州知州。曾主持修建多项水利工程,延续了宋元以来奉化县令热心桑梓、修建水利的传统。其新建、修建的水利项目有:

松洋堰:在奉化县南十八里,元至正十三年知州李枢筑。

黄庄堰:在奉化县东南十五里,宋崇宁间置,元至正中知州李枢更石为碶,横五丈,高二丈。

双溪堰:在奉化县南十五都,元至正二十三年知州李枢重修。

新河:在奉化县县东南五里宋延祐七年知州马称德开浚,知州李枢复开浚之。

21. 韩国宝

韩国宝,生平不详。元至元年间曾任处州府丽水县县尹①,元大德年间任黄岩州知州,"以武略将军知黄岩州事,修学宫,平冤狱,兴水利"②,并撰写《河闸志》,但书已失传:"至元知州韩国宝始有《河闸志》,以纪其迹。惜其书不传,而载于旧志者特其崖略。"韩国宝兴修的水利项目有:

官河:在黄岩县东南一里,宋绍兴九年令杨炜赋功开,元大德三年,知州韩国宝又复浚治。

常丰、清浑二闸:在黄岩县东隅,宋元祐中提刑罗适建。元大德中知州韩国宝重修。

---

① 雍正《浙江通志》:"处州府城池……至元二十七年……委丽水县尹韩国宝督役。"

② 雍正《浙江通志》卷154《名宦九·台州府》。

西城闸:在黄岩县二十一都,元大德中知州韩国宝建。

永丰闸:在太平县繁昌乡十都,宋元祐中提刑罗适建,元大德中知县韩国宝修。

黄望闸:在太平县繁昌乡八都,元祐中罗适建,元大德中韩国宝重修。

周洋闸:在太平县繁昌乡十一都,宋罗适建,元韩国宝重建。①

22. 监生杨昶

杨昶,生平不详。洪武年间监生,曾受朝廷之命,在新城县(今富阳新登)修筑了一批水利项目,如新城县官塘,原建于唐永淳元年,明洪武二十七年监生杨昶重修。又如位于新城县折桂乡的牛堰、潘堰、杨家堰、何芦堰、卸堰、沙堰、丁家堰、赤松堰、陈堰、新堰等,俱"明洪武二十七年工部差监生杨昶开筑"。据《太祖实录》记载,明初时鉴于各地水利设施损坏较多,洪武二十七年八月明太祖朱元璋因此派遣一批监生、人材到各地,于农闲时节督促各地府县"修治水利",使得百姓"虽遇旱涝,民不为病",以保证"耕稼衣食"。《太祖实录》:

> 遣国子监生及人材分诣天下郡县,督吏民修治水利。上谕之曰:耕稼衣食之原,民生之所资。而时有旱涝故,故不可已无备。成周之时井田之制,行有潴防沟遂之法,虽遇旱涝,民不为病。秦废井田,沟洫之制尽坏。议者遂因川泽之势,引水以溉田,而水利之说兴焉。朕尝令天下修治水利,有司不以时奉行,至令民受其患。今遣尔等往各郡县,集吏民,乘农隙,相度其宜,凡陂塘湖堰可潴蓄以备旱暵、宣

---

① 雍正《浙江通志》卷 59《水利七·台州府》。

泄以防霖涝者,皆宜因其地势修治之,毋妄兴工役,掊克吾民众。皆顿首受命,给道里费而行①。

类似以监生、人材兴修水利的情况,在洪武年间两浙许多府县都有实施,也因此而修建了一大批水利设施,使得明代水利建设在普及化方面达到了新的高度。

23. 孔良弼

孔良弼,生平不详。明初时任台州临海县办事官,可能是专管水利相关事务,其主持修建的水利项目有:

盐塘、姥堀塘、交塘:俱在临海县宁化乡,明洪武二十四年办事官孔良弼监筑。

高湖堰、洋岙堰、吴承有堰、下堰、吴超堰、长潭堰、黄肚堰、中沙堰:俱在临海县大固乡,明洪武二十四年办事官孔良弼监筑。②

24. 邓弘远、王整

洪武年间人材,生平不详。可能都是台州临海人。曾受朝廷之命,在临海县修筑了一大批水利项目,虽然项目都不大,但其透露出来的信息是,这时候的水利建设,已经越来越小型化,水利项目数量开始大大增加,布置更加分散,但却更加针对浙东区域山多平地少,因地形而相宜布置的特点。这种趋势的出现,其背景即是洪武二十七年八月明太祖朱元璋遣监生、人材到各地督促兴修水利,以保证"耕稼衣食"。邓弘远在前,王整略后,

---

① 《太祖实录》洪武二十七年八月乙亥。
② 雍正《浙江通志》卷59《水利七·台州府》。

二人先后主持修建的水利项目众多,见于记载的有:

岭里塘、水塘、上湖塘、官市塘、观山塘、象凫塘、和尚塘、仇家塘、章家塘、漩塘、道士塘、上猷塘:俱在临海县太平乡,明洪武二十八年人材邓弘远开筑。

泉水塘、兴国塘:俱在临海县安乐乡,邓弘远开筑。

广化塘:在临海县瑞仁乡,邓弘远开筑。

清塘:在临海县延寿乡,邓弘远开筑。

芝溪堰、清潭堰、洛西堰、下村堰:俱在临海县承恩乡,明洪武二十八年人材邓弘远开筑。

涌泉堰、龟溪堰:涌泉堰在临海县清化乡,龟溪堰在临海县承恩乡,俱系邓弘远开筑。

忻家塘:在临海县重晖乡,明洪武三十年人材王整开筑。

枕坑塘、长湾塘、庐呑塘、金山塘、施家塘、林家塘、化山塘、董家塘、山湾塘、茭塘、古湾塘:俱在临海县太平乡,王整开筑。

方溪堰、左桥堰、童坑堰、伍溪堰:俱在临海县太平乡,明洪武三十年人材王整开筑。

忻家塘:在临海县重晖乡,明洪武三十年人材王整开筑。

枕坑塘、长湾塘、庐呑塘、金山塘、施家塘、林家塘、化山塘、董家塘、山湾塘、茭塘、古湾塘:俱在临海县太平乡,王整开筑。

方溪堰、左桥堰、童坑堰、伍溪堰:俱在临海县太平乡,明洪武三十年人材王整开筑。[①]

25. 陈岩

陈岩,生平不详,明永乐年间曾任台州府通判,掌管粮运及农田水利之事。其在任内修建了一批小型的水利设施,从时间

---

① 雍正《浙江通志》卷 59《水利七·台州府》。

上看,颇有承接洪武末年大兴水利的余脉。其中见于记载的项目有:

茆湖碑、竹家碑、罗家碑、黄湖碑、江家碑、葛家碑:俱在临海县太平乡,明永乐中通判陈岩修筑。

于山碑:在临海县延寿乡,通判陈岩修筑。

许溪碑、下店碑、下畈碑、陈家峩碑:俱在临海县三十七都,明初差蒋必富等增修,永乐中通判陈岩又加筑焉。

岭下塘:在临海县太平乡,明永乐中通判陈岩修筑。

蔡峩塘、横山塘、宝花塘:俱在临海县长乐乡,明陈岩修筑。①

26. 胡浚

胡浚,江西铅山人,明正统进士,任刑部主事,历任杭州知府等。史书记载胡浚"廉有威,不强御"。杭州府下属的富阳、新城(今新登)经常遭遇旱情,胡浚"相视开渠筑堤,引流灌溉。滞狱悉为剖决,治行第一"②。其中提到的开渠筑堤,即指新城县胡公渠。渠道开筑以后,既用作农田灌溉,又用以居民饮用盥洗,由此"民德之":"引新堰水注之,堰去城八里,水不能达。明天顺间郡守胡浚相度,命筑塔山堰,开溪导流,以入濠。濠内地旧为民产,邑人袁稌首捐地十余亩为倡,众皆效之,遂以其地凿渠,引水接通城河凡五里许,负郭田不忧旱者五千亩,民德之,名胡公渠。"除了胡公渠,塔山堰也是郡守胡浚任杭州知府时所筑:"塔山堰即胡衙坝,在县西二里,明天顺间知府胡浚因附郭田旱涝无备,委医学训科方铺督理,筑坝凿沟,引水入城壕,绕城东西至南

---

① 雍正《浙江通志》卷59《水利七·台州府》。

② 雍正《江西通志》卷86《人物二十一·广信府二》。

门,置闸放水,由城东官沟抵鸡鸣山入溪,民甚利之。"①

胡浚除了在新城县修建的水利设施以外,其在府城杭州及周边都兴建有许多水利项目,如:

疏浚西湖:"成化十年郡守胡浚稍辟外湖",《明实录》也记载了这次疏浚工程,成化十一年秋七月"工部覆奏浚杭州西湖,许之"②。

开浚上塘河:"上塘河在艮山门外,自德胜桥东至长安坝,又东抵海宁城,百有余里一带,土田水利俱赖此河,岁久河不开浚,沙壅渐高,而隔塘诸笕低入河底,每为走泄。天稍无雨水,即涸竭苗槁。无济,舟阻不行。明天顺间知府胡浚以郎遄言,同知县周博起夫开浚,旱干获利,舟行通便。"

修建临平闸:"临平闸在临平镇,三闸俱在运河官塘一带,涝涨河溢,皆由此泄入下塘。明天顺间知府胡浚重修。"

修临平曹家渠河底石笕等七笕:隽堰西笕、李王塘笕、金家堰笕、石目铺笕、白洋笕、冯家笕、曹家渠河底石笕,"明天顺间知府胡浚相度笕门太低者,重砌。令高其检水闸。圮者重修。令民以时启闭"。

修建仁和县小林大闸:"小林大闸在仁和县十五都十七都,东西界间闸莫详所始,以运河塘下高田不与下塘河接,旱无车灌,置此蓄泄隔塘白洋、石目二笕下流,其为塘下高田之利最溥。年久坍圮,明天顺间知府胡浚、知县周博重建,一乡蒙利,溉田数千。"

修建海宁长安三闸、许村闸:"长安三闸、许村闸,天顺间知府胡浚重修。"

---

① 雍正《浙江通志》卷53《水利二·杭州府》。
② 《宪宗实录》成化十一年秋七月。

修建胡公闸:"胡公闸,在(海宁)县南临江,明天顺间杭州知府胡浚置。"

此外,知府胡浚还在长安镇兴建了一批陡门闸笕:"濮家陡门、朱家陡门、俞家陡门、冯家陡门、黄仲二笕、尹千二笕、沈千六笕、邬马泾笕、瑞谷笕、德洋泾笕、朱泾笕、寺泾笕、蔡沈笕、姚沈笕、丁沈笕、万沈笕、梁广笕、严太师笕、周徐笕、方姚笕、冯马笕、戈家笕、石家笕、毛家笕、王家笕、尹家笕、郑家笕、郭马笕,俱在运河塘,自北门至长安镇,袤延二十五里。相传昔有戚夫人过此,见河南一带洼下,屡为水害,不能耕种,教以木板为筒,于运河之底透出下塘水。涝则泄,旱则闭,其名曰笕。大为民便,有司设笕户,常令按视修治。天顺间杭州知府胡浚以海宁诸堰闸塘笕岁久圮塞,躬为督治,弛张损益,各中其度。"[1]

27. 伍因

伍因,生平不详,曾任水利佥事。在任期间,建造杭州运河七闸,称为"伍公闸"。"启闭有时",使得运河之流水系能储存水量,灌溉周边农田,"民其利赖"。雍正《浙江通志》记载:"寺泾闸、姚沈闸、范沈闸、石家闸、石家笕闸、洪范闸、王家笕闸,明水利佥事伍因见笕筒壅塞,设此石闸共七处,自拱辰门外运河一带至临平,以蓄上河之水。民甚利赖,是为伍公七闸。"[2]

28. 张瓒

张瓒,字宗器,湖北孝感人,明正统十三年戊辰科进士,历工部郎中,通敏有才。出知太原府,复守宁波,值市舶太监纵恣,乃

---

[1] 雍正《浙江通志》卷53《水利二·杭州府》。

[2] 雍正《浙江通志》卷53《水利二·杭州府下》。

上疏条陈其不法事,得以治理,由此"声称赫然"。升广东参政,提督粮储。转浙江布政司,"时宁绍二郡海溢漂人,牲畜庐舍漂没无算",萧山尤甚严重,张瓒分遣官属"瘗暴骸,收老稚,赈贫乏,全活以万计"。擢右副都御史巡抚四川,后以母病归养。成化中"诏起、视师",张瓒帅兵万人平松潘等地,"悉讨平之",召拜户部左侍郎,"恳乞终养。复起总督漕运,巡抚凤阳,卒于官"。所著有《土苴稿》《东征录》。①

张瓒任职宁波郡守期间,热心教育,先后修建了宁波府儒学、鄞县儒学,也修建了一些水利设施:"麻车闸、石磢闸、朱童闸,俱在(鄞县)县西南三十里,明成化二年郡守张瓒、同知刘文显修。"②

29. 戴琥

戴琥,字廷节,江西浮梁人,明景泰年间由乡荐授监察御史,"劾罢巡江不职二重臣。又疏论南京大臣考察僚属、任情取舍"。后出知绍兴府,重视水利建设,"首浚范文正公清白泉,以激励僚属相互自律";又修建郡邑、学宫,增祀乡贤。并整治修缮兰亭石刻、会稽宋诸陵,"置典守洒扫"。当时绍兴发生水灾旱灾,农业歉收,"奏蠲民上供"。兴筑临江堤塘数十万丈,以捍御海潮,"得田四万余亩,民称戴公堤"。又兴筑横塘坝,使得"斥卤地多可田"。修建柘林等处七闸,建立启闭闸门规则,"立石刻木,示民时启闭蓄泄"。一系列的惠政,使百姓受益,"去日,民扳号塞道"。后擢升广西左参政。以疾归。③ 其任职绍兴期间兴修的

---

① 雍正《湖广通志》卷 52《人物志·汉阳府》。
② 雍正《浙江通志》卷 56《水利五·宁波府》。
③ 雍正《江西通志》卷 89《人物二十四·饶州府三》。

水利项目有：

麻溪坝：在山阴县西南一百二十里，明成化间知府戴琥筑于天乐乡四十一都之地，以捍外水之入，而山会萧三县水患始息。

扁拖闸：在绍兴府城北三十里小江之北，其闸有二，北闸三洞，明成化十三年知府戴琥建，南闸五洞，正德六年知县张焕建。

茅山闸：在麻溪坝外三里。先是天乐四都田截出坝外，岁被江潮淹没，明成化间知府戴琥于茅山之西筑闸二洞，以节宣江潮。

长山闸：在萧山县东北十里，明成化间知府戴琥建。

龛山闸：在萧山县东北三十里，成化间知府戴琥建。①

30. 宋继祖

宋继祖，字汝孝，四川汉州人，由进士知定海县。时倭寇充斥周边沿海，"邑大驿骚"，总督胡宗宪提兵至定海，宋继祖借给军储无阙，兼善韬略，往往"被甲戴鍪，率先戎行"。金塘、舟山之捷皆有参与，"有绩焉"。任职定海知县三年，"筑湖塘，葺公署，廓学宫，皆为士民兴百世之利"。之前，定海崇邱乡的农田主要依靠鄞县东钱湖水以资灌溉，旧有蛇堰，紧邻小浃江，一旦决堤，则水势若建瓴，尽注于江，"故河渠与湖水未旱而先涸，三农病之"。知县宋继祖躬履其地，亲自勘察地形，并选择在旧堰二十里外的东冈重新筑堰，并在其下二十余步筑碶，"堰以蓄水，碶以泄水"，于是东冈以上江水尽为河，储水量大增，"潴渟益巨"。有了此堰闸，周围农田的灌溉都获得很大提升，"不惟崇邱永无旱患，鄞之七乡亦胥被其利"。后升"兵部主事，改御史"②。

---

① 雍正《浙江通志》卷 57《水利六·绍兴府》。

② 雍正《浙江通志》卷 152《名宦七·宁波府》。

雍正《浙江通志》记载其兴修的水利有：

五乡东西碶：在鄞县县东三十五里阳堂乡，即回江东西碶。因定海知县宋继祖别碶定海之东冈，复大石桥碶，又于王驻洋之周家堰四都之杨木堰各设碶，以补回江之废，则七乡之水不为灾矣。

沈窖湖：在鄞县县北一百里，周环二十八里，溉田一百顷。嘉靖三十五年知县宋继祖相湖地势，南北高下，中建土塘，长八百六十余丈，置闸二。

东冈碶：在鄞县崇丘四都，明嘉靖三十五年知县宋继祖建，溉田一万三千余亩。[①]

31. 何愈

何愈，富川人，举人。嘉靖年间任职定海知县，对定海水利建设多有贡献，许多水利项目得以兴建。灵岩、太邱二乡地濒海，旧设海堤四十余里，名千丈塘，内占田可数万亩，设立碶闸五处，年久失修，海水吞啮，塘碶相继圮，"斥卤浸淫，年比不登"。知县何愈于是"核占户，量田出赀，验丁发繇"，修缮海塘及碶闸，疏浚渠道"引以溉田"，又修缮灵绪、黄河闸，舟山平水闸，"定之水利悉举"。其修缮的其他水利项目有：

严家堰：在镇海县灵绪四都，明嘉靖壬戌知县何愈重修。

长山碶：在镇海县灵岩二都，明嘉靖壬戌知县何愈重修。

黄沙闸：在镇海县灵绪一都，明嘉靖壬戌知县何愈重修。

平水闸：在南城半里，明成化五年总督张勇建，嘉靖四十一年知县何愈改建于教场浦，支港尽塞，民其利焉。万历四十六年

---

① 雍正《浙江通志》卷56《水利五·宁波府》。

副使张可大因故址增设巨石罃碶以蓄泄。①

32. 周志伟

周志伟,字士器,南康人,进士。任工部主事,"清理芦课,改厘夙弊"②,曾任兵备副使③,嘉靖十七年任台州知府,大兴学校,"日与士子讲解经义"。当时,黄岩、温岭濒海一带因为"潮冲闸坏,比岁不登",周志伟请于御史傅凤翔,特疏建闸,又请复河泊大使,以司启闭,使得濒海农田不受咸潮冲击,农业收成有了保障,"两邑自是岁有秋"。时有大姓杨某者争田构讼,累岁不止,周志伟亲往按视,开示大义,且谕以诗,于是感泣相让,民为勒石颂之。④《大清一统志》说周志伟"嘉靖中知台州府,政务德化"⑤,《江西通志》记载其任职台州"治河赈荒,民建生祠"⑥。其兴建的水利项目有:

黄岩县官河:县东南一里,明嘉靖己亥郡守周志伟浚之,增置永通闸。

永通闸:在黄岩县县南五十里,明嘉靖己亥郡守周志伟建。

33. 罗良侪

罗良侪,生平不详,明隆庆年间曾任奉化县主簿。在任期间主持修建了多项水利工程,如栗树塘、天宁塘、湖芝碶等。

---

① 雍正《浙江通志》卷56《水利五·宁波府》。
② 雍正《江西通志》卷91《人物二十六·南康府》。
③ 雍正《江西通志》卷54《选举明六》:"周志伟,安义人,兵备副使。"
④ 雍正《浙江通志》卷154《名宦九·台州府》。
⑤ 《清一统志》卷230《台州府》。
⑥ 雍正《江西通志》卷91《人物二十六·南康府》。

栗树塘:在奉化县周公堤下,北接长汀。明主簿罗良侪修。

天宁塘:一作善塘,在奉化县长汀塘对岸,宋待制仇念率乡民自岳林至金钟墩筑七百余丈,明成化间洪水冲决,知县曹澜筑之。嘉靖八年决,知县陈缟复筑。隆庆三年知县高应旸修,令主簿罗良侪补砌。

湖芝碶:在奉化县县东三十二都,元知州马称德修,明主簿罗良侪复筑。①

34. 刘会

刘会,福建惠安人,进士,任巡按御史。② 万历年间任萧山知县,建西兴石塘及龙口闸,"为民永赖"③。从相关记载来看,知县刘会在萧山任职时间不长,但却修建了一系列的水利设施,见于记载的水利项目有:

麻溪坝:在萧山县西南一百二十里,明成化间知府戴琥筑于天乐乡四十一都之地,万历十六年萧山知县刘会加石重建,下开霪洞,广四尺。每旱则引水以溉田。

邱家堰:在萧山县南二十五里,明万历十四年邑令刘会修筑。

大堰:在县西十里,明万历十五年邑令刘会改建永兴闸。

资福闸、永兴闸:资福闸在县西八里。永兴闸在县西十里,俗名龙口闸。明万历十五年县令刘会因石塘工毕,以羡银改堰为闸二,以泄诸乡水涝。④

---

① 雍正《浙江通志》卷 56《水利五·宁波府》。

② 雍正《广东通志》卷 27《职官志》。

③ 雍正《浙江通志》卷 153《名宦八·绍兴府》。

④ 雍正《浙江通志》卷 55《水利四·绍兴府》

35. 汤绍恩

汤绍恩,字汝承,安岳人。《明史》记载:"绍恩以嘉靖五年擢第,十四年由户部郎中迁德安知府,寻移绍兴。为人宽厚长者,性俭素,内服疏布,外以父所遗故袍袭之。始至,新学官,广设社学。岁大旱,徒步祷烈日中,雨即降。缓刑罚,恤贫弱,旌节孝,民情大和。"[1]绍兴山阴县东南有浦阳江,上接金华浦江诸水,北流至诸暨,与东江合。北遏峡山,东汇山阴之麻溪,然后尽注钱清江、而入于海。是时,钱塘江潮水常反入浦阳,而灌麻溪,其钱清江之入海者势若建瓴,又倾溇不可止,所以既不能留住清洁的江水,又不能阻挡盐卤的潮水侵袭,"既苦涝,又苦暵"。汤绍恩亲自到当地勘察,以求得解决办法。此前,钱清江下流原有二闸,岁久堙废,"绍恩相下流三江之口,其地夹两山,为浦阳入海故道,下有石峡,横亘数十丈,泅水得之,乃伐石于山,依峡建闸。石牝牡相衔,烹秫和炭以胶之。石之激水者剡其首,使不得与水争,下有槛而上有梁,施横坊其中,刻平水之则于柱石间,而启闭之。两堤筑土冶铁,而浇其根。凡二十八闸,应二十八宿。堤数百丈,而大闸之内又置备闸数重,曰经溇,曰撞塘,曰平水。阅一年工成,共得良田百万亩,渔盐斥卤桑竹场畷亦不下八十万亩"。屡迁山东右布政使,致仕归。年九十七而卒。[2]

汤绍恩在绍兴知府任上,以建造三江闸而著名。其实三江闸的位置,原来即有玉山斗门,也称朱储斗门,唐贞元元年有浙东观察使皇甫政兴建,其作用也是阻咸蓄淡。汤绍恩除了兴建三江闸,还改建官河,既用以灌溉,也作为运输,成为后来浙东运

---

① 《明史》卷281《列传一百六十九·循吏》。
② 雍正《浙江通志》卷153《名宦八·绍兴府》。

河的主要组成部分。其修建的水利项目主要有:

官塘:跨山会两县,在山阴者为南塘,西自广陵斗门,东抵曹娥江,百六十里即古镜湖塘也。东汉太守马臻筑以潴水溉田。明嘉靖十七年知府汤绍恩改筑水浒,东西横亘百余里,遂为通衢。

三江应宿闸:在三江所城西门外,明嘉靖十六年知府汤绍恩建,凡二十八洞,亘堤百余丈,蓄山会萧三县之水。三县共征银若干两,为启闭费其。[①]

36. 胡思伸

胡思伸,绩溪人,万历进士,任上虞县令,为官正直负责,"利弊纤细,罔不周知",上任伊始,"下车即清丈田土,息民争讼"。并捐献自己薪水,多置学田,以提振地方教育。重视水利建设,在任内修筑的新安、巽水二闸,用以灌溉周围农田,"合邑利赖焉"[②]。此外还修缮夏盖、白马、上妃三湖灌田,又修筑梁湖石闸,其在上虞修建的水利项目有:

横泾坝:在南门外,明万历五年县丞濮阳傅重修,甃以石,此附郭水利之最要者也。二十五年县令胡思伸创为斗门,时其蓄泄。

新安闸:在县东五里包村港,明万历二十四年县令胡思伸建,凡三洞,每洞阔一丈余。两岸皆甃以石,置田以资修理,定闸夫六名,以司启闭。

---

① 雍正《浙江通志》卷 57《水利六·绍兴府》。
② 雍正《浙江通志》卷 153《名宦八·绍兴府》。

37. 朱邦喜

朱邦喜,江西临川人,万历时以举人为嘉兴同知,"才优烦剧,而性仁慈",后任平湖知府,"清查尺籍,以除蠹弊;折疑狱,片言立解"。为官清廉,"羡余不入一钱","佐郡十载,解组去,囊橐萧然"①。在平阳县知县任上也颇有作为,修县治,修桥梁②。尤其注重修浚农田水利,对海塘、堰埭、斗门等均有修缮,"居民利焉"。其修建的水利项目有:

九都海塘:平阳县九都海塘去县治二十里,海潮淹没,八、九、十二、十三等都岁苦无收,县令朱邦喜议将预备仓谷易银,召匠砌筑。时用灰壳苦无办,忽潮涌,壳至塘所,足供资用。

坡南塘:自平阳县南夹岭桥,西至前仓,南至江口,各二十五里,旧为土塘,遇涝即圮。宋嘉泰元年郑廉仲以石砌南塘,淳祐七年砌西塘,元大德八年滕天骥重修,年久圮坏。明万历二十二年,令朱邦喜劝谕义民吕仲璞等重建完固。

军桥埭:在平阳县治东,水从沙冈发源,直入大河,至沙塘陡门入海,水势下泄。邑令朱邦喜准耆民林元英等议,于柏洋军桥筑埭,以截水势。又从旁委曲开河,以通舟楫,居民利焉。

江口陡门:在平阳县九都,宋端平丙申县令林宜孙创筑,岁久圮。万历二十二年县令朱邦喜勘系久坍,不便蓄泄,捐俸二十两修砌。耆民张世英等助筑,厥功用成。

下埭陡门:在平阳县十三都,明万历乙未县令朱邦喜重筑。

麦城陡门:在平阳县九都,明万历二十二年县令朱邦喜谕该

---

① 雍正《浙江通志》卷150《名宦五·嘉兴府》。

② 雍正《浙江通志》卷38《关梁六》:"(西浦桥)系浙闽通津,潮势迅疾,屡筑屡圮……万历二十一年令朱邦喜重修"。

都里照田估计工费修筑。

永丰陡门：在平阳县六都，自沙塘陡门筑后此陡门坍坏，蓄泄不便，民甚苦焉。明万历二十二年县令朱邦喜谕富民陈子法出资重筑。①

38. 陈学孔

陈学孔，康熙二十九年举人，曾官监察御史。任遂安县知县，重视地方建设，如康熙四十八年兴修学宫、康熙五十二年修缮遂安县无碍寺②等，尤其热衷水利建设，其修建的水利项目有：

大塘：在遂安县东，康熙五十三年知县陈学孔以大塘为沙所壅，捐赀重浚。

马仪新塈堰：在遂安县西南十里，旧本二堰，元至治间县尹梁居善始合为一。康熙五十三年堰堤损坏，知县陈学孔重修。

观音堰、横堰、驮堰、塘堰、小堰、陆家堰、吴家堰、秋堰、小詹堰、大塈堰：俱在遂安县西，康熙五十三年知县陈学孔重修。③

39. 李卫

李卫，字又玠，江南铜山人，或说丰县人。④ 入赀为员外郎，补兵部。康熙五十八年，迁户部郎中。世宗即位，授直隶驿传

---

① 雍正《浙江通志》卷61《水利十·温州府》。

② 雍正《浙江通志》卷29《学校五》"遂安县儒学，（康熙）四十八年知县陈学孔重修，自为记。"卷二百三十三《寺观八》："遂安县无碍寺……国朝康熙五十二年知县陈学孔重修。"

③ 雍正《浙江通志》卷60《水利九·严州府》。

④ 前说见《清史稿》"李卫传"，后说见《清一统志》卷70《徐州府二》，两县均在今江苏徐州。

道,未赴,改云南盐驿道。雍正二年,迁布政使,命仍管盐务。雍正三年,擢浙江巡抚。雍正四年,命兼理两浙盐政。雍正五年授浙江总督,管巡抚事,并兼理江苏七府五州督捕事,史书称为"前此所未有也"①。雍正七年,加兵部尚书,寻复加太子少傅。雍正十年,召署刑部尚书,授直隶总督,命提督以下并受节制。乾隆三年以病乞归,卒谥敏达。

李卫在浙江任职五年,多有善举,"莅政开敏,令行禁止"。当时,"查嗣庭、汪景祺之狱,停浙江人乡会试",对浙江影响颇大,李卫积极弥补,"逾年,与观风整俗使王国栋疏言两浙士子感恩悔过,士风丕变,乃命照旧乡会试"。朝廷"督责各直省清厘仓库亏空、钱粮逋欠,(李)卫召属吏喻意,簿书、期会、吏事皆中程,民间亦无扰"。"温、台接壤,濒海有玉环山,港汊平衍,土性肥饶。前总督满保因地隔海汊,禁民开垦。李卫遣吏按行其地,奏请设同知,置水陆营汛。招民垦田,于本年起科;设灶煎盐,官为收卖;渔舟入海,给牌察验;鱼盐征税,充诸项公用。"李卫在任期间尤其重视水利建设,雍正四年上奏:"浙省地属水乡,通省河道俱资灌溉民田,一应蓄泄疏浚必需专员统辖董理,庶收实效。查盐驿道系通省水路驿站船只皆其经理,请将浙属水利责成该道统辖,凡有应疏应浚之处,俱令确勘,及时修浚,实于民生有益。并请于换颁传勒内加入兼理水利字样,以专责成。奉旨依议。"②在对关乎漕运的运河、海塘等水利设施方面,李卫尤为重视,雍正《浙江通志》记载其修缮运河的事项有:

奉口河:在仁和县,去城西北四十五里抵德清县界,雍正七年总督李卫动给帑银一千三百有奇,委员开浚。

---

① 《清一统志》卷70《徐州府二》。
② 雍正《浙江通志》卷53《水利二·杭州府》。

运河下塘：自杭州北新桥北直抵石门县界，横亘九十余里，雍正七年总督李卫动给帑银八百六十两有，奇委知县王廷藩、县丞于平修筑北新关外一带塘岸。

二十五里塘河：自拱辰水门透西南二十五里，会于运河，而达长安坝。雍正五年巡抚李卫委湖州知府吴简民、杭防同知李飞鲲动给，邑绅陈邦彦捐输银重浚，自镇海门外吊桥起，直抵长安镇，迤西至施家堰仁和县界止。

硖石镇市河：在海宁县东北六十里，雍正七年总督臣李卫委湖州知府吴简民重浚，自宣德门外吊桥起由郭店至北施家桥止。

袁花塘河：在县东五十里，雍正七年总督李卫委湖州知府吴简民重浚，自春熙门外起，由教场桥至东新仓港止。

运河塘：石塘起嘉兴县杉青闸，北迄闻川，袤二十七里。巡抚李卫委员动帑二千一百有奇，修筑西北二路堤岸。

白洋河：在海盐县东沿海塘下，南自澉浦，北抵乍浦，长七十里。清雍正五年巡抚李卫动帑一千两有奇，委员重浚。

运河塘：在石门县县东，清雍正六年总督李卫委员动帑修筑玉溪镇至大麻一带塘岸。

桐乡县运河塘：一作皂林塘，清雍正五年巡抚李卫动帑五百两有奇，修筑正家桥起至王溪镇一带塘岸。

太湖溇港：雍正八年总督李卫委湖协守备范宗尧、湖州府知府唐绍祖动给帑银一千四百六十五两有奇，修浚大钱、小梅石塘，并诸港之间。

荻塘：在湖州城南一里南门外，转东环城接运河。清雍正六年总督李卫动帑委员重修石塘，自东门外起至江南震泽县七十里。

大麻漊：在德清县大麻村金鹅乡，清雍正七年总督李卫动给帑银一百三十两,委员重修,筑大麻一带塘岸。①

《清史稿》"李卫传"记载:"雍正五年,奏修海宁、海盐、萧山、钱塘、仁和诸县境海塘";"经画浙东诸县水利。"由于在浙江海塘建设方面多有成就,朝廷并要求李卫兼管江南海塘建造:"时议增筑松江海塘,并以旧塘改土为石,上复……令(李)卫勘议。(李)卫诣勘,奏言:松江海塘已筑二千四百馀丈,未筑者当令仿效海盐旧塘,石塘后附筑土塘,宜一例高厚,岁派员修治。上从之,仍令(李)卫……董理。"②雍正《浙江通志》记录了其修缮、修建的水利项目:

疏浚城内外河道:雍正五年二月,巡抚李卫奉谕开浚河道,随于五月内檄委宁绍分司徐有纬疏浚城河,自织造府西辕门起至三桥关帝庙止一百二十丈,并浚城外河道。雍正九年总督李卫委同知鄂善等动给盐务节省银二千两,开浚城内营河,以便各县南粮达于满城仓廒。

疏浚西湖:雍正四年,李卫"虑岁修难继缮,疏具题置买海宁县田一千一百亩,内拨入圣因寺一百亩,外余令海宁县征收解贮盐驿道库,以供岁修,勒石湖上,垂诸永久"。雍正七年,总督李卫开浚金沙港,动支岁修银三百三十六两,并添筑滚坝一座,设立坝夫二名,岁给工食,使不时挑浚,毋使沙砾泻入湖内。雍正九年建汉壮缪侯祠于金沙港,筑堤六十三丈,建玉带桥一座,接于苏堤,以通车马往来之便。

疏浚龙山河:雍正五年,发帑修浚城垣河道,总督李卫委宁绍分司徐有纬开浚庆丰关对岸小闸桥一带淤浅处一十三丈。

疏浚下湖河:下湖河在溜水桥柴场北河,分四派,总名下湖

---

① 雍正《浙江通志》卷 53 至 61《水利》。

② 以上未注明处均见《清史稿》卷 294《列传八十一·李卫》。

河。雍正五年总督李卫动给帑银,委浙江驿丞陈上义开浚沿山马家坞、包家坟、三元桥、御临桥一带河道,并建三元桥滚坝一座。

压沙溪塘:在钱塘县五都五图瓶窑地方,雍正五年总督李卫委员动帑修筑五十八丈。

溜水闸:在涌金水门外,雍正六年总督李卫重修。

乌麻陡门闸:旧名安溪陡门闸,在安溪镇,雍正五年总督李卫委员动帑重修。

奉口河:在仁和县,去城西北四十五里抵德清县界,雍正七年总督李卫动给帑银一千三百有奇,委员开浚。

大云寺湾塘:在仁和县五都二图,雍正七年总督李卫动给帑银四百两,委员重修。

运河下塘:自杭州北新桥北直抵石门县界,横亘九十余里。雍正七年总督李卫动给帑银八百六十两有奇,委知县王廷藩、县丞于平修筑北新关外一带塘岸。

清凉闸:在艮山门外临江八图清凉桥,雍正七年总督李卫委仁和知县董怡曾重修。

海宁县县市河:在县城内,北通二十五里塘河,自杭州城北拱辰水门入,东南经胜安桥,透安成水门,会淡塘河。雍正七年总督李卫委湖州知府吴简民开浚,自拱辰门起至安成门止,可通舟楫。

二十五里塘河:自拱辰水门透西南二十五里,会于运河,而达长安坝。雍正五年巡抚李卫委湖州知府吴简民、杭防同知李飞鲲动给,邑绅陈邦彦捐输银重浚,自镇海门外吊桥起,直抵长安镇,迤西至施家堰仁和县界止。

碳石镇市河:在海宁县东北六十里,康熙十四年知县许三礼开浚,自宣德门外起,至郭溪止。雍正七年总督臣李卫委湖州知府吴简民重浚,自宣德门外吊桥起,由郭店至北施家桥止。

袁花塘河:在县东五十里,雍正七年总督李卫委湖州知府吴简民重浚,自春熙门外起,由教场桥至东新仓港止。

庆春河:在富阳县东门内,东至观山,西至苋浦,置陡门二。宋宣和四年县令吴仿开,清雍正七年总督李卫委富阳知县朱永龄开浚城内并北门外一带河道,城外西北建坝闸一座,以蓄潮水。

运河塘:石塘起杉青闸,北迄闻川衺,二十七里;土塘起西水驿,西迄语儿衺,九十里。唐元和五年王仲舒治,清雍正五年发帑开浚河道,修理城垣堤岸,巡抚李卫委员动帑二千一百有奇,修筑西北二路堤岸,洼者崇之,缺者补之,行旅往来称便。

白洋河:在海盐县东沿海塘下,南自澉浦,北抵乍浦,长七十里。清雍正五年巡抚李卫动帑一千两有奇,委员重浚。

运河塘:在石门县县东,宋熙丰间崇德长官主管运河堤岸,清雍正六年总督李卫委员动帑修筑玉溪镇至大麻一带塘岸。

桐乡县运河塘:一作皂林塘,元卜、濮二姓富饶,官令甃砌。明时责于塘长,清雍正五年巡抚李卫动帑五百两有奇,修筑正家桥起至王溪镇一带塘岸。

疏浚太湖溇港:太湖沿湖之堤多为溇,溇有斗门,制以巨木,甚固。门各有闸板,遇旱则闭之,以防溪水之走泄。雍正八年总督李卫委湖协守备范宗尧、湖州府知府唐绍祖动给帑银一千四百六十五两有奇,修浚大钱、小梅石塘,并诸港溇。

修缮荻塘:在湖州城南一里南门外,清雍正六年总督李卫动帑委员重修石塘,自东门外起至江南震泽县七十里。并集居民培筑土塘。

大麻溇:在德清县大麻村金鹅乡,清雍正七年总督李卫动给帑银一百三十两,委员重修,筑大麻一带塘岸。

金龙坝、社田坝、龟回坝：以上俱在德清县十七都，雍正七年总督李卫动给帑银八百两有奇，委员修筑龟回坝并劳家陡门。

张公堤塘：在武康县东，雍正七年总督李卫动给帑银七百两有奇，委员修筑张公堤等处塘岸。

大嵩塘、大嵩河闸：在鄞县县东南八十里大嵩所，旧未有塘，清雍正九年建。又有大嵩河闸在大嵩塘，雍正六年总督臣李卫委鄞县知县杨懿开浚大嵩河建闸。

杜渎河堤岸：在临海县县东一百五十里承恩乡，广袤二三里，溉田百余顷，民甚利焉。清雍正七年总督李卫檄台州府知府江承玠开浚河道，并筑堤以御咸潮，修建七闸，以为蓄泄，由是"数千顷砂碛斥卤之地俱成沃壤"。

江堤：在兰溪县三十四三十五都黄溢，处兰江之下流，当金衢两河之衢。清康熙五十九年巡抚朱轼，委金华知府张坦谋率兰溪县知县修筑石堤三百五十丈，下阔二丈而阔一丈二尺，又筑上堤一带。雍正六年总督李卫复令金华府知府吴炯督县重修。

官坝：在常山县，清雍正八年总督李卫委知府张芳重修，自浮桥下至香炉石上井，禁藉名捕鱼，致损坝岸。

灵溪陡门：即徐家窑陡门，在平阳县，久圮。清雍正二年总督觉罗满保令沾利田主每亩出穀十五勺，共银二千有奇，修筑陡门。至雍正六年仅完十分之三。雍正七年总督李卫饬催署知县事张桐，委县丞裴元臣就江中建筑分水墩三座，及南北两岸马头墩坝，砌筑坚固，可蓄可泄，于九年六月完工。

修缮章田堰、神堂堰、通济堰：在丽水县西五十里，障松阳遂昌两溪之水，雍正七年总督李卫动帑，委知县王钧筑浚。[①]

① 雍正《浙江通志》卷 53 至 61《水利》。需要说明的是，雍正《浙江通志》是在李卫在任期间完成的，故有关其兴建水利的记载尤其详细，或有掠美之处，但也反映其对水利建设的重视。

四、专题分析:丽水通济堰

丽水通济堰位于松阳、丽水交界处,横截松荫溪之水,灌溉碧湖平原。初建于南朝萧梁时期,距今已有 1500 年历史,是我省最古老的大型水利工程之一,也是省内保存比较好的古代水利实例,2002 年被列为全国重点文物保护单位。

1. 通济堰环境

通济堰所在的丽水市莲都区位于浙江的西南部,处在括苍山、洞宫山、仙霞岭三山脉之间,地形属浙南中山区,地貌类型可分为河谷平原、丘陵、山地三种。瓯江(大溪)自西南入境,汇合松荫溪、宣平溪、好溪等水,形成沿江两岸的河谷平原。通济堰所在碧湖平原,属碧湖镇辖区。碧湖平原平坦丰沃,阡陌纵横,瓯江沿东缘流过,总面积约 60 平方公里,占莲都区平原面积的 40% 以上,是丽水市三大平原之一,也是莲都区最大的河谷平原,为丽水的主要产粮区。整个平原大致可分为两大部分,谷线东侧临大溪(瓯江)称为前田本,谷线西侧沿山脉部分称为后田本,总耕地面积 4.82 万亩。碧湖平原西南至东北长约 22.5 公里,东南至西北宽约 5 公里,呈狭长树叶状,其地势西南高,东北低,落差约 20 米。通济堰即根据其地理形势规划营建而成。

　　碧湖平原属中亚热带季风性气候区,气候温和,温润多雨,年平均气温 18.10℃,系丽水热量最富足区。无霜期 240—256天,年平均降雨量 1483—1553 毫米,适宜连作稻三熟制和多种农作物生长。

　　境内植被属中亚热带常绿阔叶林地带甜槠荷林区。植被类型大体可分为山地草灌丛、针叶林、针阔叶混交林、常绿落叶阔叶林、常绿阔叶林、竹林等。樟树是碧湖平原上最为典型的树种,通济堰灌区内现有古樟树数十株,多分布于渠道两岸、湖塘边及村落中。

　　碧湖平原土地平坦,地面海拔高程在 53—73 米之间,由河漫滩和阶地组成。成土母质为全新纪(Q4)冲积和洪积物,其上部 1—2 米为河壤土、壤粘土,下部为结构松散的砂砾石层。旱地为潮土类,以清水沙和培泥沙土属为主。水田主要有潴育形水稻土亚类,培泥河田,泥质田土属。农田耕作层土壤有机质含量为 2.1%。种植业以水稻、果蔬为主。

　　碧湖平原水资源丰富,境内河流属瓯江水系。瓯江发源于庆元、龙泉两县交界的黄茅尖北麓,干流经龙泉县、云和县进入丽水境内,至大港头镇(即碧湖平原西南端)与松荫溪汇合后称大溪,沿碧湖平原东缘流过。瓯江流域面积 1373.65 平方公里。松荫溪系瓯江主要支流,发源于遂昌县,流经松阳后入境汇入大溪,流域面积 21 平方公里。

　　通济堰堰堤位于碧湖平原西南端、松荫溪入大溪(瓯江)汇合口的上游 1.2 公里处,堰堤上游集雨面积约 2150 平方公里,平均每天能将松荫溪拦入通济堰渠的水量约 20 万立方米,灌溉碧湖平原中部、南部约 3 万亩的农田,其中自流灌溉 10252 亩,提水灌溉 19565 亩。自古以来,碧湖平原灌溉用水主要依靠通济堰引水灌溉。建国后,相继建成了以灌溉为主的高溪水库(兴利库容815万立方米)、郎奇水库(兴利库容192万立方米),以及以排涝为主的新治河,从而形成了以蓄、引、提、排相结合的比较完善的碧湖平原水利灌溉排涝系统。

通济堰所处碧湖平原地理位置优越,是古代"通济古道"的必经之地和瓯江水运交通的动脉。现有五三省道线(丽水—龙泉)、丽龙线(丽水—龙游)公路贯穿境内,水陆交通非常便利。碧湖平原一带人口相对密集,碧湖、大港头、保定等村镇具有悠久的历史和深厚的文化底蕴;碧湖镇位于碧湖平原的中部、瓯江西北岸,是历代碧湖平原上的经济文化中心,系碧湖平原上的农副产品集散地,总人口约4万人,下辖50个行政村,3个居委会。镇内人民街历史街区保存较为完整;大港头位于松荫溪入大溪汇合口的东南岸,是瓯江最具代表性的航运古埠口,具有独特的历史环境和优美的自然景观;保定位于碧湖平原西南松荫溪出口处,通济堰主干渠穿村而过,是丽水历史上的一个名村。

通济堰灌区内民风淳朴,并保留了一些传统的生活、农耕习俗及礼仪、伦理等非物质形态内容。民间传统文化丰富多彩,有历史上传存的正月、端午、八月半庙会戏、农历三月三"设路祭"和"演社戏"、元宵彩灯等活动,唱鼓词、道词、演婺剧等也较为盛行。通济堰区域历史文化遗产丰富,保留了龙庙(詹南司马庙)、文昌阁、官堰亭、通济古道、石牛古雕刻、何澹墓、保定窑址、传统民居等文物古迹和碧湖、保定、大港头等历史地段与古村落。

长期以来,通济堰灌区碧湖平原的传统产业以粮食生产为主,耕作制度以绿肥—连作稻、春花作物—连作稻及蔬菜—连作稻为主体。从20世纪末期开始,在碧湖平原实施了粮食自给工程、中低产田改造、宜农荒地开发、现代农业示范区建设等农业工程,推进了碧湖平原的农田基本建设,改善了农田利用效率,发展了柑桔、果蔬、食用菌等主导的经济特产产业,并形成了多处果蔬集散型农贸市场。进入 21 世纪，随着丽水市城市化进程的加快和工业化经济发展战略的实施，碧湖平原的产业功能将发生变化，新的农业、工业经济结构并存的格局也将逐步形成。

近年，碧湖平原四周山地原生植被破坏较为严重，现主要以再生林和人工经济林为主，植被将逐步得到恢复。瓯江和松荫溪上游通过水污染环境治理，原来污染严重的溪段、渠段绝大部分达到Ⅱ类水标准。当前，影响通济堰水流、水质及周边环境的主要环境问题是碧湖平原一带居民的生产、生活垃圾、污水。新的工业产业发展也将对这一区域带来新的环境问题。

2. 通济堰历史

通济堰创建于南朝萧梁年间，或说建于梁天监四年（505年）。由詹、南二司马主持兴建，距今已有 1500 年历史。据北宋栝州太守关景晖元祐七年（1092 年）所撰《丽水县通济堰詹南二司马庙记》，记载了通济堰初建时候的历史：

> 去（丽水）县而西至五十里有堰，曰通济，障松阳、遂昌两溪之水，引入圳渠，分为四十八派，析流畎浍，注溉民田二千顷。又以余水潴而为湖，以备溪水之不至……梁有司马詹氏，始谋为堰，而请於朝；又遣司马南氏共治其事，是岁，溪水暴悍，功久不就。一日，有老人指之曰：过溪遇异物，即营其地。果见白蛇自山南绝溪北，营之乃就。[1]

这是现存最早的关于通济堰历史的记载。有关通济堰的初创时间，上述"记文"并没有明确说明，仅是"梁有司马"云云，说明通济堰初建于南朝萧梁时期，但并没有明确到具体年号。

---

[1] （宋）关景晖《丽水县通济堰詹南二司马庙记》，同治《通济堰志》。

南宋绍兴八年（1139年），县丞赵学老重刻通济堰图，也说"乃梁詹、南二司马所规模，逮今几千载"①。南宋乾道六年（1171年），郡守范成大修订堰规时，也是不作确论："以为萧梁时詹南二司马所作，至宋中兴乾道戊子，垂千岁矣。"②。元、明时期的其他碑记也都沿袭上述说法。直至明代晚期的万历年间，才出现"天监"说，如万历戊戌（二十五年，1597年）《重修通济堰记》开始明确指为"梁天监"：

> 丽水在万山中，依山为田。惟郭之西五十里许有土，平衍可耕。第水无源，遇旱即涸，梁天监中詹南两司马暨宋枢密何公始砌堤而灌焉。③

明万历三十七年车大任所撰《丽水县重修通济堰碑》，也有"相传自梁天监中司马詹氏始创此"的说法，都比较明确地指出通济堰初建时间为"梁天监"时期。清同治年间编著的《通济堰志》，其中收录的"通济堰"条目，开始明确记载为梁天监四年：

> 梁天监四年，有司马詹氏始谋为堰，而请於朝，又遗司马南氏共治其事。④

这是各记载中明确说明通济堰初建于"梁天监四年"，有一点前无古人的味道。同样，查相关方志，略早的如清康熙《处州府志》、雍正《处州府志》等都没有记录通济堰的初建时间，较晚的如光绪《处州府志》，有"相传梁天监中，詹南二司马实创为之"的记载⑤。显然，通济堰建于"梁天监"的说法，是比较晚出的，

① （宋）赵学老《丽水通济堰规题碑阴》，同治《通济堰志》。
② 《宋乾道》丽水县修通济堰规，同治《通济堰志》。
③ 明万历戊戌《重修通济堰记》，同治《通济堰志》。
④ 《通济堰》，同治《通济堰志》。
⑤ 光绪《处州府志》卷4《水利志·通济堰》。

明代中期以前并没有相关的记录。"梁天监四年"更是比较孤立的说法。

通济堰自萧梁时期创建以来,"兴废无复可考"①,其沿革、修缮不见于史籍记载。北宋元祐年间,王安石主持新政,开始重视农田水利,当时任栝州太守的关景晖除了对通济堰进行整治修缮,还对通济堰的历史作了考证。此后,历代兴修的历史多有记载,其中,两宋时期见于记载的修缮活动有7次,元代2次,明代10次,清代18次。其中,明洪武至成化年间没有修缮记录,而从常理判断,这期间应该不会没有修缮活动,明代从洪武初年即专门委派水利官员,督劝各地兴修农田水利,故这期间的修缮记录可能是有所缺漏的。现将见于史籍记载的历次修缮情况大致罗列如下:

北宋明道元年(1032年)重修,主修为丽水知县叶温叟。据宋栝州太守关景晖撰《丽水县通济堰詹南二司马庙记》:"叶温叟为邑令,独能悉力经画,疏辟槎蓄,稍完以固"。②

北宋元祐七年(1092年)重修。"元祐壬申圳坏,(处州太守关景晖)命尉姚希治之……姚君又能起於大坏之后,夙夜殚心,浚湮决塞,经界始定",事见关景晖《丽水县通济堰詹南二司马庙记》。③ 北宋熙宁年间,朝廷多次颁布兴修水利的政令,要求各地重视农田水利的兴修,如熙宁元年六月"辛亥,诏诸路兴水利";熙宁二年四月"丁巳,遣使诸路察农田水利赋役";熙宁二年十一月丙子,"颁《农田水利约束》"。此后又专门委派官员督修地方水利,熙宁二年十一月闰月,"差官提举诸路常平广惠仓,兼

---

① 同治《丽水县志》卷3《水利·通济堰》。
② (宋)关景晖《丽水县通济堰詹南二司马庙记》,同治《通济堰志》。
③ (宋)关景晖《丽水县通济堰詹南二司马庙记》,同治《通济堰志》。

管勾农田水利差役事"①。熙宁五年，专门下诏要求作为田赋重地的两浙地区兴修水利，保障农业生产，"以两浙水，赐谷十万石振之，仍募民兴水利"②。熙宁六年"九月壬寅，置两浙和籴仓，立敛散法。戊申，诏兴水利"③。在此大背景下，通济堰作为处州府重要的水利工程，由此也进行了彻底整治，"大坏之后"，"浚湮决塞，经界始定"，除了对堰堤、渠道的整治，还新开了叶穴，用以排泄砂石，同治《丽水县志》记载：

> 元祐七年，州守关景晖患渠水势盛，或溃岸，命尉姚希筑叶穴旁泄之。④

可见这一次的修缮工程规模不小。对之后人评价说"缥梁迄宋，时以修治者，若元祐时关公景晖、乾道时范公成大，碑列若人皆与有功"⑤，将太守关景晖整修通济堰与詹南二司马开创通济堰相提并论，可见北宋元祐年间在整修水利的大背景下所作的修缮工程，对通济堰确实有再造之功。

北宋政和年间（1111—1117 年），丽水知县王褆兴建石函。"县令王褆患山水挟砂石壅渠口，致溪水不复入。邑人助教叶秉心议甃大石为函，横压渠面，引山水从函中过。既成，岁省浚工无算。"这是一个水流立体交叉系统，上层走溪水，所谓"横压渠面，引山水从函中过"，下层通渠道，避免了溪流与渠道直接交叉，因此省去了因为溪流砂石堵塞渠道而需要的疏浚工作，"岁省浚工无算"。此后，对"石函"砌石缝隙过大，容易导致渠水流

---

① 《宋史》卷 14《本纪第十四神宗一》。
② 《宋史》卷 15《本纪第十五神宗二》熙宁五年二月壬子。
③ 《宋史》卷 15《本纪第十五神宗二》。
④ 同治《丽水县志》卷 3《水利·通济堰》。
⑤ 嘉靖癸巳《丽水县重修通济堰》，同治《通济堰志》。

失的问题,"进士刘嘉复镕铁铜石罅,函固而渠大通"①。石函的建成,避免了山溪与渠道直接交汇、溪水砂石壅堵渠道的积弊,所谓"石函一成,民得其利,迄於无穷,其惫於堰多矣。今五十年民无工役之扰,减堰工岁凡万余,公之功可谓成其终者也"②。据南宋乾道四年太学博士叶份撰《丽水县通济堰石函记》:

> 我宋政和初,维杨王公禔实宰是邑,念民利堰而病坑,欲去其害,助教叶秉心因献石函之议。吻公契心,募田多者输钱。其营度,石坚而难渝者,莫如桃源之山,去堰殆五十里,公作两车以运,每随之以往,非徒得辇者罄力。又将亲计形便,使一成而不动,公虽劳,规为亦远矣。函告成,又修斗门,以走暴涨,陂潴派析,使无壅塞,泉坑之流,虽或湍激堰□於下,工役疏决之劳自是不繁,堰之利方全而且久。③

南宋绍兴八年,郡丞赵学老书刊刻通济堰图。"图其堰之形状,并记刊之坚珉,立於庙下。"④

南宋乾道四年(1168年)进士刘嘉改石函两边木质堤防为石砌,并将砌石缝隙处用铁水浇固,避免了木构件容易朽烂的弊端,使石函更加牢固。据叶份《丽水县通济堰石函记》:"公(王禔)之石函,防始以木,雨积则腐,水深则荡,进士刘嘉补之以石,而镕铁固之,今防不易又一利也。"⑤

南宋乾道五年(1169年)重修,"郡守吴人范成大与军事判

---

① 以上见同治《丽水县志》卷3《水利·通济堰》。
② 光绪《处州府志》卷4《水利志·通济堰》。
③ 光绪《处州府志》卷4《水利志·通济堰》。
④ (宋)赵学老《丽水通济堰规题碑阴》,同治《通济堰志》。
⑤ 光绪《处州府志》卷4《水利志·通济堰》。

官兰陵人张澈始修复之",并新订通济堰规二十条。①

南宋开禧元年(1205 年)重修,并改大坝木筱结构为石砌,由参知政事何澹主持,"盖旧圳每年自春初起工用木蓧筑成圳堤,取材於山,栏水入圳。自开禧元年郡人参政何澹筑成石堤,以图久远,不费修筑"②。至正《丽水县重修通济堰记》也载:"水善漏崩,补苴岁惫甚;开禧中,郡人枢密何公澹甃以石,迄百数十祀未尝大坏。"③

元至顺二年(1331 年)重修。"岁久事弊,堰首易如传舍,昔之穴者湮,筑者溃,由是下源之民争升斗之水者,不啻如较锱铢。……(至顺)辛未春,部使者中顺公按行栝郡,诹咨农事,览兹堰之将堕,乃谂於众曰:'夫堰之作,几数百年矣,兹而不复,农工益艰',于是郡长中大夫也先不花公、郡守大中大夫三不都公皆相率承公意,命邑宰卜瑄承务实、董其役。度土功,虑财用,揣高下,计寻尺,斩秽除隘,树坚塞完,数日之间,百废具举。"④

元至正二年(1342 年)又作重修,由县尹梁顺主持修筑,以巨木为基,加宽坝基,并整饬斗门、概闸,疏浚渠道。元至正《丽水县重修通济堰记》记载:"(至正)庚辰六月大水,(大坝)因圮决,存不十三四,田遂乾(旱),不生稻谷,农夫告病,县官辄往,罅治,水弗逮中下源。尹梁君来,乃白府,复旧规,监郡中议公捐金百五十缗,率民先,檄君专董其事……於是且健大木,运壮石,衡从次第压之,阔加旧为尺十,饬斗门、概湮必坚緻。民竭力趋事,经始於壬午十有一月,以癸未八月毕功。"⑤

---

① (宋)范成大《丽水县修通济堰规》,同治《通济堰志》。
② (宋)范成大《丽水县修通济堰规》后注,同治《通济堰志》。
③ 至正《丽水县重修通济堰记》,同治《通济堰志》。
④ 至顺《丽水县重修通济堰记》,同治《通济堰志》。
⑤ 至正《丽水县重修通济堰记》,同治《通济堰志》。

明成化年间(1465—1487 年)修缮工程。见明嘉靖癸巳《丽水县重修通济堰》："考其往其治其修,若成化时通判桑君者,皆必三四越岁而后集。"①

明嘉靖十一年(1532 年)重修,历二月而修成,主修为知府吴仲,赞修为监郡李茂。事见嘉靖癸巳《丽水县重修通济堰》："嘉靖壬辰秋七月二十有八日,雨溢溪流,襄驾城堞者丈余,坏农田民居不可胜计,而兹堰为特甚。"修缮工程以监郡李茂"董兹役","咨而辄之,经以画之。取货於下上田,序工於下上农;饩廪者称厥事,趋使者器其能。出入有纪,偷惰有刑。蟇鼓崟锸,百尔执事罔弗咸若簿、若尉,将顺之载工。於冬十月丁丑迄,十有二月辛卯告成焉"②。

明隆庆年间(1567—1572 年)修缮工程。监郡劳堪主修,知县孙炼督修。事见万历四年《丽水县重修通济堰记》："尝忆先皇帝时浔阳劳公堪监守吾郡,周恤民隐,大创衣食之源,檄孙令炼者悉心力一,修治是堰,民之利赖者若干岁。"③

明万历四年(1576 年)修缮工程。主修为知府熊子臣,协修为知县钱贡,监修为主薄方煜。万历四年《丽水县重修通济堰记》云:"今守熊应川公奏记监院,请发帑缗、绝科扰,而民忘其劳,皆不逾时而有成,绩其加惠,元匕规摹,益宏远矣。是役也,经始於万历四年秋,督邑主簿方君煜率作兴事,统其成筑者,堰南垂纵二十寻,深二引;堰北垂纵可十寻,深六尺许;渠口浚深若干尺,广五十余丈,口以下开淤塞者二百丈有奇,口以内咸以次。经葺费寺租银三百两。……仅五十一日而竣於役。於是十二都、四十里内、越两岁而民无不被之泽,岂所谓云雨由人、化斥卤

---

① 嘉靖癸巳《丽水县重修通济堰》,同治《通济堰志》。
② 嘉靖癸巳《丽水县重修通济堰》,同治《通济堰志》。
③ 万历四年《丽水县重修通济堰记》,同治《通济堰志》。

而生稻粱者耶。"①

明万历十二年(1584 年),知县吴思学主持修缮。先修大坝,造水仓百余间,障其狂流,再下石作堤。又创建堰门,便于舟船往来,复疏浚渠道三十六所。据明万历丙戌(十四年)前太常寺少卿郑汝璧撰《丽水县重修通济堰记》:"历年兹久,故堤倾圮,水道之旁出者亦淤塞弗宣,兼之旱涝不常,农氓告病。岁万历甲申(十二年),大参豫章胡公奉帝命句守瓯栝,以王裴之清通兼韩范之经略孜匕,下讯民瘼,思为补刷,以惠养元……主政吴君思学时为丽阳令,仰承德意……遂请之二院与郡丞俞君汝为协谋,广为葺治,出官帑数百金,令邑簿丁应辰、赞幕罗文董其役。日方趋事,众苦雨水溢涨,功无繇施。届期祷於神,即为开霁,山不深翳而石山粼匕,无复万牛吼波之势。因先为水仓百余间,障此狂流;始下石作堤,凡数百丈。创为堰门,以时启闭,便舟楫之往来。疏其支河之淤塞者凡三十六所,至三月二日乃告成焉。永赖之功,成於一旦。"②

明万历二十五年(1598 年)知县钟武瑞主持修缮。万历戊戌(二十五年)《重修通济堰记》记载:"万历乙酉(十三年)间堤之倾者十四五,邑侯钟公适令兹土,下车辄政之,便民者莫急於水利,而通济堰其大者,遂请诸郡侯而转上之守、巡监司、及中丞,直指使者咸报曰,可议,得废寺余租二百七十余两以资工,若料筮吉,申令祷于龙王庙,行事酌古宜今,殚厥区画,命邑司农前夏君方卿、今龙君鲲董其事,而侯总其成,经始於万历丁酉,而成於戊戌。"③

明万历三十七年(1609 年)修缮工程。修筑大坝、石函并各

---

① 万历四年《丽水县重修通济堰记》,同治《通济堰志》。
② 万历丙戌《丽水县重修通济堰记》,同治《通济堰志》。
③ 光绪《处州府志》卷四《水利志·通济堰》。

处概闸，疏浚渠道，均遵循旧制，"视故所宜"。主修为知县樊良枢。并新订堰规，同时，还维修了与通济堰有相当关系的金沟堰。汤显祖万历戊申《丽水县修筑通济堰记有铭》有相关修缮通济堰的记录：

> 余尝试为长吏於浙之东遂昌也，而感於丽阳十余年之前，何如时也，所谓其事无不可以已者耶。今何时也，车公为监司，郑公为郡，而樊君为长盖，余以遂昌谒郡，而道松遂之水，源高急砂砾，不可以舟，松（阳）而后可以舟也。而通济堰在丽水西界，中其堠，有龙祠，可以阴堰，源一断之为三所，溉田百里，最为饶远，而并堤居盯常盗决，自喜米盐之舟，水涸，硌碛如缕，常曲折徙泄，而后乃可行。堰岁积以非，故比益以水败，而并堰以下，若司马章田等逐於河东，亦皆以芜废不治。宝定之吕、碧湖之汤父老以闻於余，未尝不叹息而去，欲为一言其长。会岁少旱，而丽饥，松闭之籴，丽人哗，受事者几以两败。余叹曰：水事不修而旱是，用噪者何也。去十年而丽人来，问其堰，曰，毕修矣！夏之六月，我樊侯始用祭，告有事於通济堰。七月暨其旁下诸堰，尽於白桥，皆以十二月成。诸堰之费千，而通济几倍半期之勤，数世之食也。曰何如矣，曰：先是春正月，龙祠倾，野火烧其门，如将风雨者，有蛇□焉，象與回翔其上，而火已居入，请新之。我侯来观，而周询于堠，悼其徙，以陟问其故，则与所以敝者。次第起行诸坏堰，各从父老所问，所为修，复费心计而首领之，以上太守郑公，公慨然曰，坊败而水费，则移而水私，善沟防以奠水，固贤长吏事也。其以上监司车公，公报可。侯乃始下令，齐众均力与财，二公常以其俸入佐之，而侯身先后之，民所愿平准所度田，自为浚茸者，听大小鼓舞，集而后起，序而后作，筑崖置斗，疏函室穴，开拓诸概纵

广支擘视故所宜,游枋灰石易其朽沏,谨察匠石,分寸画壹,启闭随验,高下不失。是役也,赀用约而功溢,侯乃以西人择日,上成事,受庆报,赛代鼓□琴,有土有年,上下无患,是谓永逸。余抚然叹曰,侯之才敏至是耶。丽人曰,非若是而已,岁常旱,侯从郑公礼於丽阳之山阜,吁而雨;乃新学宫,从二公讲五经於堂,芝草生数十本,而弟子之举於乡者三人,上春官者一人。侯之才盖通天地而干五行,非水事而已也。①

车大任万历戊申所撰《丽水县重修通济堰碑》也有记载:

> 万历丁未冬月,闸木告朽,崖石被冲。里排周子厚、叶儒数十人诣邑令樊君,白状,令君曰,是吾责也。即日单车裹粮,详加咨访,躬睹厥状,二司马祠及龙王届俱就圮,樊令憮然曰:此何以报功德於前遗、轨范於后乎。即申请用寺租二百缗为修,筑农不足,又从三源之民计亩定工,令主簿叶良凤专督其事。时太守郑君复议助库贮赎锾百缗,余亦自捐赎锾百缗助之。民欢然忘劳,未几工成而落。②

明万历三十七年的修缮工程完工以后,又针对性地制定了新的堰规,包括修缮堤坝、疏浚渠道、设立堰长、庙祀以时等等方面都有新的规定。高冈《通济堰规叙》记载了新修堰规之事:"侯既治堰,复古规则,约上中下三源,受水日期弗爽民,於是以侯为信,知侯计在久远,不徒垒石奠木争尺寸也。随诸所分源头,刻石而志之。"③

樊良枢《丽水县通济堰新规八则有引》有下述记录:"通济堰

---

① （明）汤显祖《丽水县修筑通济堰记有铭》,同治《通济堰志》。
② 万历戊申《丽水县重修通济堰碑》,同治《通济堰志》。
③ 《通济堰规叙》,同治《通济堰志》。

规盖宋乾道年新规也,而今往矣。堰概广深,木石分寸,百世不能易也,而三源分水有三昼夜之限,至今守之。从古之法,下源苦不得水,田土广远,水道艰涩,故旱是用嗓,而岁必有争,良枢有尤之,独予下源先灌四日,行未几,上源告病,盖朝三起怒而阳九必亢,卒不得其权变之术,乃循序放水,约为定期,示以大信,如其旱也,听命於天,虽死勿争,凡我子民不患贫寡,尚克守之,后之君子倘有神化通久之术,补其不逮,固所顾也。"①

王梦瑞《西堰新规后跋》云:"邑宰樊公致虚……修葺疏沦,定为规者八则:冬则有修,重农时也;堰概有长,专责成也;源有司理,重分守也;分浚有期,息争端也;闸夫有养、有禁,防盗泄也;庙祀有常,不忘本也。中役之更替,以杜积玩;示之劝惩,以作民信。法良备矣。"②

在修缮通济堰的同时,知县樊良枢还对与通济渠紧连的金沟堰进行了整治。相关情况樊良枢在《丽水县修金堰记》中有所记录:"余即治通济大堰,诸堰小矣。旁有金沟圳,距大圳五里许,沂其源,从松之诸山溢出,逾十八盘冯辰坑注白口,与大溪水会约,可溉田二百余顷,西临上源,东至中源,厥田惟沃土,沟水崩涌,则怒而喷为沙石,两源之近者田不得乂,旱则漏而不盛水,桨以待稿也。与父老恻然计之,乃先治防,因其故址於岸西,刻日鸠工,斩木驱石,置水仓四十所,实以坚土,包以钜块,若层垒然。修三十有二寻,广三之一,与崇等,其□去三之一。迨其未雨也,岸东漱之以沟馨,折参伍度可行水,然雨辄坏,坏辄修,如是者两月,沟水既道,乃不旁溢,两源涂泥之亩渐底作乂。于时髦期老人汤凤杖策而前,怀清女妇齐氏损赀为助,庶民咸愿子

---

① 《丽水县通济堰新规八则有引》,同治《通济堰志》。
② 《西堰新规后跋》,同治《通济堰志》。

来,是岁有秋告厥成功。……是役也,度其源隰,听民自输力而乐善好施者,汤凤、叶元训也;荷畚锸肩之者齐辈、叶儒也;栉沐风雨而劳耒之者邑簿叶君鸣岐甫也;乐成之者丽阳长而已矣。万历岁在戊申七夕既望,赐进士第、文林郎、知丽水县事,进贤樊良枢致虚甫记。"①

明万历四十七年(1619 年)重修。主修人知府陈见龙,监修为主薄冷中武。进士王一中《重修通济堰志》中说:"已(未)岁戊午夏秋间,霖雨浃旬,堰复倾塌,茫匕巨浸,下民彷徨,罔知所措,合诃鸣於郡守在明陈公,公恻然轸念,不惮驰驱,躬往相视,爰发谋虑财用,悉搜郡帑可资经用者,得若千金,以白水利何公,公报可。委官督修,几有成绩,会公靓行,工以寒辄。比回,亟令主簿冷仲武专董其役,昕久,督率惟谨,不数月而工竣功成,宴如屹然,砥柱之赖焉。"②

明天启、崇祯年间(约 1620—1630 年间)重修工程。事见康熙十九年(1680 年)郡人王继祖撰《重修通济堰志》:"犹忆故明郡侯陈公修兹堰,道民食其德。时先大父代巡二东,初假归里,以记其碑阴,迄今五十余载矣。"③

清顺治六年(1649 年)修缮大坝、渠道。知县方享咸主持修缮,其所撰《重修通济堰引》云:"今春以劝农过其乡,吁乡之父老问劳焉,讯利害,省疾苦,其父老首以修堰对。……迩以兵燹颖(频)仍,官视为传舍,遂未暇问,而溪水奔啮,迁徙不常,致蚀其隄,或溢或涸,堰之水不复由故道矣。余莅此及期,凡大务未修举,然有关吾民者亦当夙兴夜寐、竭蹷焦劳,仅称小补耳。今即因其堤未尽坏者一小补之,约计其功当三月、费当万缗、利当千

---

① 《丽水县修金堰记》,同治《通济堰志》。
② 明万历四十七年《重修通济堰志》,同治《通济堰志》。
③ 康熙十九年《重修通济堰志》,同治《通济堰志》。

载,否则仍其颓致,旧堤不可复问,而害可胜言哉。余首倡与,诸父老鸠工共成之,各都图凡食堰之利者,愿乐助其工,视有无,为多寡,勿限其数,仍择乡之耆而有德者,总其会计,量其出入,吾民其共谅吾心,毋负我惓惓小补之意,则不日成之。"①

清康熙十九年(1680元)重修大坝。主修为知县王秉义,监修县尉钱德其。康熙郡人王继祖撰《重修通济堰志》云:"今值闽变,蹂躏之余,虽欲举而苦无暇,及支流壅塞,民苦旱乾,莫可谁何,幸邑侯王公保厘下邑,栝西父老相与指陈堰道之利,公慨然即以修葺为已任,何者宜筑、宜开,何者宜补、宜扦,擘画既定,遂捐俸为士民倡。经始於康熙庚申之冬,匝月,而工告竣。以数十年难举之事,而观效旦夕厥功,亦伟矣哉。越明春,大雨暴集,忽涨重沙,将所甃坎级若加以外护者,然此非天出其奇以佐我公不朽之盛业乎。"②

清康熙二十五年(1686年)修缮工程,主修为知府刘廷玑,监修为参军赵。事见教谕王珊跋《刘郡侯重造通济堰石堤记》:"近丙寅岁为洪水冲决殆尽,苦失灌溉。郡宪刘公轸念民艰,慨焉捐造,委属参军赵调度,不两月告成,一时士民鼓舞欢颂,因作此章以谢之。"③

清康熙三十二年、三十九年(1693年、1704年)修缮工程。修建被水冲坏的大坝,以及龙庙等。主修为知府刘廷玑。见刘廷玑自撰《刘郡侯重造通济堰石堤记》:"康熙二十五年丙寅岁五月廿六、七两日,洪水为灾,冲崩石堤四十七丈,西乡八载颗粒无收,粮食两无所赖,民皆鸠形鹄面,苦难罄述。士民何源浚、魏可久、何嗣昌、毛君选等为首,率众于康熙三十二年癸酉岁七月十

---

① 清顺治六年《重修通济堰引》,同治《通济堰志》。
② 康熙十九年《重修通济堰志》,同治《通济堰志》。
③ 《刘郡侯重造通济堰石堤记》,同治《通济堰志》。

九日具呈本府刘,暨本县随蒙,刘郡侯轸恤栝西人民,慨然捐俸银五十两以为首倡,续厅张亦捐俸银六两,本县张亦捐俸银五两,传唤浚等至府筹度,即委经厅赵讳锃於十月初九日诣堰所,即着每源金立总理三人,管理出入各匠工食银两,每大村金公正二名、小村一名,三源堰长各一名,到堰点齐,每源派金值日公正二名,堰长三人,日日督工,巡视人夫,黎明至堰,先开斗门放水,又令人拖树,木匠造水仓,铁匠打锤□。每源公正各备簟皮一条,放围水仓之内,人夫挑沙石填满。於十月十六日备办猪羊三牲二副,祭龙王、二司马、何相国,十八日青、景二县石匠分为东西两头砌起,不日告成。上中下三源演戏酬谢龙王司马何相国。十一月士民欢欣齐集,彩旗鼓乐送赵经厅回郡,并谢刘郡侯。三十三年仍委赵经厅到堰重建龙王庙,其银不敷,又每亩派银五厘,其庙方得告成。不料康熙三十七年戊寅岁七月廿七、八两日,又被洪水冲坏石堤二十七丈,於三十九年庚辰冬,何源浚、魏之升二人又呈温处巡道即前任刘郡侯,升授批令,本府委经厅徐讳大越诣堰修砌,仍差唤青、景石匠一十六名,修砌石堤冲坏之所,每亩派银八厘,上中下三源出银不等资助,督砌石堤,方得告竣。"①

清康熙五十四年(1715年)又作修缮。见光绪《处州府志》卷四水利"通济堰"条:"五十四年复坏,乡民醵金建。"②

清康熙五十八年(1719年)修建叶穴、疏浚渠道,主修为知县万瑄,监修为典史王荆基。事见乾隆廿一年《丽水县修浚通济堰、重扦叶穴记》:"康熙五十三年洪水冲决叶穴并大堰,渠水溪流,栝西焦土。五十八年,上源总理魏之陛、杨森、叶昌成,堰长

---

① 《刘郡侯重造通济堰石堤记》,同治《通济堰志》。
② 光绪《处州府志》卷4《水利·通济堰》。

魏多荨，中源总理王任祖、王运正、赵燮、周凤仪、董越，堰长陈显侯，下源总理纪弼亮、堰长周盛贤等具呈县主万，委王典史督工，三源公议照亩公捐，买得宝定陈姓水田，又宝定张家会乐助已田，改扦新堰，重建叶穴，疏通渠水仍归堰流。"①

清雍正三年(1725年)修缮工程。主修为知县王钧，赞修为知府曹伦彬。事见乾隆廿一年《丽水县修浚通济堰、重扦叶穴记》："康熙五十三年洪水冲决叶穴并大堰，渠水溪流，栝西焦土。五十八年，……县主万委王典史督工……改扦新堰，重建叶穴，疏通渠水仍归堰流。至六十年又被洪水冲决石堤，是年晚禾颗粒无收，迨雍正三年县主徐详请修砌，又沐处总镇王，委城守蔡监督，广福寺僧廷修捐赏银十两帮助成功。"②

清雍正七年(1729年)修缮工程。主修为知县王钧。事见乾隆廿一年《丽水县修浚通济堰、重扦叶穴记》："至(雍正)六年又被水冲石堤，七年间郡侯曹、县主王详请重修，时宫保大人李，委候补员陈、李二人督修。"③

清乾隆三年(1738年)修缮工程。见乾隆廿一年《丽水县修浚通济堰、重扦叶穴记》："至乾隆三年又被洪水冲决，县主黄，请修成功。"④

清乾隆十三年(1748年)修缮工程。"知县冷模核废寺田、变价修。"⑤乾隆廿一年《丽水县修浚通济堰、重扦叶穴记》记载："乾隆八年又被水冲石堤，上源堰长魏祚高、公正魏祚岐、魏祚森

① 《丽水县修浚通济堰、重扦叶穴记》，同治《通济堰志》。
② 《丽水县修浚通济堰、重扦叶穴记》，同治《通济堰志》。
③ 《丽水县修浚通济堰、重扦叶穴记》，同治《通济堰志》。
④ 《丽水县修浚通济堰、重扦叶穴记》，同治《通济堰志》。
⑤ 光绪《处州府志》卷4《水利·通济堰》。

等具呈温处道吴，县令冷详请修砌，所用民夫每名三分工雇。"①

清乾隆十六年（1751 年）"知县梁卿材拨普信、寿仁两寺田租、解库府备岁修"②。

清乾隆三十七年（1772 年）修缮工程。"知县胡加栗令按亩输钱，益以库存余银兴修。"③

清嘉庆十八年（1813 年）知府涂以辀重修，工程始于嘉庆十八年（1813 年）冬，至嘉庆十九年（1814 年）春修成。并订新规 4 条。据嘉庆十九年张慧撰《重修通济堰记》："嘉庆庚申（五年）夏，栝大水，决隄防，圳亦崩坏，距今十五年矣，守斯土者屡欲修复，趣逡巡中止，盖郡虽瘠，所辖独十邑，山民犷悍好斗狠，案牍之烦，乃甲于诸郡。弱者视簿书如束笋，日不暇给；健者又以治狱谴移，剧郡且程，功甚钜，非信，而后劳积月累岁，难以观厥成也。郡伯新城涂君、以侍御来守斯土，下车之始，适遭偏灾，君备举荒政，周恤抚字之老弱、无转徙民，饫其德，守郡三年，百庆具举。圳之修也，去秋（嘉庆十八年，1813 年）实倡其议，与邑令及绅民往复筹度，请於大府，自冬徂春，鸠工庀材，爰集厥事。"④

清道光四年（1824 年）知府雷学海重修。⑤

清道光八年（1828 年）知县黎应南修渠岸百六十余丈。据知丽水县事黎应南自撰《重修通济堰记》："连年朱村亭边堤岸日见颓陁，设溪水勃发，溃决隄防，则斗门既为沙砾壅塞，而田间积水转向大溪外泄，一泻无余，为患孔迫。戊子（清道光八年）孟夏郡伯定远李公恻然念之，命余往勘，余知事不可缓，而帑金莫筹，

① 《丽水县修浚通济堰、重扪叶穴记》，同治《通济堰志》。
② 光绪《处州府志》卷 4《水利·通济堰》。
③ 光绪《处州府志》卷 4《水利·通济堰》。
④ 嘉庆十九年《重修通济堰记》，同治《通济堰志》。
⑤ 光绪《处州府志》卷 4《水利·通济堰》。

邑人叶君惟乔,端士也,有与人为善之志,余乃属其倡始,偕是乡父老共图是役,贰尹龚君振麟复亲身督率,众皆乐输,鸠工仲秋既望,阅四月而厥功乃藏。统计广袤一百六十余丈。"①

清道光二十四年(1844 年)知浙江处州府事恒奎重修。据恒奎撰《重修通济堰记》"去年夏秋之交,洪水暴涨,堰身被冲,叶穴、函、桥、概多淤塞,九月间,余卸护温处道事,回栝,即据三源绅董呈请兴修,并以需费甚钜、租息无多,力任捐缘劝助之事,遂於本年三月兴工,於六月毕工。"②

清同治四年(1865 年)知府清安倡捐修缮并制订了《重修通济堰工程条例》、新订堰规 10 条。据清安撰《重修通济堰记》:"咸丰八年以来,叠遭匪扰(太平天国战争),农功屡轧轲,岁久不修,淤塞倾圮,半失故道。然而欲复旧规,工甚钜,费甚艰,未易议也。余以兵燹后民尤艰于食,苟利于民,敢畏难。遂诣履勘、相度其形势,审察夫利弊,召邑绅而与之谋,各绅俱欣然乐从,乃查岁修堰租,得钱三百余缗,益以上、中、下三源受水田亩分等摊捐,又计得钱一千二百余缗,刻日鸠工,分饬邑绅叶文涛等襄其事,令丽水县丞金振声督之,始于四年夏,迄于五年春,凡所规画,悉仍其旧,与东堰先后告成。夏秋之交,亢阳垂两月,田多苦旱,而东西两乡咸获有秋。"③

清光绪二年(1876 年)修缮工程。这年筹款重修陡门、叶穴等处,并疏浚渠道,主修为知府潘绍诒。"光绪二年陡门损坏,知府潘绍诒筹款重修。叶穴碎石子易于冲刷,更用石板,以期稳固经久。"④

---

① 道光八年《重修通济堰记》,同治《通济堰志》。
② 道光二十四年《重修通济堰记》,同治《通济堰志》。
③ 同治四年《重修通济堰记》,同治《通济堰志》。
④ 光绪《处州府志》卷 4《水利·通济堰》。

清光绪三十二年(1906年)修缮工程。因光绪二十六年、光绪三十年大水,石坝被冲决,陡门渠道被沙石淤塞,西乡平原连年无收。光绪三十二年冬开始全面修筑、疏浚,至三十三年春完成,共用民伕3万余工。主修为知府萧文昭。"光绪三十二年知府萧文昭、知县黄融恩先后勘明,委县丞朱秉庆督董大修。其经费出于堰租,不足则益以亩捐。"[①]

民国元年(1912年)修缮工程。是年"七月大水,石坝中段被冲,堰口淤塞,溪水不能归渠,三源士民众请拨工赈,并派亩捐修复。又于堰头上对岸山脚用石礅一水障"[②]。

民国27年(1938年)修缮工程。因年久失修,渠道淤塞,堰水断流。一遇大旱,灾象立成。民国二十七年(公元1938年)冬进行修疏,并改善渠道坡度,修筑全渠概闸。共用款2.7万元。主修为建设所长任廷,协修为专员杜伟,监修为县长朱章宝,督修为省农改所。

民国36年(1947年)修缮工程。因战事连绵,遍地烽火,通济堰又长期失修,渠道淤塞,进水量减少。民国35年(公元1946年)冬开始疏浚渠道,主修筑坝闸等工程,至民国36年(公元1947年)春完成。主修为专员徐志道,协修为县长候轩明,督修为县建设科。

3. 通济堰文物

通济堰水利体系由大坝、通济闸(斗门)、石函(三洞桥)、叶穴遗址、开拓概、凤台两概、石刺概、城塘概、陈章塘概以及其他概闸、下斗门(拦尾闸)、主干渠、中干渠、东干渠、西干渠、各支渠

---

①　民国《丽水县志》卷3《水利·通济堰》。

②　民国《丽水县志》卷3《水利·通济堰》。

及湖塘等。

大坝:也称大堰、堰堤,南朝萧梁天监年间(502—519 年)始建,也有说是"天监四年"(505 年)的。原为木筱堤坝,所谓"木筱",可能是以大木做框架、中间堆叠竹编箩筐、箩筐内装满石块的结构形式,建于五代的杭州钱塘江海塘遗址即采用类似结构。[①] 至南宋开禧元年(1205年)参知政事何澹"为图久远,不费修筑"[②],将木筱坝改为块石砌筑,克服了木筱坝易漂、易朽的缺点。历代虽然经过多次修建,但均以"复旧制"的原则进行修缮,现存大坝可能还保留了初建时的基本格局,即大坝整体形制略呈拱形。1954 年水利部门对大坝进行改造,加高坝顶,采用块石浆砌。现状的大坝总弧度约 120 度,坝长 275 米,底宽 25 米,高 2.5 米,大坝截面呈不等边梯形。据清康熙《刘郡侯重造通济堰石堤记》,"通济大堰古制石堤长八十四丈,阔三丈六尺,除濮脚在外"[③]。换算成公制,约为长 270 余米、阔 11 米强,与现状比较接近。历史上对堰堤的维护有比较完善的制度,如南宋乾道《通济堰规》规定设立"堰首",负责对堰堤的管理,要求"堰首朝夕巡察",差募堰匠六名,"常切看守圳堤,或有疏漏,即时报圳首修治"[④];明万历戊申《丽水县通济堰新规八则》专设"修堰"一节,规定对堰堤进行定期维护、修缮:"每年冬月农隙,令三源圳

---

① 五代时武肃王钱镠修建钱塘江捍海塘,也是采取"造竹络,积巨石,植以大木"的做法(《咸淳临安志》卷 31《山川十·浙江》)。类似做法直到清代还在海塘堤坝建造中采用,如《海塘录》卷一:"竹络又名石篓,以篾编造,内贮块石,外用竹籧。有方长二式,如累高者用方竹络,平铺者用长竹络,前代修筑相沿用之。"

② (宋)范成大《丽水县修通济堰规》后注,同治《通济堰志》。

③ 康熙《刘郡侯重造通济堰石堤记》,同治《通济堰志》。

④ 乾道《通济堰规》,同治《通济堰志》。

长、总正督率田户逐一疏导，自食其力……每年冬十一月修堰，预先给示，……堰概令各人督管修浚，不得苟简。"[①]

堰堤北端开设有斗门、排砂门、船缺各一座。斗门又称大陡门、通济闸。是通济堰渠道的入水口，位置非常重要，对其管理比较详尽，乾道《通济堰规》规定"斗门遇洪水及暴雨，即时挑闸，免致沙石入渠。才晴水落，即开闸放水入圳渠，轮差堰匠以时启闭"[②]，清嘉庆《重立通济堰规》规定"堰身、闸口、斗门……等工，遇有损坏，责令闸夫开报丽水县丞，该县丞即日履勘，申详知府，委员估计，赶紧兴工，无任迟误"[③]。因为位处入水口，一旦大水，常容易冲坏，历代多有修建。斗门原为二孔木叠梁门概闸，每孔宽 3.0 米，以概枋人工提放启闭。1954 年在原址上游靠近大坝处新建通济闸 1 座。1989 年改进水闸木叠梁结构为混凝土平面闸门。

船缺历史上称堰门、坝门。大坝初建期为木筱坝，没有过船缺口，只从稍低处以人力牵舟船而过。改石坝时，留有"船缺"，位于坝中部偏北处。南宋乾道《通济堰规》专门列有"船缺"条目："船缺，出行船处，即石堤稍低处是也。在堰大渠口，通船往来，轮差圳匠两名看管。如遇轻船，即监稍（艄）工那过；若船重大，虽载官物，亦令出卸空船拔过，不得擅自倒折堰堤。若当灌溉之时，虽是官员船并轻船并令自沙洲牵过，不得开圳泄漏水利，如违，将犯人申解使府重作施行，仍仰圳首以时检举，申使府出榜约束。"《堰规》并重申："所有船缺，遇船筏往来不得取受情倖、容纵私折堰堤，如有疏漏，申官决替。"明万历十四年《丽水县

---

①　万历《丽水县通济堰新规八则》，同治《通济堰志》。

②　乾道《通济堰规》，同治《通济堰志》。

③　嘉庆《重立通济堰规》，同治《通济堰志》。

重修通济堰记》有"创为堰门,以时启闭,便舟楫之往来"①的记载,结合前记,可知万历可能是对船缺进行了改建。1954 年重修。现存船缺宽 5 米,高 2.5 米,仍用概枋启闭。

排砂门历史上称堰口、小陡门,也是木叠梁结构概闸。为二孔,孔净宽 2.0 米,高 2.5 米。大水时,进水闸关闭,排砂闸大开,利用拱坝形成的螺旋流将通济堰前的淤砂除去,防止淤砂进入渠道。

渠道:通济堰干渠自通济闸起,纵贯碧湖平原,至下圳村附近注入瓯江。干渠迂回长达 22.5 公里,宽 4.5—12.0 米,深 1.5—3.0 米,卵石、块石驳坎。通济堰水系大小渠道呈竹枝状分布,以概闸调节,分成四十八派,并据地势而分上、中、下三源,实现自流灌溉与提灌结合,受益面积达三万余亩。其渠道概闸的布置,历史上采用干渠由概闸调节控制水量,分凿出众多支支渠,配合湖塘储水,形成了以引灌为主,储泄兼顾的水利体系。20 世纪中叶以后,有相当数量的支渠在农田水利改造中被填埋。现存的古渠道由于长期缺乏疏浚,渠道多水草淤塞,有些长满茭白;一些土岸崩塌,渠道变窄。经过调查,通济堰现有主渠道、中干渠、东干渠、西干渠以及各级支渠 176 条。

石函:俗称"三洞桥"。距大坝 300 米的主渠道上,有一条山坑水名泉坑(亦称谢坑)横贯堰渠,每当山洪暴发,坑水挟带大量砂砾淤塞渠道,每年都要动用上万民夫清淤。北宋政和初年,知县王褆采用叶秉心的建议,在此建造石函引水桥,将泉坑水引出,注入大溪,而渠水则从桥下流过。渠水和坑水各不相扰,避免了泉坑洪水暴发对渠道的淤塞。② 石函总长 18.26 米,净跨

---

① 万历十四年《丽水县重修通济堰记》,同治《通济堰志》。

② 《丽水县通济堰石函记》,同治《通济堰志》。

10.42米,桥墩高4.75米,三桥洞宽分别为2.20、2.35、2.50米,洞高约1.85米。石函的设计,开创了水体立交分流的先声。

叶穴:北宋元祐七年,处州知府关景辉虑渠水骤而岸溃,命县尉姚希筑叶穴以泄之。因位于叶姓地上,故称"叶穴"①。距离大坝以下约1100米,志书中称"石函,又下五里为叶穴"②,或说"由石函至叶穴凡一里,叶穴与大溪相通,有闸启闭,防积涝也"③。叶穴的作用是大水时可以泄洪,也可排除渠道淤积砂石。宋乾道《通济堰规》:"叶穴系是一堰要害去处,切虑启闭失时,遂致冲损。""堰规"还规定派专人管理叶穴:"今於比近上田户专差一名充穴头,仰用心看管,如遇大雨即时放开闸板,或当灌溉时不得擅开。所差人两年一替,特免本户逐年堰工。……仍看管龙女庙。"④明万历《丽水县通济堰新规八则》中对叶穴也有管理规定:"叶穴闸夫一名,旁有圩地,令其承种。"叶穴历史上经多次冲毁,其位置也稍有改变,如清乾隆廿一年《丽水县修浚通济堰、重扦叶穴记》说"康熙五十三年洪水冲决叶穴并大堰,……三源公议照亩公捐,买得宝定陈姓水田,又宝定张家会乐助已田,改扦新堰,重建叶穴"⑤,似乎新建的叶穴已非原来位置。历代对叶穴也曾多经修葺,如明万历三十五年《丽水县文移》:"由石函至叶穴凡一里,叶穴与大溪相通,有闸启闭,防积涝也,今岁久石固无恙,而闸板尽坏,须得大松木置换,仍令闸夫一名,轮年带管,则水不漏而渠为通流矣。"⑥现叶穴已与渠道隔离,其

---

① 同治《丽水县志》卷3《水利·通济堰》。
② 明万历四年《丽水县重修通济堰记》,同治《通济堰志》。
③ 万历三十五年《丽水县文移》,同治《通济堰志》。
④ 乾道《通济堰规》,同治《通济堰志》。
⑤ 《丽水县修浚通济堰、重扦叶穴记》,同治《通济堰志》。
⑥ 万历三十五年《丽水县文移》,同治《通济堰志》。

排沙、泄洪功能已丧失，仅留遗址。从乾道"堰规"看，叶穴边当时就有龙女庙："堰上龙王庙、叶穴龙女庙，并重新修造，非祭祀及修堰，不得擅开、容闲杂人作作践。仰圳首锁闭看管、洒扫。崇奉爱护碑刻，并约束板榜。"①现龙女庙已不存。

概闸：通济堰堰渠上原来建有大小概闸72座，起引流、分流、调节水量等作用。主要概闸，历史上有六大概之说。乾道《通济堰规》：

> 自开拓概至城塘概并系大概，各有阔狭丈尺。开拓概中支阔二丈八尺八寸，南支阔一丈一尺，北支阔一丈二尺八寸，凤台两概南支阔一丈七尺五寸、北支阔一丈七尺二寸，石剌概阔一丈八尺，城塘概阔一丈八尺，陈章塘概中支阔一丈七尺七寸半，东支阔一丈八寸二分，西支阔八尺五寸半。②

中间提到只有五概，即开拓概、凤台两概（凤台南概、凤台北概）、城塘概、城章塘概。同治《丽水县志》记载略有不同：

> 叶穴之下有六概……叶穴至开拓概凡三里，由开拓概至凤台概四里；次至陈章概五里；由陈章概至石剌概三里；石剌概之下五里至陈塘概；又下为九思概。③

开拓概是通济堰渠道的总调节闸，位于距堰首约4公里的概头村西北侧，有三道大闸门，原为木叠梁概闸。通济堰主渠道至此开始由三大闸分为中支、南支及北支，根据其所灌溉的面

① 乾道《通济堰规》，同治《通济堰志》。
② 乾道《通济堰规》，同治《通济堰志》。
③ 同治《丽水县志》卷3《水利·通济堰》"道光四年知县雷学海详册"。

积,核定各闸门的宽度,并凿出三支大小不同的渠道,进行分流灌溉。又据各农田所处地理位置,分为上、中、下三源,进行三源轮灌制。宋乾道《通济堰规》记载:"开拓概至城塘概并系大概,各有阔狭丈尺。开拓概中支阔二丈八尺八寸,南支阔一丈一尺,北支阔一丈二尺八寸,凤台两概南支阔一丈七尺五寸、北支阔一丈七尺二寸,石刺概阔一丈八尺,城塘概阔一丈八尺,陈章塘概中支阔一丈七尺七寸半,东支阔一丈八尺二分,西支阔八尺五寸半。内开拓概遇亢旱时,揭中支一概以三昼夜为限,至第四日即行封印;即揭南北概荫注三昼夜,讫依前轮揭。如不依次序,及至限落概,乜首申官施行。其凤台两概不许揭起,外石刺陈章塘等概并依仿开拓概次第揭吊。……其开拓、凤台、城塘、陈章塘、石刺概皆系利害去处,各差概头一名,并免甲头差使。其余小概头与湖塘、堰头每年与免本户三工。"①除了六大概,各个支渠上据记载还有七十二概,同治《丽水县志》:"所谓概者,节制三原之水,轮流蓄放,以均其灌溉之大脈也。外有小概七十二处,承接大脈之水,分流布润。"②但七十二概只是泛指,这些小概许多没有具体名称,其数目也不一定是七十二之数,"七十二小概志载其数,并无其名"。清代时曾经专门做过统计,"并无七十有二之多,亦无一定概名"③。1981年修建开拓概为水泥梁门机械启闭装置,其他主要概闸也多改为类似的水泥结构等;唯有城章塘概没有改造,仍旧保留了原有的概闸形制,殊属难能可贵。

湖塘:历史上"有白湖、赤湖、何湖、李湖、吴湖、郑湖、汤湖

---

① 乾道《通济堰规》,同治《通济堰志》。

② 同治《丽水县志》卷3《水利·通济堰》"道光四年知县雷学海详册"。

③ 同治《丽水县志》卷3《水利·通济堰》"知县范仲赵详册"。

等"①,多为卵石驳岸,有些是自然土岸,许多湖塘已经被淹没、填埋,从调查情况看,现尚存 87 处。湖塘的作用是储蓄水流,所谓"以余水潴而为湖,以备溪水之不至"。历史上每逢用水紧张之时,对渠水进入湖塘也有规定,避免过量截水。如清同治《重修通济堰工程条例》就有相关规约:"沿堰及旁流河塘应行筑堤设闸,按三源轮值水期之末日,察看堰有余水,始准决放蓄储,如来源有限,堰田尚虞不敷灌溉,所有河塘不得任其引注"等等。《通济堰志》中记录的较大湖塘有:"上源官塘,坐前村。便民塘,在新溪。出塘,在悟空寺前。洪塘,三顷七十亩。潘塘,十二亩。驮塘,坐弱溪口,十二亩。许塘,十二亩在岩头。金川塘,十二亩,有前窑。五池塘,杨山口,计五口。丝齐塘,在杨山口。樟树塘,坐杨店。车犀塘,坐金村前。"

古桥:通济堰各级渠道上原来与道路相交处分布有横跨渠道的古桥梁上百座,现尚存古石桥 40 座,包括三洞桥;20 世纪中叶以后,由于许多乡村、田间道路的加宽,机耕路的改造等原因,导致许多古桥梁被拆除,有些被改造成水泥桥梁,有些古桥梁尚存一些文物构件,有些则痕迹全无。

河埠:古桥两侧的河埠,多数还保存。有些古桥虽然拆除,但两侧河埠还在,一般只要古桥存在,则河埠多数比较完整地保存着。但也有相当数量的河埠被拆除、改造。

官埠亭:原来可能较多,现保存三座,位于碧湖镇,实际为河埠上面遮挡风雨的设施,一般面阔三间,木结构两坡顶,下为石砌河埠。

堰首村的龙庙:又称龙王祠、二司马祠,用以祭祀龙王及历史上对通济堰有杰出贡献者,明万历戊申《丽水县通济堰新规八

---

① 同治《丽水县志》卷 3《水利·通济堰》。

则》规定:"庙祀龙王司马、丞相,所以报功,每年备猪羊一副,于六月朔日致祭,须正印官同水利官亲诣,不惟首重民事、抑且整肃人心,申明信义,稽察利弊。"①龙庙同时也是历史上通济堰的管理场所:"堰上龙王庙……,并重新修造,非祭祀及修堰,不得擅开、容闲杂人作作践。仰圳首锁闭看管、洒扫。崇奉爱护碑刻,并约束板榜。"(宋乾道《通济堰规》)现为民国年间及以后重建,门厅、西厢房为传统形制,中厅建制简陋为人字桁架,属后期改建,厅内列石碑十三通,为元代至民国年间有关通济堰的记录。

护岸古樟:堰首村的主干渠两侧保存有护岸古樟,树龄多在数百年以上,现生长良好。

石牛:原来可能较多,沿通济渠沿岸布置,现仅存保定村外临渠一侧有石牛一座,从风貌看雕凿时间较早,可能是通济堰早期的遗物。

堰首村传统民居:在临渠一侧保留较多,村内也有几座,包括"南山映秀"(堰头村 55 号)、"景星庆瑞"(堰头村 51 号)、"三星拱照"(堰头村 49 号)、"懋德勤学"(堰头村 36 号)、"光荣南极"(堰头村 38 号)、"玉叶流芳"(堰头村 40 号)、"佳气环居"(堰头村 26 号)、"社公庙"(堰头村 56 号)、"文昌阁"、"贞节牌坊"、堰头村 34 号、堰头村 30 号、堰头村 14 号、堰头村 12 号、堰头村 10 号等,多为清中晚期至民国年间所建,建筑质量一般;其中,"南山映秀"等几座时间略早的建筑有较细致的雕刻,质量尚好。但周围新建砖混楼房与传统氛围差距较大,传统村落的风貌比较不一致。

沿渠古道与路亭:通济堰沿渠古道的设置是具有多种作用

① 万历《丽水县通济堰新规八则》,同治《通济堰志》。

的,其一是保证渠道在一定距离内的安全范围,保证渠道的稳定;其次因为渠道是公共设施,沿渠筑路方便行人交通;其三,同时也方便对渠道的日常与定期的修缮。原来的沿渠古道多为卵石铺筑,路宽1.5—2米,现多数沿渠古道被破坏,大部分因为农民开垦种植桔树、庄稼而被毁,也有一些是因为修建新路而把原来的文物路面给破坏了,现比较完整保留的已经很少。路亭建在古道上,多为三间两坡顶,土墙围护,两端辟券门;由于缺乏维护,存在墙塌、屋漏等现象。现存路亭一般为民国年间建筑,也有清代晚期的,现尚存7座。

下堰村外之水碓坝:位于下堰村的山溪上面,现有上下两座堰堤、一座五孔石桥,现存坝体可能为明万历时重筑,清代没有重建记录。堰堤为块石垒砌,没有明显破损情况,保存相对完整;堰堤基础的构筑情况缺乏勘查资料,估计与通济堰大坝类似,采用木构排桩。石桥为折边拱桥结合简支梁桥形式,制度独特。

渠道周围农田,是通济堰古代水利系统的主要灌溉对象,原来低地处多为水田,高地处种植旱地作物;现多数水田被改,种植包括瓜果、蔬菜类作物,传统的水田数量可能不足什一,农田风貌有所改变。

4. 通济堰碑记

(1)(北宋元祐)丽水县通济堪詹南二司马庙记

前栝州守会稽关景晖撰

丽水十乡皆并山,为田常患水之不足,去县而西至五十里有堰,曰通济,障松阳遂昌两溪之水,引入圳渠,分为四十八派,析流畎浍,注溉民田二千顷。又以余水,潴而为湖,以备溪水之不至,自是岁虽凶而田常丰。元祐壬申圳坏,命尉姚希治之。明年,帅郡官往视其成功,堰旁有庙,曰詹南二司马,不知其谁何,墙宇颓圮,像貌不严,报功之意失矣。尉曰,常询诸故老,谓梁有司马詹氏,始谋为堰,而请於朝,又遣司马南氏共治其事。是岁,溪水暴悍,功久不就。一日有老人指之曰,过溪遇异物,即营其地,果见白蛇自山南绝溪北,营之乃就。明道中,有唐碑刻尚存,后以大水漂亡,数十年矣。乡之老者谢去,壮者复老,非特传之,愈讹,而恐二司马之功遂将泯没於世矣。庙今一新,愿有纪焉。予以二公之作而兴废之迹罕有道者,按近世叶温叟为邑令,独能悉力经画,疏辟楗蓄,稍完以固。叶去,无有继者。姚君又能起於大坏之后,夙夜殚心,浚湮决塞,经界始定。呜呼,天下之事莫不有因,久则弊,弊则变,比而复,理之然也。因之者二司马也,而能变,比而能复,叶姚之能事,岂下於詹南哉,后之来者,令如叶姚二君,圳之事安能已哉。

(2)(明洪武)丽水通济堰规题碑阴

通济为堰,横截松阳大溪,溉田二千顷,岁赖以稔,无复凶年。利之广博,不可穷极。询其从来,乃梁詹南二司马所规模,逮今几千载,爰自兵戈之后,石刻淹没,昧其事踪。学老来丞是邑,以职所莅,访于闾里耆旧,得前郡守关公所撰记,略载前事。今谨图其堰之形状,并记刊之坚珉,立於庙下,仍以姚君县尉所规堰事,悉镂碑阴,庶几来者,知前修勤民经远之意,不坠垂无穷矣。

绍兴八年七月初一日汶上赵学老书。

大明洪武三年十一月望日处州府丽水县知县王县丞冷,主簿重立。

(3)(南宋乾道)丽水县通济堰石函记

左从事郎新太学博士叶份撰文

处之为郡,僻在浙东一隅,六邑皆山也,惟丽水列乡十而邑之西，地平如掌，绵亘四乡。松遂二水合流其上，直下大溪，通於沧海。土壤而坟，为田数千顷，雨不时则苗稿矣。在梁有詹南二司马者，始为堰，民利之，然泉坑之水横贯其中，湍沙怒石，其积如阜，渠噎不通，岁率一再开导，执畚钁者，动万数。堰之利人或不知，而反以工役为惮也。我宋政和初，维杨王公褆实宰是邑，念民利堰而病坑，欲去其害，助教叶秉心因献石函之议。脂公契心，募田多者输钱。其营度，石坚而难渝者，莫如桃源之山，去堰殆五十里，公作两车以运，每随之以往，非徒得輂者罄力。又将亲计形便，使一成而不动，公虽劳，规为亦远矣。函告成，又修斗门，以走暴涨，陂潴派析，使无壅塞，泉坑之流，虽或湍激堰□於下，工役疏决之劳自是不繁，堰之利方全而且久。公去人思，后二十年复来守是邦，公之子子永，今又以贰车摄郡事邑，民因叹世德之厚，而爱其甘棠，且属南阳叶份记其事。份少小闻诸父兄，俾邑大夫之贤者莫如王公，其令约而严，追逮有所及者莫敢违时；其刑恕而信，囚徒以故去者如期自至；赋役当州之老胥不得恃黠而逋；负农桑劝，乡之恶少无不改务而敦本。其他善续非一二。宰丽水者人几何，公独到今见称，则其惠斯邑也，岂特创一石函之利而已哉。份不佞敢辞邦人请，窃谓天下事兴其利者往匕未知其害，而害之生尝不在於利兴之时，及其害著，又非得明其利而去之，则前日之利反以为害人，苦其害而不知，因害以兴利，则利何自而及民，二司马之为堰，固知利於一时，而不知泉坑之水有以害之，苟无以去其害，则邑西之田将为平陆，而堰亦何利之有。石函一成，民得其利，迄於无穷，其愈於堰多矣。今五十年民无工役之扰，减堰工岁凡万余，公之功可谓成其终者也。公之石函，防始以木，雨积则腐，水深则荡，进士刘嘉补之以石，而镕铁固之，今防不易又一利也，然公不为之始而此又安得施其巧。古之君子有功德於一邑一郡者，必庙食百世，福流子孙。公邑於斯，郡於斯，而子又倅於斯，匕邑之民，可得不传耶？祠公而配詹南，又何歉云。时乾道四年五月廿一日记。

(4)（南宋乾道）丽水县修通济堰规

左奉议郎权发遣处州军主管学事兼管内劝农事范成大撰

通济堰合松阳遂昌之水，引而东行，环数十百里，溉田广远，有声名浙东。按长老之记，以为萧梁时詹南二司马所作，至宋中兴乾道戊子，垂千岁矣。往匕芜废，中下源尤甚。明年春，郡守吴人范成大与军事判官兰陵人张澈始修复之，事悉具新规。三月工徒告休，成大驰至，斗门落成，於司马之庙，窃悲夫水无常性，土亦善湮，修复之甚难，而溃塞之实易，惟后之人与我同志，嗣而葺之，将有仿於斯，今故刻其规於石以告。

四月十九日，左奉议郎、权发遣处州军主管学事兼管内劝农事范成大书。

通济堰规：

堰首

集上中下三源田户，保举上中下源十五工以上、有材力、公当者充，二年一替，与免本户工。如见充堰首当差，保正长即与权免州县不得执差；候堰首满日，不妨差役。曾充堰首，后因析户工少，应甲头脚次，与权免。其堰首有过，田户告官，追究断罪、改替。所有堰堤、斗门、石函、叶穴，仰堰首朝夕巡察，有疏漏、倒塌处，即时修治，如过时以致旱损，许田户陈告，罚钱三十贯入圳公用。

田户

旧例十五工以上为上田户充监，当遇有工役，与圳首同共分局管干。每集众，依公於三源差三名，二年一替，仍每月轮一名。同堰首收支钱物人工。或有疏虞不公，致田户陈告，即与堰首同罪。或有大工役，其合充监当人，亦仰前来分定寀座管干。或充外役、亦不蠲免。并不许老弱人祇应。内有恃强不到者,许堰首具名申官追治,仍倍罚一年圳工。

甲头

旧例分九甲,近缘堰田多系附郭上田户典卖,所有堰工,起催不行。今添立附郭一甲,所差甲头於三工以上至十四工者差充,全免本户堰工,一年一替。委堰首集众上田户以秧把多寡次第流行,依公定差,如见充别役,即差下次人候。别役满日,依旧脚次,仍各置催工历一道,经官印押收执。遇催到工数抄上,取堰首金人。堰首差募不公,致令陈诉,点对得实,堰首罚钱二十贯入堰公用。

堰匠

差募六名,常切看守圳堤,或有疏漏,即时报圳首修治。遇兴工,日支食钱一百二十文足,所有船缺,遇船筏往来不得取受情倖、容纵私折堰堤,如有疏漏,申官决替。

堰工

每秧五百把敷一工,如过五百把有零者亦敷一工,下户每二十把至一百把出钱四十文足,一百把以上至二百把出钱八十文足,二百把以上敷一工。乡村并以三分为率,二分敷工、一分敷钱;城郭止有三工以下者并敷钱,其三工以上者即依乡村例,亦以三分为率,每工一百文足,如有低昂随时申官增减。官给赤历二道,(二道)一年一易,内一道充收工、一道充收钱粮,并仰堰首同轮月。上田户逐时抄上,不得容情增减作弊,不许泛滥支使,如违,许田户陈告官司,勘磨得实,其掌管人轻重断罪外,或偷隐一文以上,即倍罚入堰公用。岁终给算,有余钱,椿管在堰。其堰工每年并作三限催发,谓如田户管六十工,每限二十工,设使不足,又量分数催发田户,不得执定限。如遇兴大工役,量事势轻重敷工使用。值年分圳堤不损、用工微少,堰首不得多敷工数，掠钱入已，如违，即依隐漏工钱例责罚。田户不如期发工、纳钱，仰堰首举申勾追，倍罚一年工数。

船缺

出行船处，即石堤稍低处是也。

在堰大渠口，通船往来，轮差圳匠两名看管。如遇轻船，即监稍（艄）工那过；若船重大，虽载官物，亦令出卸空船拔过，不得擅自倒折堰堤。若当灌溉之时，虽是官员船并轻船并令自沙洲牵过，不得开圳泄漏水利，如违，将犯人申解使府重作施行，仍仰圳首以时检举，申使府出榜约束。

堰概

自开拓概至城塘概并系大概，各有阔狭丈尺。开拓概中支阔二丈八尺八寸，南支阔一丈一尺，北支阔一丈二尺八寸，风台两概南支阔一丈七尺五寸、北支阔一丈七尺二寸，石剌概阔一丈八尺，城塘概阔一丈八尺，陈章塘概中支阔一丈七尺七寸半，东支阔一丈八寸二分，西支阔八尺五寸半。内开拓概遇亢旱时，揭中支一概以三昼夜为限，至第四日即行封印；即揭南北概荫注三昼夜，讫依前轮揭。如不依次序，及至限落概，乜首申官施行。其风台两概不许揭起，外石剌陈章塘等概并依仿开拓概次第揭吊。或大旱，恐人户纷争，许申县那官监揭。如田户辄敢聚众持杖、恃强占夺水利，仰概头申堰首，或直申官追犯人究治，断罪号令，罚钱贰拾贯入堰公用。如概头容纵，不即申举，一例坐罪。其开拓、风台、城塘、陈章塘、石剌概皆系利害去处，各差概头一名，并免甲头差使。其余小概头与湖塘、堰头每年与免本户三工，如违、误事，本年堰工不免，仍断决。

堰夫

遇兴工役，并仰以卯时上工、酉时放工，或入山砍条，每工限二十，每束长一丈，围七尺，至晚差田户交收，一日再次点工，不到即不理工数。

渠堰

诸处大小渠圳如有淤塞，即派众田户分定窠座丈尺，集工开淘，各依古额。其两岸并不许种植竹木，如违，依使府榜文施行。

请官

如遇大堰倒损，兴工浩大，及亢旱时工役难办，许田户即时申县委官前来监督，请所委官常加钤束，随行人吏不得骚扰，仍不得将上田户非理凌辱，以致田户惮于请官、修治及时旱损。如违，许人户经县陈诉，依法施行。

石函斗门

石函或遇少石淤塞，许派堰工开淘。斗门遇洪水及暴雨，即时挑闸，免致沙石入渠。才晴水落，即开闸放水入圳渠，轮差堰匠以时启闭，如违，致有妨害，许田户告官将圳匠断罪，如堰首不觉察，一例坐罪。

湖塘堰

务在潴蓄水利，或有浅狭去处，湖圳首即合报圳首及承利人户，率工开淘，不许纵人作掳为塘及围作私田，侵占种植，妨众人水利。湖塘堰首如不觉察，即同侵占人断罪，追罚钱一十贯，入堰公用，许田户陈告。

堰庙

堰上龙王庙、叶穴龙女庙，并重新修造，非祭祀及修堰，不得擅开，容闲杂人作作践。仰圳首锁闭看管、洒扫。崇奉爱护碑刻，并约束板榜。圳首遇替交割，或损漏，即众议依公派工钱修葺。一岁之间、四季合用祭祀，并将三分工钱支派，每季不得过一百五十工。

水淫

一处，在地名宝定大圳路边，通荫溪，边田合留外，有私创处并合填塞。其争占人，许被害田户申官追断。

逆扫

诸湖塘堰边有仰天及承坑塘，不系承堰出工，即不得逆扫。堰内水利田户亦不得容纵偷递。其承堰田各有圳水，不得偷扫别圳水利，及不许用板木作捺，障水入田，有妨下源灌溉，亦仰人户陈首重断，追罚钱一十贯入堰公用。

开淘

自大堰至开拓概虽约束以时开闭，斗门、叶穴切虑积累沙石淤塞，或渠岸倒塌、阻遏水利。今於十甲内逐年每甲各椿留五十工，每年堰首将满於农隙之际，申官差三源上田户、将二年所留工数，拼力开淘，取令深阔，然后交下次堰首。

叶穴头

叶穴系是一堰要害去处，切虑启闭失时，遂致冲损，兼捕鱼人向后作弊。今於比近上田户专差一名充穴头，仰用心看管，如遇大雨即时放开闸板，或当灌溉时不得擅开。所差人两年一替，特免本户逐年堰工。如违误事，断罪倍罚本户工。仍看管龙女庙。

堰司

於当年充甲头田户、议差能书写人一名充，三年一替，如大工役，一年一替，免充甲头一次，不支雇工钱，或因缘骚扰及作弊，申官断替。

堰簿

堰簿已行撰造都工簿一面，堰收管田秧等，第簿十面，请公当上田户一名收掌，三年一替，遇有关割仰人户，将副本自陈并砧基，先经官推割，次执於照。请管簿上田户对行关割，至岁终具过割数目姓名送堰首改正。都簿如无官司凭照，擅与人户关割，许经官陈告、追犯人赴官重断，罚钱三十贯文，入堰公用。

　　右依准州县备据到官,张文林申重修到前项规约,州司点对,委是经久。除已保明供申转运衙及提举、常平衙外,行下镌石施行。

　　乾道五年四月望日,右文林郎处州军事判官张澈立石。

　　(圳规凡二十条,令除去圳山一条,止存十九。盖旧圳每年自春初起工用木葆筑成圳堤,取材於山,栏水入圳。自开禧元年郡人参政何澹筑成石堤,以图久远,不费修筑,因请於有司给此山,今山为何氏已业,非堰山矣。)

　　(5)(元至顺)丽水县重修通济堰记

　　将仕郎前温州路瑞安州判官叶现记

　　栝苍,山郡也,南其亩者,界乎溪山之间,无深陂大泽以御旱,古之人作为堤圳、渠圳以限水,盈则放而注诸海,涸则引而灌诸田,故力农之家无桔槔之劳、浸淫之患。栝苍七县皆有圳,惟通济一堰灌丽水西乡之田为最广。在昔梁时,司马詹南二公相士之宜,截水为堰,架石为门,引松阳遂昌之水,入於渠圳中,分为概,畅为支,旁通为叶穴,蔓延周遭百有余里,溉田念万亩有奇。宋乾道间,郡守范公奉议完复是堰,以田户分为三源,鸠工有规,度程有法,凡启闭出纳之限,靡不详刊於石。岁久事弊,堰首易如传舍,昔之穴者湮,筑者溃,由是下源之民争升斗之水者,不啻如较锱铢。郡守虽常展力修治,而堰首各以已私,漫不加意。(至顺)辛未春,部使者中顺公按行栝郡,诹咨农事,览兹堰之将堕,乃谂於众曰:"夫堰之作,几数百年矣,兹而不复,农工益艰",于是郡长中大夫也先不花公、郡守大中大夫三都公皆相率承公意,命邑宰卞瑄承务实、董其役。度土功,虑财用,揣高下,计寻尺,斩秽除隘,树坚塞完,数日之间,百废具举。栝之耆老有曰:昔郑公作渠,秦民以富,白公继之、汉赋以饶,今中顺公复通济之堰,得非古之郑白者与?咸愿勒石纪公以垂不朽。现归耕田里,闻公伟政,故乐为之书,公名干罗蒽,字谦斋,高昌校廉,明著绩,累居风宪、宪史。右相王宗善、镇阳魏祯、济宁刘镇,皆文士□,实赞其事焉。

(6)(明嘉靖癸巳)丽水县重修通济堰

天下莫利於水,亦莫患於水,欲利其利而违其患者,匪深仁浚知弗济焉。栝环皆山,溪流峻駃,雨辄溢,止则涸,匪惟弗民利而以为民害者,众也,粤稽往牒,善导之使为民利者,间有之,若丽水通济堰其一也。堰始萧梁时,詹氏南氏二司马障松遂两邑水,东挹大川,疏以为派者四十有八,自宝定抵白桥,为里者余五十计,所溉田为亩者余二十万,岁赖以丰,利莫穷极,繇梁迄宋,时以修治者,若元祐时关公景晖、乾道时范公成大,碑列若人皆与有功。而始筑石堤垂诸永久者,则宋参知政事郡人何公澹也,自开禧迄今民之利其利者,逾三百稔。於此矣,乃嘉靖壬辰秋七月二十有八日,雨溢溪流,襄驾城堞者丈余,坏农田民居不可胜计,而兹堰为特甚。惟时我剑泉吴公知郡事,既平,疏其患於朝,乞恤典已矣。而复视兹堰曰,呜呼!兹非民急欤,匪若堰,则岁弗获,匪若田,民奚赖以食。乃亟谓丽水尹六川林侯曰,吾既以郡丞董公覆灾,以节推朱公缮郡城,兹则以监郡李公董兹役,尹其爱率诸俾乂者侯曰:诺。立簿记,办若货,厐若石与材,同日鸠若工,公曰:然。躬率走其地,申之曰:食货,攸资邦本时藉,敢弗敢乎,咨而辄之,经以画之。取货於下上田,序工於下上农;饩廪者称厥事,趋使者器其能。出入有纪,偷惰有刑。簪鼓畚锸,百尔执事罔弗咸若簿、若尉,将顺之载工。於冬十月丁丑迄十有二月辛卯告成焉。夷考其往其治其修,若成化时通判桑君者,皆必三四越岁而后集,兹则两越月而绩用成,奚神速至是哉,盖以利物之仁而济之,以周物之智故不烦,而绩宏树也,噫!有自矣,公尝持绣斧疏开通宪河,岁省漕费,薄利於社裈者数万缗,有举世莫能为而独为之者,兹岂足为公多哉。林侯以公载,请记於予,予因拜手为之记,公名仲,字亚甫,武进入,剑泉其别号也。以丁丑进士起家,迁侍御,以直忤於时,出刺栝;监郡名茂,字宣实,卢陵人;侯名性之,字师吾,晋江人;簿王姓,字汝叙,福清人;尉陈姓,字世英,南安人。率能敬以将事者於礼得附书,故书以附之。

嘉靖癸巳春三月甲辰吉旦,通议大夫广西布政缙云李寅撰。

(7)(明万历四年)丽水县重修通济堰记

丽水故万山硗狭,依严壑为畎亩,其间稍平衍而畲铺相望者,惟城东十里。而遥绝境潭,而西五十里,而近其地,为最博然。两乡属东西,来大川之委亦墺区也,故邑以两乡为饶沃,而两乡又各酾川水为渠,则两乡之饶沃与否又视两渠之兴废。乃西乡之渠,自萧梁时詹南二司马始为堰,障松遂汇流,凿沟支分东北,下暨南北股引,可三百余派,为七十二概,统之为上、中、下三源,余波溉於田亩者可二千余顷。盖四十里而羡嗣是。代有修筑增置,乃其最著者,宋政和中令尹王公禔、邑人叶君秉心,当泉坑水横绝为石函,又下五里为叶穴,而堰始不咽。乾道时郡守范公成大厘著规条二十,而民知所守。开禧初何参政澹臡石为堤,而堰鲜溃败。故因时补益,章章绳绳在人心口者。然惟嘉靖初郡守吴公仲庀财饬工,而民咸知劝。今守熊应川公奏记监院,请发帑缙、绝科扰,而民忘其劳,皆不逾时而有成,绩其加惠,元匕规摹,益宏远矣。是役也,经始於万历四年秋,督邑主簿方君煜率作兴事,统其成筑者,堰南垂纵二十寻,深二引;堰北垂纵可十寻,深六尺许;渠口浚深若干尺,广五十余丈,口以下开淤塞者二百丈有奇,口以内咸以次经。葺费寺租银三百两。而羡里人自为水仓以干堤者二十有五,仅五十一日而竣於役。於是十二都、四十里内、越两岁而民无不被之泽,岂所谓云雨由人、化斥卤而生稻粱者耶。尝忆先皇帝时浔阳劳公堪监守吾郡，周恤民隐，大创衣食之源，橄孙令烺者悉心力一修治是堰，民之利赖者若干岁。乃今熊公上之协规参藩王公嘉言，稽谋佥同；而下率所属不陨越往事，功盆倍焉。是丽人世载明德蒸匕义治也。不亦休哉。乃若郡丞陈君一夔、别驾陈君翡、司理吴君伯诚、令尹钱君贡实勤相度劳来而方，簿之殚忠所事，咸称其为民上者得并著云。

嘉议大夫广东按察使邑人宾严何镗撰。

(8)(明万历三十七年)丽水县修筑通济堰记有铭

经纬世业之谓才，遭会世机之谓时，取天地之力，极五行之用，开塞利害，减益盈涸，早美旁拮，时察颖断，非才莫可以为也。虽然，独智不与以虑，独力不与以成，视其气萎菀结，啬诡谲峭，疾此，其时虽有所事，其亦可以已矣。若夫时叙端好，上下和茂，山川精朗，若发其覆，雅颂流委，士女游豫，焕若新洗，耆老喜寿，癃滞思起，有时若此，而为其长上。若有事焉，若开若塞，若减若益，阳榷指顾，皆有华泽，官师吏士，手语心诺，则何虑而不发，何断而不成。天下国家之事，机有向背，业有旺废，盖莫不因乎其时者。余尝试为长吏於浙之东遂昌也，而感於丽阳十余年之前，何如时也，所谓其事无不可以已者耶。今何时也，车公为监司，郑公为郡，而樊君为长盖，余以遂昌谒郡，而道松遂之水，源高急砂砾，不可以舟，松(阳)而后可以舟也。而通济堰在丽水西界，中其堞，有龙祠，可以阴堰，源一断之为三所，溉田百里，最为饶远，而并堤居虻常盗决，自喜米盐之舟，水涸，硌碛如缕，常曲折徙泄，而后乃可行。堰岁积以非，故比益以水败，而并堰以下，若司马章田等迄於河东，亦皆以芜废不治。宝定之吕、碧湖之汤父老以闻於余，未尝不叹息而去，欲为一言其长。会岁少旱，而丽饥，松闭之籴，丽人哗，受事者几以两败。余叹曰：水事不修而旱是，用噪者何也。去十年而丽人来，问其堰，曰，毕修矣！夏之六月，我樊侯始用祭，告有事於通济堰。七月暨其旁下诸堰，尽於白桥，皆以十二月成。诸堰之费千，而通济几倍半期之勤，数世之食也。曰何如矣，曰：先是春正月，龙祠倾，野火烧其门，如将风雨者，有蛇□焉，象舆回翔其上，而火已居入，请新之。我侯来观，而周询于堧，悼其徙，以哆问其故，则与所以敝者。次第起行诸坏堰，各从父老所问，所为修，复费心计而首领之，以上太守郑公，公慨然曰，坊败而水费，则移而水私，善沟防以奠水，固贤长吏事也。其以上监司车公，公报可。侯乃始下令，齐众均力与财，二公常以其俸入佐之，而侯身先后之，民所愿平准所度田，自为浚葺者，听大小鼓舞，集而后起，序而后作，筑崖置斗，疏函室穴，开拓诸概纵广支擘视故所宜，游枋灰石易其朽渤，谨察匠石，分寸画壹，启闭随验，高下不失。是役也，费用约而功溢，侯乃以西人择日，上成事，受庆报，赛代鼓□琴，有土有年，上下无患，是谓永逸。余抚然叹曰，侯之才敏至是耶。丽人曰，非若是而已，岁常旱，侯从郑公礼於丽阳之山卑，吁而雨；乃新学官，从二公讲五经於堂，芝草生数十本，而弟子之举於乡者三人，上春官者一人。侯之才盖通天地而干五行，非水事而已也。余叹曰：而亦知丽之有侯，乐乎。昔丽之人踏履瞅视，今丽之人飞色吐气，则吾见丽之今日矣。一公一侯，皆有春秋，侨胪鲁公仪宓子之意，簿书不以胜委迤，叱咤不以移色笑。士民休居，貌若有余，工其乐胥。汝公汝侯道达，讴於浓润郁郁，精豐发越，流止上召，气莫底阏聚人，而人理疏川而川治，此亦汝丽人於祀之一时也，其又何有於数十里之水坊开瀹。为丽人喜而拜曰：今而后知所以乐有丽也，将铭吾侯功於龙之祠，莫可为者，余宜为铭匕曰：

> 丽阳阻山，硗隘其畎；仰雨无时，迤东有衍；
> 绝谭而西，百里为沃。醴水以被，壅湖以属；
> 事始惟梁，司马詹南。宋令曰褆，乃作石函。

越守成大,申著水则;源极中下,概衡南北;
股引三百,派余七十。我匜我斗,以注以把。
及圮而新,必智与仁。水有旁渝,土亦善湮。
有龙自天,祠於堰左;既贞其旱,亦戒于火。
侯雩於川,膏两其垂;来视其祠,亦民是为;
起行诸堰,或属或散;都有十一,亩贰其万;
彼决弗苴,彼偷弗治;如水期平,不平以私;
石久则裂,枋久则腐;岁比少有,曷为其故;
侯既念止,计书尺寸;下与其勤,上然其信;
涓辰用书,分者属佣;鼓役无赢,登轮靡穷;
躬亲有节,贰属有帅;迨用告成,九十维一。
代有兴废,莫必其底。侯用大作,薄长脉理;
云雨版锸,昼夜晷刻;沃彼灵翠,施於岑㟽;
维侯有材,亦孔其时;蕃守伊人,如友如师;
雅颂流通,山川休融;晏耳昷维期,蛇蟺效工。
肃新龙祠,亦祀司马;纪侯於碑,歌舞其下;
终古稻梁,好乐无芜。终侯之功,以配丽阳。

大明万历三十七年,岁次戊申夏四月既望。赐进士出身、承德郎、前南京礼部祠祭清吏司主事、知遂昌县事临川汤显祖顿首拜撰。

(9)(明万历戊申三十七年)丽水县重修通济堰碑

物之足以灌溉万灵者莫如水,而难治者亦莫如水。水之流行,其即人身之血脉乎。善治身者必循其血脉之正,而后可以尊生。善治水者匪善其蓄泄启闭之方,亦无以润泽生民矣。余按栝郡在浙东万山中,附郭为丽水,邑西五十里有堰曰通济者,引二县之水分为三源,灌四乡之田约亿万亩,广袤百余里,别派四十有八,真邑中一大薮泽云。相传自梁天监中司马詹氏始创此,议请於朝，又遗司马南氏其治之，顾其功，日久不就。偶一老人批示云：过溪遇异物，即营其地，已而果验，堰成。邑人沐浴膏泽，比於昔之穰畏垒者，杓之俎豆之间，即今届祀二司马是已。宋元祐间知州关景晖复治之。政和间邑令王褆用邑人叶秉心议，改造石函，镕铁锢之，以防泉坑水患，函成，又修斗门，以走暴涨，可谓尽心尽法，万世永赖矣。乾道间郡守范成大复治之，且定为堰规二十条，又图其堰之形状，勒石以传，即今所存庙中者是已。盖其法愈备，其功愈远。嗣是代有损、代为修之，其人不可胜纪，而大都率由旧章，兴利除害云。

　　万历丁未冬月，闸木告朽，崖石被冲。里排周子厚、叶儒数十人诣邑令樊君，白状，令君曰，是吾责也，即日单车裹粮，详加咨访，躬睹厥状，二司马祠及龙王届俱就圮，樊令愀然曰，此何以报功德於前遗、轨范於后乎。即申请用寺租二百缗为修，筑农不足，又从三源之民计亩定工，令主簿叶良凤专督其事。时太守郑君复议助库贮赎锾百缗，余亦自捐赎锾百缗助之。民欢然忘劳，未几工成而落之。因属余记其事，余惟夏禹以沟洫而底绩於平成，汉史以河渠而并志於礼乐，至於郑国、白渠相与致力於斯者，班彪可镜。譬如人身津液血脉，循轨不乱则永□可期，此本说也。舍本而治其标，即良医何所措手乎。治天人如理身，簿书期会治之标也，非本也；务本重农，浚川涤源，为国家根本计，自水利外其道无繇矣。顾水不善治则利反为害，而惟蓄泄启闭尽之，盈则放之於海，涸则注之于渠，亦如人之血脉，得中疾，自却也，良医。寿民蒸民乃粒国赋，用输其利溥哉信乎。民牧之要箴经界之良法矣。樊君治邑不二载，百废具兴，此则一举而数善备焉。乃其惠之大，岂非其岐黄国手而实有如伤之视致然耶。后之君子循其迹而求之，亦永有赖於栝矣。余不佞既得以笔观，聿厥成因，备述始末，而为之铭，以告我后之人。其铭曰：

　　栝苍接天，山多田少；时望丰年，邑西沃壤；
　　地平如掌，堤防褾褫；司马詹南，并驾齐骖；
　　恩德广覃，谁其创始；谁继厥美，桑麻百里。
　　白蛇肇祥，贻谋永藏；迄今不忘，郡邑狱匕；
　　龚黄鲁卓，民尤民乐；斗门载潴，石函自如；
　　可耕可庐，三源经界；支分节解，永远勿坏。
　　谁谓水泬，一堰治之。功德无期，谁谓民劳；
　　其喜陶陶，陋彼桔槔；彼其之子，爵然不淬；
　　政平讼理，后人继今，亹勉同心，作我甘霖。

　　万历岁在戊申五月朔日，赐进士出身、亚中大夫、浙江等处承宣布政使司右参政、前按察司副使奉勅整饬嘉湖兵备、南京礼部精膳司郎中、知福州嘉兴二府事楚人车大任撰文。

　　（10）（明万历）通济堰规叙

　　阅古循良率修水事，汉召翁卿好为民兴利，开通沟渎以广灌溉，作均水约束，刻石立於田畔，以防分争，百姓信之，号曰召父。我樊侯来宰是邑，无不仿古为政。所以彰信之大者，尤莫如修水事。侯尝云，若欲足食，必母去信行险；而不失其信者，水也，治水而亡信，不予民以争乎哉。侯既治堰，复古规则，约上中下三源，受水日期弗爽民，於是以侯为信，知侯计在久远，不徒垒石奠木争尺寸也。随诸所分源头，刻石而志之。歌且继，樊惠渠而作矣，歌曰：

　　　西顾崇丘，膏水因之；此涸彼盈，昼一均之。
　　　汉有京兆，作人父母；我侯象贤，为众父父。
　　　沟防既式，低昂其衡。彰信兆民，以莫不宁。
　　　河洛禹功，作父乃粒；享祀之福，惟侯斯绋。

　　於戏，余先君子春秋逾九十余，亦如之。盖尝耳目二百年来之事,岁多旱,而民争利非一日矣。书以传信着,揭日月而行,夫侯之功讵在两司马下哉。

万历戊申年岁次季夏吉旦,治下九十老人高冈拜手谨序。

丽水县令、豫章樊良枢政虚甫编次。

丞庐陵王梦瑞伯祥甫、簿泰宁叶良凤鸣岐甫同修。

尉侯官林应镐元宇甫、邑人通府高冈子仁甫、县尹陈嘉谟子宣甫同校。

州同单熙载舜咨甫、通府剂世懋德昭甫、进士王一中元枢甫同正。

司训叶曾一之甫、何应乾孟阳甫同阅。

举人金大仁希安甫、胡廷实用于甫同订。

生员王良聘、叶伯仁、詹世宁、何元善等同览。

约正张一凤、宋继贤、任淮、吴贤、叶时新、杨汝志、王淮、张一棻、薛维翰;耆民九十三岁陈礼、俞炀,九十二岁詹德、汤凤。

杨挺、俞沧、梁仲彩、吴东、王良讯、王应麟、应枭、朱德基、许莱督刻。

三源堰长魏杕、陈圮、周松,三源总正吕淮、叶儒、徐伉、齐棐德,三源公正魏希承、程伯广、吴基明、赵辉言、何凤鸣、叶绍明、纪大沧、杨杰盛、孙桃谷、纪璁秀、徐普朋同督。

俞汝谟写。章尚恩刻。

(11)(万历三十五、六年)丽水县文移

处州府丽水县为议修通济大堰兴复水利事,照得本县土瘠而源易涸,山多而流最狭,惟西乡号为沃野,实有通济大堰,在县西五十里,障松遂两溪之水,导而东行,疏为四十八派,自宝定抵白桥,周还百里,坐都十一,灌田不下十余万亩。梁詹南二司马创始於前,宋参政何澹垂久於后,其障大溪而横截者石堤也,其初引水而入渠者,斗门也。元祐年间知府关景辉虑渠水骤而岸溃,命县尉姚希筑叶穴以泄之。政和初,邑人叶秉心虑坑水冲而沙壅佐邑宰王褆建石函以通之,入渠五里而支分,则有开拓概之名,由开拓概而下,则有凤台概、石刺概、城塘概、陈章塘概、九思概之名。开拓概始分三支,中支最大,是为上源、中源,而十五都、十附都、十正都、十一都、十二都之水利坐焉;又接为下源,而五都、六都、七都、九都之水利坐焉。南支、北支稍狭,是皆为上源,而十四都、十五都、十七都之水利坐焉。其造概也,有广狭高下,木石启闭之,各殊其用;其分概也,有平木、加木,或揭、或不揭,各得其宜;其放水也,有中支三昼夜,南北支亦三昼夜之限,轮揭有序,□注有时,三源各享其利而不争,三时各安其业而不乱。此法之最良备,载堰规者也。惟修葺不时而古制遂湮,於是旱干之时,纷争竞起,豪强者得以兼并,奸贪者意为低昂,或闸夫私通商船而泄水於上流,或堰长各为其源而不公於放注,或概首通同贿赂而自私於启闭。三源原有成规也,而上、中源支分各异,或有不均之叹矣,上中源犹先受□也,而下源处其末流,则有立涸之嗟矣。虽有源之水,不给於漏卮,况瘠土之民堪夫涸辙。遂令同乡共井岁为胡越,而国赋民财雨受其敝,皆由古制,不修也,今据三源里排周子厚、张枢、纪湛、赵典、徐仟俸、徐高、叶儒、程愚及堰长魏枇、陈玘、周立等,各呈词到县,卑职於本月十四日亲诣堰头、概头等地方,并历上、中、下三源,勘得斗门船缺原系石闸,先年洪水冲壤,万历二十七年知县钟武瑞申请寺租银二百二十两修筑南崖,至今完固,第闭闸大木,岁久朽坏,合行置换,而崖头大石被水冲坏数处,亦宜修补,此其费木石不过三金而足也;由堰口达渠,岁久年湮,而水不入,每年三源人聚力浚之,一日而办耳;自斗门至石函,凡二里许,前人患山水与渠水争道,沙石堆壅,则渠水为胜,故设为石函,使渠水从下,函下渐塞,山水从上,石不壅遏,水不争道法甚善也,今岁久,函下渐塞,函石冲坏，急宜浚之、砌之，以复其故，此其费工匠不过二金而足也；由石函至叶穴凡一里，叶穴与大溪相通，有闸启闭，防积涝也，今岁久石固无恙，而闸板尽坏，须得大松木置换，仍令闸夫一名，轮年带管，则水不漏而渠为通流矣，此其费不过一金而足也；由叶穴至开拓概凡三里许，旧概中支广二丈八尺八寸，石砌崖道，而概用游枋大木，南支广一丈，北支广一丈二尺八寸，两崖亦各竖石柱而概，用灰石，不用游枋，盖中支揭木概，则水注中源以及下源凡七昼夜，而南北二支之水不流，中支闭木概，则水分南北注足上源比三昼夜，而中支之水不放，此其揭闭不爽时刻，而木石不失分寸，今中概逐年增减，大非古制，而南北二概石断砌坏，尤为虚设，急宜修整，官司较量永为定式，此其费木石工匠计五金而足也；由开拓中概而下凡四里许，为凤台概，水分南北二概，不用游枋揭吊，但平木分水留霎而下，又北概去五里而分为陈章塘概，南概去半里而分为石刺概，石刺概之下五里而分为城塘概，皆用游彷并仿开拓概法，次第揭吊，盖不揭游枋，则灌中源，凡三昼夜而足，揭游枋则灌下源，必四昼夜而足，此其揭闭不爽时刻，而凤台处其上流，尤不得增减分寸，比年大非古制，而下源受害为甚，急宜仿古修理，官司较量永为经久，此其费木石工匠每概费一金而足也；又勘得渠堰附近人烟频年不浚，日逐沙石淤塞，其缘田一带各图便利，或垦或防，以致深浅不一，水不通行，今以地势相之，大都溪水低而渠水高，每至旱乾，但率三源之人决堰口而不知疏导水性，遂使前流壅遏，受水不多，及至水到之处，各争升斗求活，立见其涸，而三源皆受困矣，今但委官相其地势，从源导流，立为平准，令各田户自浚其渠，用民之力复渠之故，此不费一钱，不过旬日而足也。又勘得司马堰下金沟坑，旧筑堤以障水，近被坑水冲决，而十二都、十四都、十五都居民之田颇受其害，今叶儒等自顾率众修筑，此亦不费官帑而因民之利者也；龙王庙居堰上,兼祀詹南司马、何丞相,岁被龙风吹折,颓废不修,今合增造前楹,修葺垣舍,大率十余金而足,一则栖神崇祀,以存报功报德之典,二则官司往来巡视以为驻箚之所,三则令门子看守以时扫洒启闭,仍令闸夫每月轮值二名,常川歇住,以便守闸、防透船泄水之害,则水利可兴,旱涝有备,十一都之民均安不贫,而西乡沃野亦郡邑根本之地矣。前后会计大约浚渠掘泥之工取於民,而买置木石及修理祠庙之费出於官,合再申请将本年寺租官银动支二十两尤恐经费不足,仍从三源之民每亩愿各出银三厘以为工匠之费,则财力易办而旬日可成,缘因兴复水利事宜,卑职未敢擅专,理合申请,为此候允示至日行,委本县主簿叶良凤督匠修理,今将前项缘由另册备申,伏乞照详示下,遵奉施行,须至申者。奉处州府知府郑批:"川源陂泽,政之大者,悉如议行。"仍候两道详示行缴。

带管水利道刘批:"仰府查报。"

温处兵巡道常批:"据申水利,条分缕析,且支费不多,而旱干有备,准如议行缴。"

分守温处道车批:"兴复水利,政之首务也,据议。计画周详,官民协济,可以备旱涝,而得古人之用心矣。仰即照行动,支寺租银二十两,委叶主簿督匠完工册报缴。"

万历三十五年十二月初一日知县樊长枢、丞王梦瑞、主簿叶良凤、典史林应镐。

处州府为议修通济大堰等事,案据丽水县申详,议动寺租官银修筑西乡通济大堰、司马龙王祠宇情由,到府批候,间又蒙水利道副使刘批、县通详前申蒙批、仰府批报蒙批,查得通济堰闸坐居该县之西,地广田多,遇旱民赖通水灌溉,今该县诣勘堰闸庙宇岁久朽坏,议动前银,尤恐不敷听,民每亩出助三厘以为工匠等费,为照修理堰宇、与民防患,诚为有裨。但恐工费义民出助无几，本府议将库贮无碍赃罚银一十两堪以给助修理，具由申蒙分守道参政车详批："水利疏通，惠及百世，该府议助库贮无碍赃罚银，其为得之，仰即如议，□支行缴"，蒙此拟合就行。为此仰县官吏查照事理，即将所申寺租、官银果系堪否动支修理通济堰闸、司马龙王庙宇损坏倒塌处所给，委叶主簿办料督匠兴工修理，务要坚固，毋容草率，合用工料具造细数文册一样四套，差人送府立等覆复转报施行，毋得迟延，不便须至牌者。

右牌仰丽水县准此。

万历三十六年二月二十二日。

浙江等处承宣布政使司分守温处道右参政车、为议修通济大堰、兴复水利事，据处州府申详覆议："修筑丽水县西乡通济堰缘由，议称动支寺租银二十两，及令民每亩出助三厘，恐民助无几，查得库贮有赃罚银十两，年久存贮无碍堪以动支给助"等因，除批行准支外，为照"川源陂泽，利民甚大，允宜亟修，以资灌溉"，今既工用浩繁，本道亦当一体给助，少神工资，除行该府动支本道项下无碍赎银十两，径给该县，委官收领，外合行知照为。此仰县官吏照牌事理，即便遵照施行，具由缴查，毋得迟错。未便须至牌者。

右牌仰丽水县准此。

万历三十六年三月十四日给处州府丽水县知县樊，为修筑通济大堰兴复水利事，照得"本县土瘠山多，惟西乡沃野，实赖通济堰，障松遂之水导而东行，疏为四十八派，自宝定抵白桥，週环百里，坐都十一，溉田二万亩。梁詹二司马创始於前，宋参政何公垂久於后，法最良矣。近因修葺不时，古制遂湮，豪强得以兼并，奸贪意为低昂，或闸夫私通商船泄水於上流，或堰长各为其源而不公於放注，或概首通同贿赂而自私於启闭。三源各有成规也，而上、中源支派既多或有不均之叹矣，上、中源犹先受□

也，而下源处其末流，则有立涸之叹矣。同乡共井，岁为胡越，国赋民财，两受其敝，皆由古制不修也。本县逐一勘验得斗门船缺闸木岁久朽坏，合行置换，崖石被水冲坏，亦宜修补，下而石函淤塞，急修浚，以复其故。再下而叶穴板坏，须换木，以防其流，仍令闸夫一名，轮年带管，圩地拨与轮种。开拓概有中支、南北支之分，中用游枋，南北用石，中支闭木概则水分南北，注足上源凡三昼夜；中支揭木概则水注中源凡三昼夜、次注下源必四昼夜，此备载堰规者也，今中概逐年增减而南北二概石断砌坏，急宜修整，从官较量，永为定式；由开拓中概而下有凤台概，分为南北二概，不用游枋揭吊，但平水分水留霆而下；又北概分陈章塘、乌石、莲河、黄武、张塘等概，南概分石剌、城塘、九思等概，皆用游枋，次第揭吊；不揭游枋，灌中源凡三昼夜而足，揭游枋，灌下源必四昼夜而足，以下源广远而水泽难遍也。此其揭闭不爽时刻而木石不差分寸，宜仿古修理，从官较量，永为经久。又勘得堰渠附近人烟之所频年不浚，日逐浅塞，水不通流，立见其涸，今相地势，从源导流，令田户自浚，各依平准，务复故道。又司马堰、下金沟坑旧筑石堤，近被坑水冲决，十二、十四、十五都田颇受害，令叶儒等自愿率众协力，不费官钱，许令修筑。又龙王庙居堰上，兼祀詹南司马，岁被风折颓废，今合估计修造，令门子一名居守，以时洒扫，仍每月轮值闸夫二名常川歇住，以便防守透船泄水之害"，已经申详道府，俱蒙批允牒行。本县主簿叶亲诣堰所，督率工匠人夫即日起工，本县出给官银二十两置买木石及修理祠费，其不足工匠之需尔三源民照亩公派，不许分外科索，合行示谕。为此示仰三源堰长魏栻、陈玘、周松等知悉，作急照源添拨人夫及承利人户至堰所，开浚沟渠，搬运土石，以便起工修筑，毋得迟误取咎。须至示者：

一修筑。止许圳长、概首及里排公正者，听提督官调度、生员嘱托,申究。豪强阻挠枷治。

一修概。用木分寸、用石高低,听提督官遵古制较量,敢有争竞者究,工匠作弊者究。

一修概。公费银每源置印信簿一扇,签公正一人,掌官明记出入,本县不时稽工。勤惰胃破侵欺者计赃论罪。

一修筑。起工完工一月为定计日,克成工完,概侧各竖石碑一座,明刊分水日期,以示不忒。

（12）（万历戊申）丽水县通济堰新规八则

有引

通济堰规盖宋乾道年新规也,而今往矣。堰概广深,木石分寸,百世不能易也,而三源分水有三昼夜之限,至今守之。从古之法,下源苦不得水,田土广远,水道艰涩,故旱是用噪,而岁必有争,良枢有尤之,独予下源先灌四日,行未几,上源告病,盖朝三起怒而阳九必亢,卒不得其权变之术,乃循序放水,约为定期,示以大信,如其旱也,听命於天,虽死勿争,凡我子民不患贫寡,尚克守之,后之君子倘有神化通久之术,补其不逮,固所顾也。戊申七月十七日豫章樊良枢记。

修堰

每年冬月农隙,令三源圳长、总正督率田户逐一疏导,自食其力。仍委官巡视,若有石概损坏、游枋朽烂,估计工价,动支官银给匠修理,毋致春夏失事,亦妨农功。

放水

每年六月朔日官封斗门,放水归渠,其开拓概乃三源受水咽喉,以一二三日上源放水,以四五六日中源放水,以七八九十日下源放水,月小不借,各如期令人看守。初终画一,勿乱信规。其凤台概以下等概,具载交移。下源田户亦如期遵规收放。

堰长

每一源於大姓中择一人材德服众者为堰长,免其杂差,三年更替。凡遇堰概倒坏、水利漏泄、田户争水，即行禀官处治。每源各立总正一人、公正二人，分理事务，如有不公，许田户陈告，小罚大革。三年已满，无过，准分别旌异。

概首

每大概择立概首二名，小概择立概首一名，免其夫役，二年更替。责令揭吊如法、放水依期。如遇豪强阻挠、擅自启闭者，即行禀官究治，枷游示众。若概首卖法，许田户陈告。

闸夫

旧时斗门闸夫多用保定近民，往匕私通商船、漏泄水利，今就近止佥一名、三源各佥一名，一年更替。每名工食银一两八钱，於南山圩租措处。叶穴闸夫一名，旁有圩地，令其承种。凡遇倒坏，即行通知堰长，禀官修治，如封闸以后有放船泄水情弊，许诸人陈告，照依旧例，将犯人解府重处施行。

庙记

庙祀龙王司马、丞相，所以报功，每年备猪羊一副，於六月朔日致祭，须正印官同水利官亲诣，不惟首重民事、抑且整肃人心，申明信义，稽察利弊。自是奸民不敢倡乱。

申示

每年冬十一月修堰，预先给示，凡有更替，责取保认明年利害、关系一切。堰概、石函令各人督管修浚，不得苟简。其春末夏初，预示潴蓄放水之日，若非承水田户不得乘便车戽。严禁纷争，咸知遵守。

藏书

旧板圳书流藏民间，致有增减、错误，人人聚讼，今板刻旧本，续置新条，搜求古迹，既博且劳，官贮颁行，使知同文。后有私意增减者，天神共鉴。凡我同志，慎毋忽诸。

西堰新规后跋

治西鄙膏壤二千顷，凿石开渠，导水灌溉，肇自萧梁而规制於宋,我明递修之,然利未尽、溥争未尽息,倘亦良法有未竟欤。邑宰樊公致虚有慨於中,修葺疏沦,定为规者八则:冬则有修,重农时也;堰概有长,专责成也;源有司理,重分守也;分浚有期,息争端也;闸夫有养、有禁,防盗泄也;庙祀有常,不忘本也。中役之更替,以杜积玩;示之劝惩,以作民信。法良备矣。尔民踵其信而行之,何利不均、何争不息?即古同井、雅俗万世,且永赖焉。信乎,有治人,然后有治法,先哲盛美,藉是盆彰,以垂不朽。予忘固陋,敢僭跋於后云。万历戊申年孟秋月,庐陵王梦瑞撰。

(13)(万历戊申)丽水县修金堰记

余即治通济大堰,诸堰小矣。旁有金沟圳,距大圳五里许,沂其源,从松之诸山溢出,逾十八盘冯辰坑注白口,与大溪水会约,可溉田二百余顷,西临上源,东至中源,厥田惟沃土,沟水崩涌,则怒而喷为沙石,两源之近者田不得乂,旱则漏而不盛水,桨以待稿也。与父老恻然计之,乃先治防,因其故址於岸西,刻日鸠工,斩木驱石,置水仓四十所,实以坚土,包以钜块,若层垒然。修三十有二寻,广三之一,与崇等,其□去三之一。迨其未雨也,岸东漱之以沟罄,折参伍度可行水,然雨辄坏,坏辄修,如是者两月,沟水既道,乃不旁溢,两源涂泥之亩渐底作乂。于时耄期老人汤凤杖策而前,怀清女妇齐氏损赀为助,庶民咸愿子来,是岁有秋告厥成功。老人使其子磨一片石,乞余志之,余惟甚哉,永之为利害也。善防者,因地势;善沟者,因水势,因之有与,为利不在大也;争之有与,为害不在小也。存其利二百顷之禾,实穟匕矣。祛其害,两源间之沃土穰匕矣,何必减通济哉。是役也,度其源隔,听民自输力而乐善好施者,汤凤、叶元训也;荷畚锸肩之者齐枲、叶儒也;栉沐风雨而劳耒之者邑簿叶君鸣岐甫也;乐成之者丽阳长而已矣。万历岁在戊申七夕既望,赐进士第、文林郎、知丽水县事,进贤樊良枢致虚甫记。

(14)(清顺治)重修通济堰引

栝苍介万山,素称僻瘠,《职方记》:山多田少亶然,且地坟墟无沟洫,会小旱,即苦灌溉。余尝有诗云:"田硗峯顶雨,山拥马头云。"盖实历语也,其地西乡一带尤甚。历古今之官此而有功於民者,悉尽力於沟洫云。今春以劝农过其乡,吁乡之父老问劳焉,讯利害,省疾苦,其父老首以修堰对。堰故宋相国何公筑石者,分大溪之水以引溉诸田数千顷,今千余年栝之民犹食其利焉。堤固旧址,后莅此者,继修葺之。迩以兵焚颖(频)仍,官视为传舍,遂未暇问,而溪水奔啮,迁徙不常,致蚀其隄,或溢或涸,堰之水不复由故道矣。余莅此及期,凡大务未修举,然有关吾民者亦当夙兴夜寐、竭蹶焦劳,仅称小补耳。今即因其堤未尽坏者一小补之,约计其功当三月、费当万缗、利当千载,否则仍其颓致,旧堤不可复问,而害可胜言哉。余首倡与,诸父老鸠工共成之,各都图凡食堰之利者,愿乐助其工,视有无,为多寡,勿限其数,仍择乡之耆而有德者,总其会计,量其出入,吾民其共谅吾心、毋负我惓惓小补之意,则不日成之。秋,书大有仒,见黄云被亩、场圃欢歌,斯仓斯箱,以游以詠,吾将挈壶,执豚蹄,率诸父老拜手於何公之灵,而醉舞以颂公之德。

顺治六年岁次已丑孟秋上浣,知丽水县事、桐城方亨咸撰。

(15)(清康熙)刘郡侯重造通济堰石堤记

通济大堰,古制石堤长八十四丈,濶三丈六尺,除濮脚在外。康熙二十五年丙寅岁五月廿六、七两日,洪水为灾,冲崩石堤四十七丈,西乡八载颗粒无收,粮食两无所赖,民皆鸠形鹄面,苦难罄述。士民何源浚、魏可久、何嗣昌、毛君选等为首,率众于康熙三十二年癸酉岁七月十九日具呈本府刘,暨本县随蒙,刘郡侯轸恤栝西人民,慨然捐俸银五十两以为首倡,续厅张亦捐俸银六两,本县张亦捐俸银五两,传唤浚等至府筹度,即委经厅赵讳锃於十月初九日诣堰所,即着每源金立总理三人,管理出入各匠工食银两,每大村金公正二名、小村一名,三源堰长各一名,到堰点齐,每源派金值日公正二名,堰长三人,日日督工,巡视人夫,黎明至堰,先开斗门放水,又令人拖树,木匠造水仓,铁匠打鎚□,每源公正各备篾皮一条,放围水仓之内,人夫挑沙石填满,於十月十六日备办猪羊三牲二副,祭龙王、二司马、何相国,十八日青、景二县石匠分为东西两头砌起,不日告成,上中下三源演戏酬谢龙王司马何相国。十一月士民欢欣齐集,彩旗鼓乐送赵经厅回郡,并谢刘郡侯。三十三年仍委赵经厅到堰重建龙王庙,其银不敷,又每亩派银五厘,其庙方得告成,不料康熙三十七年戊寅岁七月廿七、八两日,又被洪水冲坏石堤二十七丈,于三十九年庚辰冬,何源浚、魏之升二人又呈温处巡道即前任刘郡侯,升授批令,本府委经厅徐讳大越诣堰修砌,仍差唤青、景石匠一十六名,修砌石堤冲坏之所,每亩派银八厘,上中下三源出银不等资助,督砌石堤,方得告竣。设日后或有崩坏,俊之君子切勿畏其工程浩大、工食维艰,量亦有神化之术矣。但此一乡之粮食,民命攸关。特记以为俊劝。

修通济堰得覃字二十四韵:

廿载兵荒俊,民居半草庵;有田全借水,得堰每成潭。

自古资为利,於今圮不堪。欲修无实力,相聚总空谈。

父老心常切,参军事颇谙;诸君当暇日,同我一停骖;

相度基虽坏,经营势可探;邻封求大匠,附近役丁男;

冶铁飞红焰,搂材砍翠岚;渊亡寻故址,垒匕列新龛。

手上千钧转,肩头数里担;沟深应费锸,沙拥急需蓝。

防障开松闸,分流赖石函。入谋天意合,雨少日光函;

先后成功一,均平立则三。自然东作好,无复旱生惔;

夏喜禾苗秀,秋当稼穑甘。门前衣浣白,塍下米淘泔。
事比行无碍,年年乐且湛。跻堂群致颂,抚案独怀惭;
已力何曾用,天功未敢贪。古人遗法善,后世被恩覃;
在宋推何相,同时有范参;莫忘垂创者,司马二詹南。
梧州守者、辽海刘廷玑在园甫著。

(清康熙丙寅 25 年修建记)

丽邑西通济堰,创自萧梁詹南二司马,继於宋邑人何相国
澹,又乾道间范参知成大守郡时踵修,原分上中下三则,开闸以
时,山水横冲,堰道易坏,上置石函若桥,渡山水,若溪径横直上
下,并流不碍,制甚善。近丙寅岁为洪水冲决殆尽,苦失灌溉。
郡宪刘公轸念民艰,慨焉捐造,委属参军赵调度,不两月告成,一
时士民鼓舞欢颂,因作此章以谢之。是虽不自以为功,而其尤乐
同民、兴此邦大利已,足与詹南诸往哲比,烈正有不得而辞者矣。
若其诗擅绝千古,洵有如少陵所称飘然不群者,倘太史采风举以
上闻,不且为文明黼黻矣乎,诗与功均足以传不朽。

属教谕王珊谨跋。

(16)(清嘉庆十年)重修通济堰记

处于浙为郡,最瘠。治驻丽水,在万山中,可耕之土不足当
浙西望县之十一,惟西乡有田二千顷,称沃壤,则恃圳水为之溉
也。堰名通济,建自萧梁詹南两司马,其渫石以志、则自宋石湖
范公始。明世屡有修造,国初王、刘二君复修之,嘉庆庚申(五
年)夏,梧大水,决隄防,圳亦崩坏,距今十五年矣,守斯土者屡欲
修复,趣逡巡中止,盖郡虽瘠,所辖独十邑,山民犷悍好斗狠,案
牍之烦,乃甲于诸郡。弱者视簿书如束笋,日不暇给;健者又以
治狱名遄移,剧郡且程,功甚钜,非信,而后劳积月累岁,难以观
厥成也。郡伯新城涂君、以侍御来守斯土,下车之始,适遭偏灾,
君备举荒政,周恤抚字之老弱、无转徙民,饫其德,守郡三年,百

庆具举。圳之修也，去秋实倡其议，与邑令及绅民往复筹度，请於大府，自冬徂春，鸠工庀材，爰集厥事。以余曾与末议，问序於余。夫捐赈之惠在一时，坊庸之泽及累世，待其灾而恤之，何如待其未灾而预筹之也，今年夏雨泽稍□□郡颇歉，而丽独得水利，收且丰，则兹堰之功不亦溥哉。近大吏嘉君之治行，行且移权首郡，更闻有疏浚西湖之议，君以治处者治杭，邺侯、香山、东坡诸贤去人良不远耳。余蒙天子恩荐秉滇臬，将别君以去，其事之雅尤不敢忘，因不揣媸鄙，而为之记。

赐进士出身、钦命分巡浙江温处兵备道、新陞云南按察使司按察使、汾阳韩克均撰。

处州府青田县学训导、四明张慧书。

嘉庆十有九年岁在甲戌秋九月上浣吉旦。

(17)（清嘉庆十九年）重立通济堰规

嘉庆十八年癸酉之冬，重修丽水县通济堰，越明年春，工竣，陞任温处道韩公已记之矣。而士民更砻石、待予一言传诸后人。夫兴复水利、固守土之责耳，是役也，协议则权丽水金匮邓君炳纶，督工则丽水县丞宁河杜君兆熊，董事则叶生孚、魏生有琦、吴生钧、叶生云鸿、周生景武、赵生文藻、叶生全，倡捐则叶惟、乔予、何力之有焉。惟念岁修之举，必不可废，因集众议，立规四条，以泐於石：

一堰身、闸口、斗门、巩固桥、石函、龙神庙等工，遇有损坏，责令闸夫开报丽水县丞，该县丞即日履勘，申详知府，委员估计，赶紧兴工，无任迟误。现据丽水贡生吴钧输田四亩四分、计租十一石、每年变价约得钱十一千文，即令碧湖县丞就近征收应完地漕秋米若干，饬县查收，田额另立。岁修西堰户名亦由该县丞完纳，所余钱文即为修理之费。该县仍将用数报府查核，遇有不敷於府库收存，岁修项下补给。

一斗门、堰口,每逢山水暴涨,即彼沙淤,向年定规传令上、中、下三源乡夫挑拨,但乡夫散居,一时难集,积沙愈多,工益浩繁,是疏沙之法亟宜筹议也。该处向设闸夫四名,以坐落松阳县田六亩、计租一十二石给伊等耕种,每年仍发工食银一十四两四钱,在府经历衙门征收西堰租息项下支给。今议每年酌加闸夫工食银十两,于府库收存堰租项下按年支给,以为添雇壮夫工食之用。嗣后遇大水时,责令闸夫就近雇备壮夫数名,俟水稍退,各用铁铛、铁钯等件将沙顺水推入六溪,所需壮夫工资由闸夫自行发给,毋许另行开销。倘积沙广百十丈、深数丈,用夫在十名以外,该闸夫即禀报县丞衙门,听候亲勘。循旧酌派上、中、下三源乡夫挑拨,该闸夫仍自雇壮夫十名帮同办理。

一各乡夫相距堰所计三四里至十数里不等,传派挑沙自当酌给饭食,现据丽水贡生叶惟乔输田五亩、计租十石,请为雇工挑沙之用,计租款变价每年约得钱十千,即令碧湖县丞就近徵收应完地漕秋米钱一千有零,饬县查收,田额另立。疏通西堰户名亦由该县丞完纳所余钱八千零,即作乡夫饭食。各乡夫等自带铁爬、畚箕、扁担等件协同挑挑拨,务须辰到西歇。该县丞查察实在到工乡夫,每名每日给发饭食钱三十二文,遇有不敷,随时禀府,请于府库收存租息项下添给,每年限支八两。该县丞仍将给过钱文摺报查核。倘乡夫有推诿不力、到工迟延者,立予征儆。

一堰头,地方旧建龙神庙,本无庙祝,现据董事生员魏有琦先后输田七亩五分、计租一十五石,呈请添设庙祝,以备香灯,以供洒扫,其田即令庙祝耕种,应完钱粮亦由庙祝自行完纳,并饬县查收,粮额另立通济圳户名,以备稽查,而杜隐射。

嘉庆十九年岁在甲成(戌)冬十月既望,

处州府知府、新城涂以辀立。

丽水拔贡生、候选直隶州州判董凤池书。

(18)(清道光九年)重修通济堰记

通济堰创自萧梁詹南二司马,至宋乾道间郡守范公成大厘为规条,使民知灌溉,数百年来屡加修浚,洵百世利也。丽邑多山少田,惟西鄙平衍肥沃,民所仰食,设亢旱灾,告土龙无灵。幸赖松阳、遂昌大溪之水济之,其法筑大坝以障急流,导自朱村亭三洞桥引入,内分上、中、下三源,多方蓄泄,用资挹注。嘉庆癸酉,郡伯新城涂药庄先生集郡人捐资修坝,到今尸祝惟堰工。未及连年朱村亭边堤岸日见颓陀,设溪水勃发,溃决隄防,则斗门既为沙砾壅塞,而田间积水转向大溪外泄,一泻无余,为患孔迫。戊子孟夏郡伯定远李公恻然念之,命余往勘,余知事不可缓,而帑金莫筹,邑人叶君惟乔,端士也,有与人为善之志,余乃属其倡始,偕是乡父老共图是役,贰尹龚君振麟复亲身督率,众皆乐输,鸠工仲秋既望,阅四月而厥功乃藏。统计广袤一百六十余丈,其出泉姓名已勒诸它石以嘉其善。叶君复属余为文以志巅末。余谓此周官沟洫制也,王政不必泥古,能师其意即为良法,余亲历其地,相度三源,旧规凡从横相遇,即磬折,参伍之遗也。启闭以时,即潴蓄防止之义也,河渠水利之书与《食货志》相表裏,彼史记引漳水儿宽开六辅渠,召信臣守南阳,时为提阓水门数十处,皆善用周礼者也。然则詹南功烈岂在郑白诸贤下哉,予奉职,无状不敢尸功,特深幸邑民好善之诚,故乐为之记。并以望百年逵之守斯土者。

道光九年岁次已丑立夏前一日,知丽水县事、顺德黎应南并书。

(19)(清道光九年)捐修朱村亭堰堤乐助缘碑

通济堰自斗门至朱村亭,逶迤数里,右傍大溪高路,为堤称要害焉。道光丁亥春,堤被水冲坍,堰流几至外泄,农亩有失灌之忧，荷蒙邑尊黎公诣勘，先事预图，捐廉首倡，饬董佽修。又赖三源诸君踊跃赞襄，经始于戊子孟秋，阅四月而工竣，计筑堤广袤二百五十余丈，其经费捌百贰拾千零，兹□邑尊撰记。外合将三源乐捐芳名并登诸石，以见堰堤巩固，百世利泽，皆邑尊及诸君力也。董等何敢与焉。谨志。

道光九年岁次已丑孟秋上浣吉日。

松邑贡生叶楚书丹，并篆额。

三源董事：魏乘、周景武、魏锡龄、周锡旂、沈士豪、叶惟乔、林凤葆、叶云鸿、叶加恩、吴钧、郑耀、吴□。

(20)（清同治）重修通济堰记

栝郡在万山中，南北两境山多田少，惟西境土地平旷，较东境尤称饶沃，为阖邑民食所赖。余既治处，之明年，思为地方开足食之源，考诸志乘，知丽水有东西二圳，而圳水之利关乎民田，圳之兴废，田之丰歉视之，而通济一圳灌溉尤广，创自梁詹南二司马，障松遂大溪之水而东注，汇流为渠，分四十八派，为七十二概，定以上、中、下三源。嗣后代有兴修。自宋政和邑令王公提增为石函、叶穴，乾道时郡守范公成大著规条二十，开禧初何参政澹龁石为隄，因时制宜，至周且备。而堰之利始尽美矣。因访诸邑人，金云，自咸丰八年以来，叠遭匪扰，农功屡轧轹，岁久不修，淤塞倾圮，半失故道。然而欲复旧规，工其钜，费其艰，未易议也。余以兵燹后民尤艰于食，苟利于民，敢畏难。遂诣履勘、相度其形势，审察夫利弊，召邑绅而与之谋，各绅俱欣然乐从，乃查岁修堰租，得钱三百余缗，益以上、中、下三源受水田亩分等摊捐，又计得钱一千二百余缗，刻日鸠工，分饬邑绅叶文涛等襄其事，令丽水县丞金振声督之，始于四年夏，迄于五年春，凡所规画，悉仍其旧，与东堰先后告成。夏秋之交，亢阳垂两月，田多苦旱，而东西两乡咸获有秋，此余为民谋食之心所稍慰也。爰为选择经理之人，酌定受水之期，以予民遵循。是役也，余固锐意兴修，亦幸得各绅之同心协力，以底於成而后欢。畏难之见不可存也，夫用千百人之力，於经费支绌之时，以期收将来之效，是其气易馁、其志易惑，使众议或相阻，安知其事之不中止也。抑余更有虑者，从来善政之垂有治法，患无治人，勤於先恐怠於后，予於咸丰八年奉命出守滇南，会几何时，旋有赴浙之简，宦海转蓬，初无定所，岂能长为吾民终始之谋，是在后之抚兹民、隶兹土者，与吾同志岁修而时葺之，毋使一转瞬间而复有淤塞倾圮之患也，此则余之所厚望也夫。

同治五年岁次丙寅秋九月，穀旦。

钦加道衔、知浙江处州府事、长白清安撰。

（注：此处原缺题目）

钦加道衔府正堂清，为明定章程，严立规条，永示遵办。事照得通济大堰岁久失修，其概枋之高下、疏决之浅深，古制荡焉。旧章莫率，以致奸民争□，水利不均，殊非公溥之道，现经本府周围审度，溯委穷源，定启闭之期，平中流之砥，总冀水灌乎田，人均其泽，不使有向隅之抱。当与金二尹及诸绅董细加衡量，将各概枋南、北、中支分别修造，所有丈尺、后先并上、中、下三源受水之处，封堤宣泄，皆示一定不易之轨，爰立规条，命工勒石，永远遵行，如敢擅建，许即禀送重究，决不姑宽。其各凛遵切切。特谕。

同治五年九月日给。

计开

一放低中支（据光绪《处州府志》增加）。旧制开拓概中支广二丈八尺八寸，石砌崖道；概用游枋大木。南支广一丈一尺，北支广一丈二尺八寸，两崖各竖石柱，概用灰石；盖中支揭去木概，则水尽奔中、下二源，而南北之水不流中支；闭木概则水分南北注上源，自逐次修改。古制久湮，去岁公正叶春标修理将南北二支与中支齐，故北支有偷水、中下二源之讼，今饬董重修，将中支放低一尺，加平水木一根，每年三月初一日大斗门上闸后即闭平水木，俾南、北、中三支平流，无畸多畸少不均之患。

一每年五月初一为三源轮放水期，一、二、三日轮上源，於先一日戌刻中支再加木一根，至第三日戌刻上源已灌足三昼夜，即将中支加木并平水木一齐揭起，仍将南北二概闸上，俟四五六七八九十，中下二源灌毕，方准揭南北二枋，闭中支平水木与加木，周而复始。

一开拓、石刺、城塘各概各设概首一名，每岁由值年董事选举诚实可靠者保充，但恐照管不周，仍有居民擅自启闭及偷放情事，兹议每概雇募概夫一名，着令专管，每名每月在於岁修租内给穀一担，计三名每年提穀三十六担，以作经理工食。倘有擅自启闭偷放情弊，报明董事、转禀究办，轻则罚钱二十千文，为修浚用；重则从严治罪。若穀首穀夫受贿容隐，一并提惩。

一上源轮水之期，凡宝定、义埠、周巷、下梁、概头等处不遵定例，或有临期不车、过期强车各情，俱照阻挠公事例治罪。

一三源车水只许田边车戽，毋许在支堰口筑壅，将大堰之水盘为己有，如敢不遵定例，仍萌□智，定照擅自启闭概枋之罪罪之。

一开拓概东支水归三峯庄、五里牌头，左旁有小堰二支，一分水於汤村止，一分水於采桑止，二处田少而地势卑，田少则受水不多，地卑则放水亦易，每致余水泄入大溪。兹於圳口增设小概木闸，着令二村公正专管，如田中灌溉有余，即行闭闸，以示限制，水不致泄为无用。

一凤台概值中源水期应上木枋，俾中源之首尾受水均平、遇下源水期即将东支概枋揭起，以顺水势。

一石刺概平水石较东西支低五寸,下概枋之处又低五寸,今用尺厚游枋一根,自三月初一日即下概枋除去平水石五寸,尚高出石外四寸,俾水适与东西支平流,轮值下源水期即行揭起,灌毕四日仍行盖上,其概首及车水定规与开拓概同。

一城塘概缘岁久失修,古制已改,去冬堰董纪宗瑶修理中支,高於东西二支一尺有余,以致下源受水不均,今饬董事叶瑞荣、林永年等重砌,放低一尺九寸,东西支各用平水石与中支适平,不轮水期之时均不上枋,至五月初一日轮流始有启闭,每逢第十日戌刻准将中支闭枋以蓄余水,逢第三日戌刻再加游枋使水注东、西,逢第六日戌刻则揭中支二枋、闭东西枋木,以济下源。其概首及车水定规与上同。

一九思、湖塘二概上下均系下源,既有平水石、可不必用概枋,以杜弊窦。

(21)(清同治)重修通济堰工程条例

二、三洞桥为通堰咽喉,最关紧要,前因久失修淘,淤沙填塞、积块坚凝,此次与工疏浚,自应加力扞深,使水得以蓄泄,免滋涸竭之虞。

一、石函每因山水暴涨,沙砾混冲,辄多渗漏,查旧制石板平铺,油灰衅隙,卒至时修时坏。今议铺石全用雌雄合缝,镕铁胶固,庶乎历久经常。

三、各概木枋率多朽坏,而开拓凤台、石刺、陈章、城塘、九思六大概为三源司水之出纳,尤为吃重,俱应一律修造完好。其平水石之低昂、游枋木之高下,与夫大、小斗门悉循定制,毋得私行更改,阴谋取巧,违者科罪。

四、开拨淤泥应照支堰分派查踏,何处土名归着何村挑拨,编号插签,以免彼推此诿,如不应役或偷情者,监董禀送笞责。

五、沿堰及旁流河塘应行筑堪设闸,按三源轮值水期之末日,察看堰有余水,始准决放蓄储,如来源有限,堰田尚虞不敷灌溉,所有河塘不得任其引注。至白口、泉庄虽在下源,其河塘又深阔,每有奸民引水作奇货之居,收独得之利,私已病人,深堪痛恨,应将该河塘无论在官在民均着筑堤,设闸启闭,倘有不遵,许董事等指禀严办。

六、下源唐里庄、西□系由城塘概中支分水,旧有小概,应复兴造,以符定制。白河、周村由概头庄概下坑支分下水,应造小栋,栋下藏一水衍,以缓水势,免致旱乾、水溢之虞。其金沟堰每因坑水陡发,引沙停滞,更须随时挑拨,不得延挨观望,贻诮临渴掘井,徒令水利无收。

七、中源放水至大陈庄止,尚可任其引蓄。若凤台概西支之水。下源水期为下吴、蒲塘所必经之处,不准放水入塘,致碍中流。而蒲塘向有纪店、下陈、郎奇等庄,横布石□,以分水利。近因石□不修,蒲塘独受其盈,毋庸分放四日水期。倘后纪店等庄修□分水,再照原议。至陈章概每逢四、五两日揭中流游枋,放水至大陈庄,第六日闭概蓄水,以便概上民田车戽。违者议罚。

八、每旬水期,上、中源轮值各三日,下源轮值四日,凡所值之处,须俟次日水行畅满始准车戽,如违,提究。再下源轮值之期,而上、中两源东、西支各宜闭枋,停止放水,使中源水势直达下源,获沾受水之实。至凤台概东支堰直、水势较急,西支堰曲、水势较缓,兹于西支另设木枋五寸,以示限制,使水不得多放;而东支水势得以畅达。如后纪店等庄修□分水,则凤台概东、西支仍照旧平放,毋庸分多润寡,以昭公允。

九、动民力以兴民利,全在经理得宜,斯欤不虚糜而功归实用,唯工程浩大,非一木能支。今本府率丽水县令陶,各倡捐廉钱一百千,而该堰上、中下三源受水田亩按照向章分别则壤派捐,其上源者,上则捐钱二百、中则捐钱一百六十、下则捐钱一百,在中源者,上则捐钱一百六十、中则捐钱一百、下则捐钱六十,在下源者,上则捐钱一百、中则捐钱六十、下则捐钱四十,统计三源受水额田一万六十九亩,合捐钱一千二百千七百八十五文,既昭平允,自易乐从。

计开费用

——三洞桥计钱二百八十四千一百六十文

——龙神祠计钱三十九千九百九十一文

——大陡门计钱一十千七百七十二文

——叶穴计钱二十千六百八十四文

——高路计钱三十七千一十文

——开拓概计钱一十九千一百四十二文

——凤台概计钱二十三千七百六十三文

——石剌概计钱一十八千四十文

——河潭概计钱一十七千三百二十九文

——潭下平水闸计钱一千二百七十文

——陈章、乌石东、西二概共计钱一十一千三百八十文

——城塘概计钱三十七千四百九十五文

——九思、河塘二概计钱九千六百五十文

——夏□淫计钱六千九十文

——乡夫及公正等计给点心钱四百三十七千四百三十二文

——堰局伙食器具杂用其钱四百二十二千四十六文

总结费用共并钱一千三百九十六千二百五十四文。

十、董事宜慎选择,查殷实之户每不乐于承充,而射利之徒又冀从中染指,善举废驰,皆由於此。兹特派定岁修经董,以专责成。自同治六年起,着叶瑞荣、吕礼耕、叶步丹承管;七年,着林钟英、曾绍先、戴君恩承管,一年一替。凡值轮管每人给薪水钱一十千文,於堰租内支领。所有岁修租息收支各欵立簿登记,

年终册报，其有余存交代接管之董即具照收，并无亏短，切结送府备查。如甲年之董侵亏，即由乙年之董查禀究追，倘或扶同徇隐，事觉，着赔。遇有大修之处，先禀请勘估办，不得擅便，以杜冒销。

十一、议三源堰中各宜置造小船，以便庄家四时收成运载之需，而於某处水深、某处水浅，亦可乘济渡时便於知悉，俾值年董事得以就地派夫随时挑拨，不但堰水深浅画一、受泽均平，而且浮沙石碛不能淤塞。至石桥之所，查有数处窄狭卑下及其中桥柱阻碍，应宜改修高阔，使水势得以畅流。总之於堰有裨益者，无论应创、应修、应因、应革，惟在诸绅董因地制宜，斟酌尽善，永享丰亨乐利之休，以敦乡田同井之谊，实本府所深慰而厚望焉。

十二、大陡门向系三月初一闭闸，八月初一开闸。兹因渠内民田多种晚禾，八月间各处民田正在需水，改缓至九月初一开闸。惟从前堰水仅止灌溉田禾，今则舟楫通行，更不可一日无水，倘果闸板齐揭，势必堰渠立涸，应仿照各处斗门放水之法，自九月初一为始，每日定以卯酉两时开闸，以为上下行船之便。余则仍行闭歇，俾得引水入渠。如此变通办理，则水利通畅，不致再有阻滞之虞矣。

（22）（清同治九年）重修通济堰志序

丽水西乡通济堰，创始於梁詹南二司马，自宋、元、明以至国朝，屡有兴作。咸丰戊午、辛酉发逆两陷栝州，兵燹之后，堰坏弗治。同治甲子长白清安公来守是邦，越明年乃与邑人士合谋兴举，规制悉守范公成大之旧，而因时制宜，稍损益焉。又越岁而告成，公之心力於是瘁矣。而邑人实利赖之，邑之人将以公所规画，葺为续志，俾后来者有所遵守，而请序於予。予读之，喟然叹曰：凡事莫难於创始，而修举废坠盖尤难焉。世之锐於任事者，往往耻袭前人之迹，大抵乐於创而惮於因庸，讵知善因者乃其所以善创欤。郡县之吏有循良治绩、迁擢以去者,朝廷必慎择代人,揣其必能守前人约束,然后遣之,盖虑纷更成法之扰民而有基弗坏者,难能而可贵也。予忝承公后,凡公所未竟者皆以告予,予才不逮公,且瓜代无以成公之志,惟冀后之守土者董率吏民守公之约,岂独兹堰之幸哉。以蚕桑之利富吾民,以经术之光泽吾士,是则后来者之责,所以推公之治而慰此邦父老之望者也。

同治九年岁次庚午仲夏月榖旦,署郡事、端州冯誉序。

(23)(道光)新规八条

一、被水先行揭吊游枋,自初一日放水起,凡七昼夜注足三原。第八日开车,三原各闭概枋,连车三日。第十一日以后,仿照举行,惟开拓概不闭游枋,俾堰水得源源而来。但放水七日期内有盗水之弊、开车日上中二原有盗车入就近湖塘者,俱宜一律严禁。

二、岁收通济渠田亩租数:原拨普信、寿仁二寿田、地、塘一顷四十一亩三分五厘毫,除被水冲坍外,现存一顷三十七亩分八七厘九毫。每岁收官斛租谷一百五十九石斗一升,地租实纹银七两二钱三分一厘二毫,除完正耗钱量银十三两三钱五分四厘,南米一石八斗八升三合。并给闸夫工食银十四两四钱,及运脚费,并前知府以觞议定,每年添给闸夫挑拨沙石银十两外,余银解贮府库,以备岁修。旧捐松阳县田六库,每岁收官斛租谷一十二石,董事魏有琦续捐田六亩,每岁收官斛租谷一十二石,并给看庙人耕种,为洒扫香灯之用。所有钱量秋米,即由看庙人完纳。贡生吴钧续捐田塘三亩七分七厘七毫二忽,每岁收官斛租谷五石五斗。贡生叶维贡续捐田四三厘七分七丝七忽,每岁收官斛租谷六石五斗。共田七亩八分一厘四毫七丝七忽,每岁收租谷十二石,变价十二千文,除完地漕钱一千五百文外,余钱十千五百文，由丽水县丞按年解贮府库，遇修浚时动支。此项收入通济堰费户，完粮未经通详。

三、龙神及詹南二司马庙，每年六月朔，知府及水利同知，率堰长、公正人等，敬以猪羊，告祭，分胙饮福。即日查看水利，申明禁约，商办一切事宜。至十一月，知府再诣致祭，以报岁功，并预筹来年事宜。如执事人等，有宜加甄别者，据实查明，以资核办。

四、分管挑疏启闭者，有闸夫、有概首，有乡夫。斗门、堰口一带，闸夫掌之；堰口以下，分设六概，概首掌之；其旁支分流各村者，乡夫掌之；皆令堰长、公正就近稽查。各概首责令依期揭吊，如法放水，倘有豪强擅行启闭，及概首串匪卖法，均许禀官究治。闸夫、乡夫之设立，法与概首同。惟查旧志，闸夫四名，以坐落松阳县四六亩，给伊耕种，每年仍发给役食银一十四两四钱；又添给工费银十两，以备添雇壮夫。概首不给工食，殊无以昭划一。现除旁支小概，照旧设立乡夫一名轮管，免其工役，不给工食。并凤台、九思雨大概，不用游枋揭吊，但平石分水，毋庸专设概头外，其开拓、石剌、城塘、陈章四概，每概设概首二名，每年每名酌给役食三两六钱。察有土圮、沙淤，刻即通知堰长、公正，随时挑挖，无庸另给工费。所有闸夫、概首应行支给者照前银数，均于西堰租息项下按季支销。仍饬闸夫、概首出具挑挖通并无淤积甘结，禀报县丞。该丞于每年十一月，加结报府，听候查验。

五、全渠工段绵长，恐闸夫、概首势难兼顾，嗣后渠水旁地支，责令堰长、公正督率田户，各於该村受水灌溉处所，就近疏通。每年十一月，饬各堰长、公正等，出具挑挖深通并无淤积及安礁阻水切结，同闸夫、概首各甘结，由县丞衙门加结报府，听候查验。

六、岁修之外，遇有大工，由县丞查明应修工段，禀请委员会勘、估工、绘图具报，限一月内竣工。所用乡夫，即照岁修，自带钯锄筐挑等件，辰到酉歇。每名每日发给饭食钱三十文。至上原、斗门一带，易致淤塞，尤宜随时挑浚；而中、下两原相距较远，策应为难，嗣后寻常挑浚，仍责成闸夫外，如遇大工，就上原邻近添雇民夫。其三原出力助工者，照常给发饭食钱，以示体恤。

七、渠岸为挑浚时堆积淤沙之所，不准开垦种植。近因渠身久未淘挖，居民日渐垦种及占盖寮房。现经查出，有碍水利者，押令退拆外，其尚可通融者，现经委员查丈侵占亩分，另册注明，每亩照上则田完租二官石。委县丞就近征收，照市变价解府，抵补概首役食。余归西堰租息项内解贮府库，以备工需。所有向给农挑淤十千零五百文，人多费少，有名无实。今即责成概首八名、闸夫四名，分段挑浚，酌给银两，乡夫毋庸再给。所有前项十千零五百文，一并归入租息，解府备工，以省靡费。

八、庙祝岁收租谷十五石，供奉香灯，洒扫殿宇。准用雇工一名，不准滥收门徒及妇女入庙烧香。其后殿厢房，如有授徒者，将期报明设馆，不准索取馆租。倘庙祝不守清规，查逐更换。

（24）（宣统元年）丙午大修通济堰记

天下之利在於农。万人之命悬於穀。是穀者，民之命，而水利又穀之命也。当夫水利失修、民生受害之际，非有在上者勤念民瘼，急起而挽救之，则民必无相养相生之厌。郡西通济堰，规画至善，灌溉至广，具议志乘，固栝西之民，依以为命者也。乃近年一遭旱涸，立待使膏腴之田，反同硗确者，盖由西堰受病，已有二十余年矣。大小斗门，咽喉也，三焦也。十八段支堰，四肢百脉也。乃斗门砂砾深积丈余，使溪水无从灌注，咽喉闭塞，夫是以三焦停积焉；四肢不仁焉，百脉将绝焉。西堰病而农田病，农田病而民生病，痼疾一成，栝西千万人之命悬於此矣。太尊萧公下车伊始，与邑候黄公，先后勘视，洞睹夫受病已深，宜治本，不宜治标。遂捐廉筹款,委二侯朱公督董大修。朱公受任以后,夙夜勤劳,殚精竭力,以身先之为百姓倡,斗门水道,拨民夫四千余,始复旧规,所以治病源也;补石函所以去外感也;修叶穴所以导积滞也;筑高路所以固营卫也。内堰则自堰头以至石牛,狭者以阔,浅者以深,所以壮气体、通脉络也。丙午十一月兴工,丁未二月告竣。其费二千余缗,民夫一万余。而咽喉之闭塞者以通,三焦之停积以去,四肢之不仁、百脉之将绝者,亦以通流而舒畅焉。盖至是而西堰庆再造矣,民生乐安全矣。处涸辙之余,而有西江之乐,厚泽在民,不将与水俱长哉!虽然是役也,起沉疴、复元气,固大有造於西矣,尤愿续其后者,维持之、调护之,防微杜渐,勿使成为前此之痼疾。使合民常相养相生之乐,而倚以为命也。此固诸公之所殷殷属望,而亦吾民之所馨香祷祝者也。

时大清宣统元年岁次已酉秋月谷旦,丽水市县学优廪生高鹏顿首拜撰。

367

附录　本书引用文献目录

（汉）司马迁《史记》，中华书局 2013 年点校本。

（汉）班固《汉书》，中华书局 1962 年。

（南朝宋）范晔《后汉书》，中华书局 2012 年。

（晋）陈寿《三国志》，中华书局 1982 年。

（唐）房玄龄《晋书》，中华书局 1974 年。

（梁）沈约《宋书》，中华书局 2008 年。

（唐）魏征《隋书》，中华书局 2008 年。

（后晋）刘昫《旧唐书》，中华书局 1975 年。

（宋）欧阳修、宋祁《新唐书》，中华书局 1975 年。

（清）吴任臣《十国春秋》，中华书局 2010 年。

（元）脱脱《宋史》，中华书局 2012 年。

（明）宋濂《元史》，中华书局 1976 年。

（清）张廷玉等《明史》，中华书局 2013 年。

《明太祖实录》，《钞本明实录》，北京线装书局 2005 年。

《明世宗实录》，《钞本明实录》，北京线装书局 2005 年。

（宋）李焘《续资治通鉴长编》，中华书局 2004 年。

（宋）袁枢《通鉴纪事本末》，中华书局 1964 年。

《建炎以来系年要录》卷一百二十八、绍兴九年五月癸卯。

（清）徐乾学《资治通鉴后编》，《景印文渊阁四库全书》本，台湾"商务印书馆"1983年。

《礼记》，浙江古籍出版社2007年《礼记译注》。

《周礼·冬官·考工记》，上海古籍出版社2010《周礼注疏》，《十三经注疏》本。

《国语》，齐鲁书社2005年。

《管子》，《诸子集成》本《管子校正》，上海书店出版社1986年影印本。

（汉）陆贾《新语校注》，中华书局1986年。

（汉）许慎《说文解字》，中华书局2013年。

《钦定续通志》，《景印文渊阁四库全书》本，台湾"商务印书馆"1983年。

《钦定康济录》，《近代中国史料丛刊》本三编第531—532册，台湾文海出版社1973年。

《明会典》，《元明史料丛编》本第19册，台湾文海出版社1988年。

《太平御览》，中华书局1960年。

（明）王圻《续文献通考》，《四库全书存目丛书》子部第185—189册，齐鲁书社1997年。

《历代名臣奏议》，《景印文渊阁四库全书》本，台湾"商务应书馆"1983年。

王应麟《玉海》，江苏广陵古籍刻印社1985年。

（明）邱浚《大学衍义补》，《四库全书存目丛书》子部第5册，齐鲁书社1997年。

《四库全书总目》，中华书局1965年。

（北魏）郦道元《水经注》，陈桥驿译注，中华书局2009年。

（唐）李吉甫《元和郡县志》，中华书局1983年。

（唐）罗隐《罗昭谏集》，清康熙九年张瓒瑢榴堂刊本。

（宋）乐史《太平寰宇记》，中华书局 2007 年。

（宋）王存《元丰九域志》，中华书局 1984 年。

（宋）祝穆《方舆胜览》，中华书局 2003 年。

（清）顾祖禹《读史方舆纪要》，中华书局 2005 年。

（清）郑元庆《石柱记笺释》，《丛书集成初编》本第 3170 册，商务印书馆 1935 年。

（晋）张元之《吴兴山墟名》，《汉唐方志辑佚》，北京图书馆出版社 1997 年。

（唐）杜宝《大业杂记》，《两京新记辑校　大业杂记辑校》，三秦出版社 2006 年。

（明）田汝成《西湖游览志》，浙江古籍出版社 2008 年。

（宋）李诚《营造法式》，中国建筑工业出版社 2006 年。

（南宋）魏岘《四明它山水利备览》，《丛书集成初编》本，第 2018 册，商务印书馆 1935 年。

（明）张内蕴、周大韶《三吴水考》，《景印文渊阁四库全书》本，台湾"商务印书馆"1983 年。

（明）张国维《吴中水利全书》，《中国水利志丛刊》第 52 册，广陵书社 2006 年。

（清）翟均廉《海塘录》，《景印文渊阁四库全书》本，台湾"商务印书馆"1983 年。

（清）周道遵《甬上水利志》，《四明丛书》本，广陵书社 2006 年。

（清）同治《通济堰志》，同治庚午年重修本。

（唐）韩愈撰，廖莹中集注：《东雅堂昌黎集注》，上海古籍出版社 1993 年。

（唐）颜真卿《颜鲁公集》，上海古籍出版社 1992 年。

《白居易诗集校注》，中华书局 2006 年。

（宋）曾巩《元丰类稿》，吉林出版集团有限责任公司
2005 年。

（宋）林希逸《考工记解》，《景印文渊阁四库全书》本，台湾
"商务印书馆"1983 年。

（宋）王十朋《会稽三赋》，《丛书集成初编》第 3173 册，中华
书局 1991 年。

（宋）楼钥《攻媿集》，《丛书集成初编》第 2003—2022 册，中
华书局 1985 年。

（宋）丁度《附释文互注礼部韵略》，北京图书馆出版社
2003 年。

（清）胡文学《甬上耆旧诗》，宁波出版 2010 年。

（宋）陈亮《龙川集》，《陈亮龙川集笺注》，姜书阁注，人民文
学出版社 1980 年。

（元）袁桷《清容居士集》，《丛书集成初编》第 2063—2075
册，中华书局 1985 年。

（元）黄溍《文献集》，吉林出版集团有限责任公司 2005 年。

（明）温纯《温恭毅集》，《景印文渊阁四库全书》本，台湾"商
务印书馆"1983 年。

（明）王守仁《王文成全书》，上海古籍出版社 1993 年。

《明一统志》，《景印文渊阁四库全书》本，台湾"商务印书馆"
1983 年。

《清一统志》，《景印文渊阁四库全书》本，台湾"商务印书馆"
1983 年。

雍正《浙江通志》，商务印书馆 1934 年。

（宋）潜说友《咸淳临安志》，浙江古籍出版 2012 年。

成化《杭州府志》，西泠印社 2013 年。

光绪《杭州府志》，《中国方志丛书》华中地方第一九九号，台

湾成文出版社有限公司 1975 年。

景定《严州续志》,《丛书集成初编》第 3164 册,中华书局 1985 年。

至元《嘉禾志》,上海古籍出版社 2010 年。

嘉泰《吴兴志》,文物出版社 1986 年。

(明)董斯张《吴兴备志》,文物出版社 1986 年。

《宝庆四明志》,《宋元四明六志》本,宁波出版社 2011 年。

《开庆四明续志》,《宋元四明六志》本,宁波出版社 2011 年。

《延祐四明志》,《宋元四明六志》本,宁波出版社 2011 年。

成化《宁波郡志》,《中国华东文献丛书》第一辑·《华东稀见方志文献》第十三卷,学苑出版社 2010 年。

嘉靖《宁波府志》,《中国方志丛书》华中地方第四九五号,台湾成文出版社有限公司 1975 年。

光绪《慈溪县志》,《中国方志丛书》华中地方第二一三号,台湾成文出版社有限公司 1975 年。

嘉泰《会稽志》,商务印书馆 2013 年 12 月。

宝庆《会稽续志》,商务印书馆 2013 年 12 月。

万历《绍兴府志》,宁波出版社 2012 年。

乾隆《绍兴府志》,《中国方志丛书》华中地方第二二一号,台湾成文出版社有限公司 1975 年。

光绪《上虞县志》,《中国方志丛书》华中地方第六三号,台湾成文出版社有限公司 1975 年。

民国《新昌县志》,《中国方志丛书》华中地方第七九号,台湾成文出版社有限公司 1975 年。

嘉定《赤城志》,中国文史出版社 2008 年。

万历《黄岩县志》,上海古籍出版社 1963 年。

光绪《黄岩县志》,《中国方志丛书》华中地方第二一一号,台湾成文出版社有限公司 1975 年。

万历《金华府志》,《中国方志丛书》华中地方第四九八号,台湾成文出版社有限公司 1975 年。

康熙《衢州府志》,《衢州府志集成》本,西泠印社 2009 年。

同治《江山县志》,《中国方志丛书》华中地方第六七号,台湾成文出版社有限公司 1975 年。

弘治《温州府志》,《温州文献丛书·弘历温州府志》,上海社会科学出版社 2005 年。

万历《温州府志》,《四库全书存目丛书》,齐鲁书社 1997 年。

民国《平阳县志》,《中国方志丛书》华中地方第七二号,台湾成文出版社有限公司 1975 年。

光绪《处州府志》,《中国方志丛书》华中地方第一九三号,台湾成文出版社有限公司 1975 年。

《同治《丽水县志》,《中国方志丛书》华中地方第一八六号,台湾成文出版社有限公司印行,1975 年。

民国《丽水县志》,《中国方志丛书》华中地方第二二〇号,台湾成文出版社有限公司 1975 年。

洪武《无锡县志》,无锡文库(第 1 辑),凤凰出版社 2012 年。

(明)王鏊《姑苏志》,《天一阁藏明代方志选刊续编》,上海书店 1990 年。

《中国水利史稿》上册、中册、下册,中国水利出版社 1979年、1987 年、1989 年。

《浙江省水利志》,中华书局 1998 年。

《鉴湖与绍兴水利》,中国书店 1991 年。

谭其骧《杭州都市发展之经过》,《长水集》上集,人民出版社1987 年。

魏嵩山《杭州城市的兴起及其城区的发展》,《历史地理》

1981 年创刊号。

　　钱金明《通济堰》，浙江科学技术出版社 2000 年。

　　陈桥驿《古代鉴湖兴废与山会平原农田水利》，《地理学报》1962 年 3 期。

　　刘军、姚仲源《河姆渡》，文物出版社 2003 年。

　　《跨湖桥》，文物出版社 2004 年。

　　浙江省文物考古研究所、湖州博物馆《毗山》，文物出版社 2006 年。

　　《浙江考古新纪元》科学出版社 2009 年。

　　《浙江良渚遗址发现中国最早大型水利工程》，2012 年 7 月 29 日央视网。

　　杨鸿勋《河姆渡遗址早期木构工艺考察》，《科技史文集》第五辑，上海科学技术出版社 1981 年。

　　丁品《钱山漾遗址第三次发掘与"钱山漾类型文化遗存"》，《浙江省文物考古研究所所刊》第 8 辑，科学出版社 2006 年。

　　王宁远《浙江海盐仙坛庙遗址》，《2003 年中国重要考古发现》，文物出版社 2004 年。

　　《浙江余杭钵衣山遗址发掘简报》，《文物》2002 年第 10 期。

　　《余杭良渚庙前遗址第五、六次发掘简报》，《文物》2001 年第 12 期。

　　杨楠《良渚文化兴衰原因初探》，《民族史研究》1999 年第 12 期。

　　宋烜《跨湖桥遗址建筑遗迹分析》，《营造》第五辑——第五届中国建筑史学国际研讨会会议论文集(下)。

　　赵晔《余杭卞家山遗址发现良渚时期"木构码头"等遗迹》，《中国文物报》2003 年 9 月 2 日。

　　赵晔《浙江余杭卞家山遗址》，《2003 年中国重要考古发现》，文物出版社 2004 年。

楼航等《浙江长兴江家山遗址发掘的主要收获》，《浙江省文物考古研究所所刊》第 8 辑，科学出版社 2006 年。

《浙江余杭星桥后头山良渚文化墓地发掘简报》，《南方文物》2008 年第 3 期。

《杭州市余杭区良渚古城遗址 2006－2007 年的发掘》，《考古》2008 年第 7 期。

林华东《越国富中大塘和吴塘小考》，《浙江学刊》1988 年第 6 期。

《我国最早的人工运河之一——山阴故水道》，《鉴湖与绍兴水利》，中国书店出版社 1991 年。

叶坦《王安石水利思想探微》，《生产力研究》1990 年第 4 期。

范金民《江南社会经济研究》第 786 页，中国农业出版社 2006 年。

后　记

　　本书分两部分,前部分是关于浙江古代水利的初步探讨,后部分是有关丽水通济堰的专题分析。

　　我接触古代水利方面的内容,约在2000年前后。当时针对丽水通济堰的保护问题,去现场调研,撰写了调查报告。此后几年,围绕通济堰查阅了一些文献资料,做了一些调研工作,并编制了《丽水通济堰文物保护规划》(大纲,2000年),《丽水通济堰文物保护规划》(2006年),又因为碧湖产业区块涉及通济堰文物,由此还编制了《丽水碧湖产业区块文物保护方案》(2005年)。这些工作有些已经完成,有些因为专业以外的因素而被搁置下来。但通过对通济堰的系统调查、研究,开始对古代水利有了比较初步的认识。

　　2009年调入浙江省社科院,有意在原来工作的基础上做些进一步的研究。于是先申请了海防方面的课题,于2013年出了《明代浙江海防研究》。同时在11年申请了水利课题,即是现在的《丽水通济堰与浙江古代水利研究》。原来设想是以通济堰保护规划文本为支点,增加一些浙省古代水利方面的内容。但一方面,之前沉溺于海防方面的工作,留给水利研究的时间较少,对水利资料的阅读量不够;另一方面,水利方面的史料较之海防史料更加庞杂、更加分散,加之本人学识有限,整理、归纳起来颇有难度。如对水利管理方面的研究,需要对相关规制、碑记等熟读多遍,才能有效加以归纳分析,按照现在的阅读量是很不够的,因此,写出来的内容也很不充分。另如对古代水利机构的研究,相关资料多散见于各史书中,太过于分散,查阅、检索都很不容易,现在写出来的内容,难免有挂一漏万的感觉。但课题不能延期,因此,只能交出现在的初稿。真正对浙江古代水利有一个比较系统的研究,恐怕还需要花上几年的时间。希望到时候出来的稿子,会相对完整、深入一些。

虽然如此,通过对相关资料的研读,对浙江古代水利还是有了一些新的判断与初步的认识。

从两浙的水利发展来看,唐代是水利建设的第一个高峰期。唐代以前,两浙的水利活动并不均衡,其中,越中地区、钱塘江以北的浙西地区的水利活动相对比较频繁,其他地区少有大的水利项目。可以说,这之前的水利建设,分布并不均衡,是比较区域性的,相对发达或人口比较集中的区域,水利活动明显频繁一些,见于史料的记载也会丰富一些,而其他区域的水利活动开展很少。进入唐代以后,水利建设的布点更加全面,全省的县级范围内多有水利工程的兴建记载。显然,由于这时期人口增加,城市数量增多,对水利的需求尤其是城市对用水的需求也在不断提高,各府县开始对所在地的天然湖陂进行较具规模的整治改造,对湖塘陂泽进行开挖疏浚,以提高城市的防涝抗旱能力,同时也能为城市提供清洁水源、为农田提供灌溉所需,"以饮以溉,利民博矣"(《开庆四明续志》)。包括杭州西湖、富阳阳陂湖、余杭北湖、归安县菱湖、长兴县西湖、明州东钱湖、广德湖、小江湖、慈溪县慈湖、花屿湖、杜白二湖、建德县西湖、寿昌县西湖、永嘉县会昌湖等在内的一批城市湖泊在唐代时开始了有记录的疏浚整治。此外如武义县的长安堰、瑞安县的石紫河埭、丽水县的绿苗堰、好溪堰等也都是这时期所建造。其中如杭州西湖,虽然在六朝已有记载,但有规模的整治疏浚大约是从唐朝开始。唐长庆年间白居易任杭州刺史,开始浚治西湖,使得沿湖、沿河农田得以灌溉。除了灌溉沿湖农田,疏浚后的西湖还能使运河沿岸的农田获益,白居易《钱唐湖石记》:"自钱塘至盐官界,应溉夹官河田须放湖水入河,从河入田,淮盐铁使旧法,又须先量河水浅深待溉田,毕却还原水尺寸,往往旱甚则湖水不充,今年修筑湖堤,高加数尺,水亦随加,即不音足矣。"西湖水除了农田灌溉,还作为城市日常用水,《宋史河渠志》:"杭近海,患水泉咸苦,唐刺史李泌始导西湖,作六井,民以足用。"西湖水也作为城市水网的储水库,供给市内诸河,平衡城市用水,"杭城全藉西湖之水达城内之河,上通江干,下通湖市","百万生聚,待此而食"。实际上许多府县城的湖陂都有类似的功用。

两宋时期是浙江水利建设继唐代以后又一个高峰时期。北宋时期的水利建设更加普及,从相关方志反应的情况看,水利建设往往不仅仅局限在府治、县治的所在地,水利建设已经普及到乡镇一级。由于农业发展、人口增多,对土地的需求也在增加,以前沿海一带的盐碱地也成为垦荒者的重要目标,于是,浙东沿海一带,从明州、台州到温州,在这时期普遍在沿海一带建设了碶闸,"阻咸蓄淡","涝至则泄,旱则潴以灌输"。北宋元祐年间提刑罗适在台州兴修的水利,即对温黄平原的农业生产起到了重要作用。这时期明州、温州地区也先后在滨海一带兴建了一系列碶闸堰堤,使得沿海平原农业生产迅速发展,也促进了相关地区社会经济的发展。

这时期的水利建设普及度已经较高,尤其是在相对发达的地域,水利网络的覆盖已经非常全面,如海盐县在北宋嘉祐元年由县令李维几兴建的"乡底堰三十余所","以灌十乡农田"。这

种由数十个小型堰闸组成的水利网络统筹建设，用以覆盖并不
太大的农田范围，在此前还是不多见到。而水利设施小型化的
趋势在浙东的山区一带也得到了充分体现，由于田亩多位于山
间坡地，故水利设施非常因地制宜，如於潜县"容塘、徐博家前
塘、皂角塘、祐塘、温塘、徐太家前塘、浪后塘、墓后塘、余三家塘、
徐五十一家前塘……承接白塔源等处水，流接荫田一百八十五
亩"（《咸淳临安志》"山川"）；近十处、二十处小型堤塘组成梯级
水塘，用以灌溉小面积的山间农田，这种现象已经在当时很普
遍。一些堰堤的兴建，只为灌溉数十亩农田，如富阳"涌泉堰，溉
田五十余亩"等等。由此显示出两宋时期水利建设的细微化以
及普及程度。

　　从两宋时期开始，由于水利建设的普及，以民间力量为主体
兴建水利设施，也是这时期的新特点。实际上在宋代以前，记载
中的大部分水利建设，多依靠朝廷、官府而兴建，很少有民间为
主体进行水利建设的。据雍正《浙江通志》"水利志"，在明确注
明建于唐代之前的两浙水利项目共有超过百项，但明确记载有
民间主持或出资修建的不足五项。从北宋时开始，由民间力量
参与修建水利项目的现象开始增多，如位于温州的黄塘八埭以
及斗门等，建于北宋宣和年间；黄岩县民杜思齐在南宋开禧年间
开凿新河；奉化县的蒋家碶、刘大河碶，北宋熙宁间由王氏族人
修建；位于杭州仁和、海宁二县之间的永和塘，"宋绍定己丑邑士
范武捐财，以助修筑塘"。慈溪县的砖桥闸、颜家闸、黄沙闸三
闸，由宋隐士潘昌捐资建造；等等。虽然这种现象在明清时期非
常普遍，但在两宋尤其是北宋时期，这无疑是一个新现象。

　　明清时期，两浙一带经济延续宋元以来的发展势头，成为全
国的经济中心与财富之区。农业的发展、人口的增加，也促进了
水利建设的开展。明代的水利建设较之前代，技术更加全面，应

用更加普及，数量更加庞大。这时期标明为明代新建的水利项目开始急剧增加，虽然也得益于这时期地方志修编的增加，使得这些水利项目得以被详细记载，但也部分折射出这时期水利建设的相对普及。从大型的运河、灌渠、海塘，到小型的堰埭、斗门闸，许多水利设施的修建多已经普及到乡、村落一级。这时期，农田水利的形式也出现大的转变，较少占用土地的堰闸堤塘等开始大量出现，并开始成为明清时期主要的水利形式。尤其是在浙东山区丘陵地带，堰堤等的运用最为普遍。翻开各地的府县志，水利项目中最多的就是堰堤塘坝。在两浙，不同地区对之有许多不同的称谓，如温台地区的埭，绍兴地区的砩、埂，严州地区的奈、㵯，衢州地区的陂、圩岸等，都是堰堤的别称。这种旱季时能蓄水灌溉、雨季洪涝时便于排洪排涝的小型水利工程，具有占地少，布局灵活，并适用于复杂地形的特点，可以有效解决山区小区块农田的灌溉需要，由此在明清时期最为普及。

与此同时，唐代时一度比较普遍的储水型湖塘逐渐淡出，许多湖陂在明代时开始被大量垦占。究其原因，主要在于湖陂虽然有灌溉之利，但由于湖泽面积往往不小，占地也多，在宋代开始东南一带人口急剧膨胀，朝廷对该地区的赋税额度不断增加，使得对土地的需求变得越来越强烈，在此大背景之下，占用大量土地面积的湖陂已经显得过于奢侈，其综合效益逐渐降低，已经不太适应当时的经济发展的需要。从两宋时开始，除了许多原来用作灌溉的湖陂被大量侵占、填埋，并被辟为耕地；到了明代，这种现象已经非常普遍，许多大型湖陂已经成为广袤田畴，如富阳阳陂湖，明代时"堤为捕鱼者所决，湖遂涸"；上虞夏盖湖，元代时就被大量垦占，"傍湖之民辄于高处填为田"，至于鄞县广德湖，北宋政和年间即已废湖为田。绍兴鉴湖、萧山湘湖等许多湖陂在明清时大都成了高产良田，只留下小部分水面。

后　记

　　通过对浙江古代水利史料的整理,虽然也找到了一些问题,有了一些初步的认识,但这显然还远远不够。要达到更客观、更全面的判断与认识,还需要进一步查阅史料,做更细致的工作。希望在今后几年内,能把它完成。

浙江省社科院历史所　宋烜

2014 年 8 月 30 日